工业和信息化精品系列教材

U0191472

jQuery 网页特效
任务驱动式教程

微课版

王爱华 薛现伟 ◉ 编著

JQUERY INTERACTIVE FRONT-END
WEB DEVELOPMENT TUTORIAL

人民邮电出版社
北　京

图书在版编目（ＣＩＰ）数据

jQuery网页特效任务驱动式教程：微课版 / 王爱华，
薛现伟编著. -- 北京：人民邮电出版社，2022.6（2023.8重印）
工业和信息化精品系列教材
ISBN 978-7-115-58547-9

Ⅰ．①j… Ⅱ．①王… ②薛… Ⅲ．①JAVA语言－网页
制作工具－教材 Ⅳ．①TP312.8②TP393.092.2

中国版本图书馆CIP数据核字(2022)第015652号

内 容 提 要

本书以任务驱动方式对网页特效相关知识进行讲解，按照特效类别划分为10个项目，根据这些网页特效的实现要求，将 HTML、CSS 和 jQuery 完美融合在一起，将网页特效真实再现到本书中。每个特效任务都从任务描述和任务实现两个方面展开详细讲解，帮助读者深入理解使用 jQuery 实现特效的原理和方法；同时在实现特效的过程中穿插讲解需要的知识点，并在此基础上适当扩充知识点，让读者做到学为所用、学以致用。

本书在任务实现的过程中将容易出现的问题设计为陷阱，帮助读者深刻理解每一行代码在任务实现中的重要性和必要性，将代码学懂、弄通、做实，提升项目开发能力。

本书适合作为应用型本科学校、高等职业院校计算机类学生的专业课教材，也适合培训班使用，还适合前端开发人员学习使用。

◆ 编　著　王爱华　薛现伟
责任编辑　马小霞
责任印制　王　郁　焦志炜
◆ 人民邮电出版社出版发行　　　北京市丰台区成寿寺路 11 号
邮编　100164　电子邮件　315@ptpress.com.cn
网址　https://www.ptpress.com.cn
三河市祥达印刷包装有限公司印刷
◆ 开本：787×1092　1/16
印张：17.5　　　　　　　　　2022 年 6 月第 1 版
字数：448 千字　　　　　　　2023 年 8 月河北第 3 次印刷
定价：59.80 元

读者服务热线：(010)81055256　印装质量热线：(010)81055316
反盗版热线：(010)81055315
广告经营许可证：京东市监广登字 20170147 号

前言 PREFACE

前端脚本从问世以来，一直在不断发展壮大，拥有的用户也越来越多。jQuery 是一个功能丰富的轻量级 JavaScript 库，凭借其"写得少、做得多"的设计理念、与 CSS 高度一致的选择器的用法、简洁的链式语法结构、事件绑定机制及封装完善的 AJAX 等特点，极大地简化了 JavaScript 的开发，受到众多前端开发人员的青睐。

越来越多的人在学习使用 jQuery。在 2019 年我国推出的首批 1+X 证书中，Web 前端开发职业技能等级证书占有一席之地，该证书的推出，将前端开发的学习热潮推向了更高的高度，而 jQuery 在前端开发中占有重要的位置。但是到目前为止，市面上推出的 jQuery 方面的教材基本都注重于基础知识和语法的讲解，通常的做法是一个知识点配以一个小练习，这些小练习通常只为讲解 jQuery 的知识点而设计，且缺少精美的页面设计，各个小练习之间是互相独立的，在实现网页的特效功能时作用微乎其微。读者学习之后，对知识点的记忆往往是松散的，难以做到学以致用，导致花费很多时间学习到的知识可能成为"僵尸"知识，在需要使用这些知识去实现网页中的特效时，不知道该使用哪些知识、要如何使用等。做软件开发时，项目开发思维和项目开发能力是很重要的，依靠学习零散的知识点很难掌握这种思维和能力。

鉴于这些情况，编写一本在网页特效实现过程中贯穿知识的、实用性强的、将 jQuery 的知识与 HTML 和 CSS 有效融合的教材，并且做到页面有结构、有样式、有特效，是非常有必要的。

在编写本书的过程中，理论知识的介绍主要是根据任务实现的需要进行的，在内容选取上并不是泛泛而谈，而是以实用性为原则，突出了项目开发和任务驱动教学理念，避免了空洞的描述，让读者将每一个知识点都学以致用。

本书的主要特色如下。

一、以"匠心筑梦、技能报国"为主线，提升综合素养

通过精心设计的大美中国轮播图，展示祖国大好河山，厚植学生爱国情怀；通过展示项目漏洞带来的后果，强调在项目开发中细节决定成败，千里之堤溃于蚁穴，培养学生将项目学懂、弄通、做实的精益求精的品质和精神，做到质量为本、客户至上。

二、校企合作开发，真实项目驱动

党的二十大报告提出，到 2035 年要实现"高水平科技自立自强，进入创新型国家前列"，建成科技强国的总体目标。要培养创新型人才，教学过程中技术要创新、应用要创新。

本书由 Web 前端工坊校企教师共同开发，以项目驱动方式完成知识的讲解，按照特效类别划分为 10 个项目，共设计大、小任务 50 余个，其中 30 多个任务来自网站的实际应用特效。根据这些特效的实现要求，将 HTML、CSS 和 jQuery 完美融合在一起，将网站特效真实再现到本书中，在教学过程中培养学生的项目开发能力。

三、采用"情景导入+功能实现+问题分析"的结构，激发学生的学习热情和求知欲望

每个项目都设计了情景导入，从任务描述、页面元素结构、元素的样式定义要求、脚本功能实现等几个方面展开详细的讲解，对于项目开发中容易出现的问题，则采用思考问题—问题解析—解决方案的方式，深入浅出地引导学生，激发学生的学习兴趣和热情，帮助学生深入理解特效的实现原理和实现过程。

四、对接 Web 前端开发 1+X 职业技能等级证书，做到课证融合

jQuery 是 Web 前端开发 1+X 职业技能等级考试必考的内容，本书对接认证考试标准，涵盖了考试所需的理论知识和实操技能，做到课证融合，为学生参加认证考试奠定基础。

五、配套资源丰富、方便线上线下混合式学习

本书配套资源丰富，除了必备的项目代码之外，还配套了与内容同步的精美 PPT、部分难度较大的内容的微课、与任务吻合的习题等资料，方便广大读者学习和使用。

全书内容按照循序渐进的原则展开，内容详细实用，旨在培养读者实际开发网站的能力，适合作为应用型本科学校、高等职业院校计算机类学生的专业课教材，也适合培训班使用，还适合前端开发人员学习使用。本书参考学时为 64~80 学时，建议采用理实一体化教学模式，基于精讲多练的方式完成教学。

本书由王爱华、薛现伟编著，刘锡冬、孟繁兴、秦继林等多位老师参与了编写工作，本书还得到了中慧云启科技集团有限公司在案例方面的支持，编者在此深表感谢！

编著者

2023 年 5 月

目录 CONTENTS

项目 8

使用 jQuery 实现表格操作特效 ┈┈ 215

项目 9

数组应用特效 ┈┈┈┈┈┈┈┈┈ 249

项目 10

综合应用——购物车中的商品管理功能 ┈┈ 262

项目1
实现表单输入框外围的动态阴影效果

01

【情景导入】

职场"菜鸟"小明为实习管理系统设计了一个登录界面,提交给项目经理之后,项目经理提出的问题和要求如下。

虽然从功能上来说不存在什么问题,有用于输入账号的输入框和用于输入密码的输入框,也有"登录"和"取消"按钮,但是设计登录页面不能仅考虑功能,更多的时候还需要考虑登录界面的美观性以及对用户的吸引力,为了能够带给用户更好的体验,这个登录界面需要从以下两个方面来改善。

第一,去掉两个输入框的边框和输入时的外围线框,在账号或手机号输入框左侧添加登录界面常用的人形图标,在密码输入框左侧添加小锁图标。

第二,根据布局效果,在用户输入账号或者密码时,为输入框外围添加阴影效果,输入完成后离开输入框时,阴影效果消失。

【知识点及项目目标】

- 理解 JavaScript 中的 DOM 及 DOM 树形结构。
- 掌握 jQuery 的安装及基本用法。
- 理解 jQuery 对象的概念,掌握 jQuery 对象与 DOM 对象相互转换的方法。
- 掌握使用 jQuery 选择和查找 DOM 元素的方法。
- 掌握 jQuery 中为元素添加和移除类名的方法。
- 掌握 jQuery 中操作对象的基本方法及事件机制。

表单输入框自身拥有一个样式属性 outline,将鼠标指针放入时,能自动在输入框外围出现一个外围框,位于边框边缘的外围,起到突出元素的作用。本项目则要去除这个外围框,使用 jQuery 中的选取元素、查找元素、添加和移除样式等操作,给输入框的父元素 div 添加阴影效果,用于突出输入框。

【素养要点】

根乃树之基,德乃人之本

【任务描述】

修改后的实习管理系统登录界面效果如图 1-1 所示。

图 1-1 所示的登录界面中有两个输入框，分别是账号或手机号输入框和密码输入框，账号或手机号输入框和前面的人形图标放在一个 div 中，密码输入框和前面的小锁图标放在一个 div 中，当用户将鼠标指针放入输入框中时，输入框外围会显示阴影效果，如图 1-1 中密码输入框外围的阴影，当用户将鼠标指针移出输入框时，输入框外围的阴影消失。

图 1-1 中的人形图标、小锁图标以及"登录"和"取消"按钮的背景都是根据图 1-2 所示的背景图 bg_v3.png 中的相应图标进行定位设置的。

图 1-1　输入框外围的阴影效果

图 1-2　背景图 bg_v3.png

【任务实现】

任务实现将从页面元素结构及样式说明、脚本功能实现等方面完成。

【示例 1-1】创建页面文件"实现输入框外围的阴影.html"，实现输入框外围的阴影效果。

1. 页面元素结构及样式说明

页面元素结构代码如下。

```
    <body>
1:        <div class="divLogin">
2:          <h3>实习管理系统登录</h3>
3:          <form method="get">
4:            <div class="divOut">
5:              <div class="divLeft divLeft1"></div>
6:              <div class="divRight">
7:                <input type="text" id="uname" placeholder="账号或手机号" />
8:              </div>
9:            </div>
10:           <div class="divOut">
11:             <div class="divLeft divLeft2"></div>
12:             <div class="divRight">
13:               <input type="password" id="psd" placeholder="密码" />
14:             </div>
15:           </div>
16:           <p><input type="submit" value="登录" class="login" />
17:           <input type="reset" value="取消" class="cancel" /></p>
18:         </form>
19:       </div>
    </body>
```

代码解释如下。

第 1 行～第 19 行，添加类名为 divLogin 的 div 元素，该元素用于实现图 1-1 所示最外层的边框效果 div。样式要求：宽度为 260 像素，高度为 auto，填充为 10 像素，上下边距为 0，左右边距为 auto，边框为 1 像素实线，颜色为#aaf，圆角半径为 5 像素。

第 4 行~第 9 行和第 10 行~第 15 行，添加类名为 divOut 的 div 元素，该元素用于添加两个输入框及相应的图标。样式要求：宽度为 240 像素，高度为 20 像素，上下填充为 10 像素，左右填充为 5 像素，上下边距为 20 像素，左右边距为 auto，边框为 1 像素实线，颜色为#ccc，圆角半径为 5 像素。

第 5 行，设计账号或手机号输入框左侧的人形图标所在的 div，引用的类名是 divLeft 和 divLeft1。divLeft 的样式要求：宽度为 20 像素，高度为 20 像素，边距为 0，背景图是 bg_v3.png，向左浮动。divLeft1 的样式要求：背景图位置为横坐标–150 像素，纵坐标–62 像素，也就是将背景图 bg_v3.png 从 div 左上角开始向左移动 150 像素，向上移动 62 像素，得到其中的人形图标。

第 6 行~第 8 行，使用类名为 divRight 的 div 来添加输入框和文本，这样能更好地实现左侧图标和右侧输入框及文本之间的横向对齐。样式要求：宽度为 215 像素，高度为 20 像素，左边距为 5 像素，其余边距为 0，向左浮动，字号为 12pt。

第 7 行，添加 input 元素，id 为 uname。样式要求：宽度为 140 像素。

第 11 行，设计密码输入框左侧的小锁图标所在的 div，引用的类名是 divLeft 和 divLeft2。divLeft2 的样式要求：背景图位置为横坐标–175 像素，纵坐标–62 像素，也就是将背景图 bg_v3.png 从 div 左上角开始向左移动 175 像素，向上移动 62 像素，得到其中的小锁图标。

第 12 行~第 14 行，使用类名为 divRight 的 div 来添加密码输入框元素，密码输入框 id 为 psd。样式要求：宽度为 210 像素。

第 16 行，添加"登录"按钮，引用的类名为 login。样式要求：宽度为 110 像素，高度为 40 像素，边框圆角半径为 5 像素，背景图为 bg_v3.png，背景图横坐标为 0，纵坐标为–210 像素。

第 17 行，添加"取消"按钮，引用的类名为 cancel。样式要求：宽度为 110 像素，高度为 40 像素，边框圆角半径为 5 像素，背景图为 bg_v3.png，背景图横坐标为–120 像素，纵坐标为–210 像素。

除了上述元素的样式要求之外，还需使用类名 boxShadowShow 为 divOut 设计阴影效果。样式要求：水平偏移量为 0，垂直偏移量为 0，模糊半径为 3 像素，扩展半径为 0，颜色为#66f。这样可以在 div 的外围形成模糊半径为 3 像素的阴影；使用类名 boxShadowNone 为 divOut 移除阴影效果。

样式代码如下。

```
<style type="text/css">
    .divLogin{width:260px;  height: auto;  padding:10px;  margin:0  auto;
border:1px solid #aaf; border-radius:5px;}
    .divOut{width:240px; height:20px; padding:10px 5px; margin:20px auto;
border:1px solid #ccc; border-radius:5px;}
    .divLeft{width:20px; height:20px; margin:0; background-image:url(image/
bg_v3.png);  float:left;}
    .divLeft1{background-position:-150px -62px;}
    .divLeft2{background-position:-175px -62px;}
    .divRight{width:215px;  height:20px;  margin:0 0 0  5px;  float:left;
font-size:12pt; font-family:Calibri;}
    .divRight>input{ height:20px; padding:0; margin:0; border:0; outline:none;
font-size:12pt;}
```

```
       .divRight>input#uname{width:140px;}
       .divRight>input#psd{width:210px;}
       .boxShadowShow{ box-shadow:0 0 3px 0 #66f;  }
       .boxShadowNone{ box-shadow:0;  }
       p{text-align:center;}
       .login,.cancel{width:110px; height:40px; border-radius:5px;}
       .login{background:url(image/bg_v3.png) 0px -210px;}
       .cancel{background:url(image/bg_v3.png) -120px -210px; }
       h3{font-size:16pt; font-family: 黑体 ; line-height:30px; text-align:
center;}
    </style>
```

2．脚本功能实现

当鼠标指针移入输入框内部时，对该输入框所在的 divOut 元素引用类名为 boxShadowShow 的样式，移除类名为 boxShadowNone 的样式；当鼠标指针离开输入框时，对该输入框所在的 divOut 元素引用类名为 boxShadowNone 的样式，移除类名为 boxShadowShow 的样式。

脚本代码如下。

```
       <script src="jquery-1.11.3.min.js"></script>
       <script type="text/javascript">
         $(function(){
1:           $(".divOut>div>input").each(function(){
2:             $(this).focus(function(){
3:               $(this).parents(".divOut").removeClass("boxShadowNone")
4:               .addClass("boxShadowShow");
5:             }).blur(function(){
6:               $(this).parents(".divOut").removeClass("boxShadowShow")
7:               .addClass("boxShadowNone");
8:             })
9:           })
         })
       </script>
```

脚本代码解释如下。

第 1 行～第 9 行，遍历两个输入框元素。

第 2 行～第 5 行，鼠标指针移入输入框，触发元素的 focus 事件，定义该事件的函数。

第 3 行，页面结构中类名为 divOut 的元素是输入框的父元素的父元素，属于祖先元素，使用 parents(".divOut")获取输入框祖先元素中类名为 divOut 的元素，使用 removeClass()方法移除类名为 boxShadowNone 的样式；使用 addClass()方法引用类名为 boxShadowShow 的样式。

【说明】此处代码中的遍历函数 each()是可以省略的，这是因为 focus 事件或者 blur 事件都只针对单一元素触发，因此事件函数一次只能作用在一个元素上。

【相关知识】

一、JavaScript 简介及 DOM

JavaScript 诞生于 1995 年。诞生之初，它的主要目的是处理之前由服务器端语言负责处理的一些输入验证操作。在 JavaScript 问世之前，必须把表单数据发送到服务器端才能确定用户是否没有填写某个必填域，是否输入了无效的数据等。在拨号上网的年代，超慢的网速导致了与服务器的每一次数据交换几乎成了对人们耐心的考验。想象一下，当用户填写完一个表单，单击"提交"按钮，等待 1min 之后，服务器返回消息提示用户有一个必填字段没有填写，用户会有怎样的心情？基于这样的情况，网景（Netscape）公司开始研发 JavaScript 并希望通过它来解决这个问题。

JavaScript 问世之后，逐渐成为市面上常见浏览器的一项必备功能。如今，JavaScript 的用途早已不再局限于简单的数据验证，它具备了与浏览器窗口、各种页面内容进行交互的能力，成为一门功能全面的编程语言，能够处理复杂的计算和交互，拥有了闭包、匿名函数、与服务器端交互等特性，已经成为 Web 的一个不可或缺的组成部分。

一个完整的 JavaScript 实现应该由下列 3 个部分组成。

- 核心（ECMAScript）。
- 文档对象模型（Document Object Model，DOM）。
- 浏览器对象模型（Browser Object Model，BOM）。

（一）ECMAScript

1995 年，网景公司在 Netscape Navigator 2.0 中发布了与 Sun 公司联合开发的 JavaScript 1.0 并且大获成功，随后在 3.0 版本中发布了 JavaScript 1.1，与此同时，微软公司进军浏览器市场，在 IE 3.0 中搭载了 JavaScript 的"克隆"版——JScript，再加上 CEnvi 中推出的一种客户端脚本语言 ScriptEase，导致同时存在 3 种不同版本的客户端脚本语言。为了统一脚本语言的标准，1997 年，JavaScript 1.1 被作为草案提交给欧洲计算机制造商协会（European Computer Manufacturers Association，ECMA），该协会指定第三十九技术委员会（Technical Committee 39，TC39）负责"标准化一个通用的、跨平台的、中立于厂商的脚本语言的语法和语义标准"。最后在网景、Sun、微软、宝蓝（Borland）等公司的参与下制订了 ECMA-262 标准，该标准定义了叫作 ECMAScript 的全新脚本语言。

1. ECMAScript 的组成部分

ECMA-262 大致规定了 ECMAScript 的 7 个组成部分。

- 语法。
- 类型。
- 语句。
- 关键字。
- 保留字。
- 操作符。
- 对象。

2. ECMAScript 的语言特性

ECMAScript 的语言特性和 Java、C、Perl 的语言特性有许多相似之处，其中不少语言特性都是从这些语言借鉴而来的。主要语言特性如下。

- 和 Java 一样，ECMAScript 区分大小写，注释的格式相同，通过花括号{}确定代码块，原始数据类型存储在堆栈中，对象的引用存储在堆中。
- ECMAScript 是一种"松散"的语言，ECMAScript 通过 var 操作符声明变量，并且不限类型，例如，var n = 25，n 为数字类型变量，如果 var n = "string"，那么 n 就是字符串类型变量。

- 在每一行代码后，可以不写分号，ECMAScript 自动认为该行的末尾为该行代码的最后；ECMAScript 中的变量可以不用初始化，系统将自动完成初始化操作。
- 同一变量可以赋予不同类型的数据；变量的第一个字符只能是字母、下画线或$，其他的字符可以是下画线、$，或任意的字母、数字等字符。
- 和其他语言一样，ECMAScript 变量最好遵循驼峰命名法。
- 和大多数语言不同的是，ECMAScript 变量在使用之前可以不必声明，系统会自动将该变量声明为全局变量，例如，var m = " Good "; n = m + " Morning "; alert(n)的输出结果是" Good Morning"。
- 在大多数语言中，String 是对象，在 ECMAScript 中，String 是原始数据类型。

2008 年，五大主流 Web 浏览器（IE、Firefox、Safari、Chrome 和 Opera）全部做到了与 ECMA-262 兼容。

（二）DOM

DOM 是万维网联盟（World Wide Web Consortium，W3C）制定的标准接口规范，是一种处理 HTML（Hypertext Markup Language，超文本标记语言）和 XML（Extensible Markup Language，可扩展标记语言）文档的标准应用程序接口（Application Programming Interface，API）。DOM 提供了对整个文档的访问模型，将文档作为一个树形结构，树的每个节点可以表示一个 HTML 元素、元素内的属性或者文本。DOM 树结构精确地描述了 HTML 文档内部元素之间的相互关联。将 HTML 或 XML 文档转化为 DOM 树的过程称为解析。HTML 文档被解析后，转化为 DOM 树，因此对 HTML 文档的处理可以通过对 DOM 树的操作实现。

1. DOM 节点的概念及树形结构

DOM 把 HTML 文档进一步细化为元素、属性和文本的节点树，起始于文档根节点（document 对象是根节点对象，代表整个文档），每个元素、元素的属性、元素中的文本都是树中的一个节点（Node），每一个节点都是一个对象。通过 DOM 可以获取每一个节点，从而对其进行各种操作（包括创建节点、插入节点、删除节点、复制和替换节点等）。

各种类型的 DOM 节点如表 1-1 所示。

表 1-1 各种类型的 DOM 节点

节点类型	节点类型值（nodeType）	节点名称（nodeName）	节点值（nodeValue）
元素节点	1	大写的标记名称	null
属性节点	2	属性名称	属性值
文本节点	3	#text	文本内容
注释节点	8	#comment	注释内容
文档节点	9	#document	null
文档类型节点	10	doc-type 的名称（例如<!DOCTYPE html>中的 html）	null
文档片段节点	11	#document-fragment	null

【示例 1-2】根据下面给定的"DOM.html"代码，绘制该页面的树形结构图。

"DOM.html"代码如下。

```html
<!DOCTYPE html>
<html>
    <head>
        <meta charset="utf-8">
        <title>DOM</title>
    </head>
    <body>
        <p>study<span>jQuery</span></p>
        <p><a href="#">关于 DOM</a></p>
    </body>
</html>
```

根据上面代码绘制的树形结构图如图 1-3 所示。

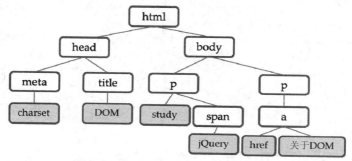

图 1-3 "DOM.html"页面的树形结构图

其中 html 是根节点，head 和 body 是这棵树的两个分支，head 下面有 meta 和 title 两个元素节点，meta 下面的节点是该元素的属性节点 charset，title 下面的节点是该元素的文本节点 DOM；body 下面有两个段落 p 元素节点，第一个段落元素节点下面有文本节点 study 和元素节点 span，元素节点 span 下面是文本节点 jQuery；第二个段落元素节点下面有元素节点 a，a 下面有属性节点 href 和文本节点关于 DOM。

从图 1-3 中可以看出，处于最底层的节点一般是属性节点或者文本节点，可以将其看作树形结构的"叶子"节点。

有了这样一个树形结构，可以帮助我们轻松理解 DOM 操作中的查找操作。

【素养提示】

DOM 树形结构以根元素为中心连通了页面中的每一个元素，树要有根，人要有心，道德修养要从心底开始。

2. 获取 DOM 节点信息

获取 DOM 节点信息将从元素节点、元素节点的子节点、元素节点的属性节点等不同的角度分别获取并展示节点的类型编号、名称及取值等几个方面的信息。

【示例 1-3】修改"DOM.html"文件，另存为"DOM-1.html"，在页面元素后面增加脚本代码，获取并输出指定节点的信息。

修改后的代码如下。

```
<!DOCTYPE html>
<html>
    <head>
        <meta charset="utf-8">
        <title>DOM 节点</title>
    </head>
    <body>
        <p>study<span>jQuery</span></p>
        <p><a href="#">关于 DOM</a></p>
        <script>
1:          var p0=document.getElementsByTagName('p')[0];
2:          var a=document.getElementsByTagName('a')[0];
3:          console.log(p0.nodeType,p0.nodeName,p0.nodeValue);
4:          var pCh0=p0.childNodes[0];
5:          console.log(pCh0.nodeType,pCh0.nodeName,pCh0.nodeValue);
6:          var pCh1=p0.childNodes[1];
7:          console.log(pCh1.nodeType,pCh1.nodeName,pCh1.nodeValue);
8:          var aAttr=a.attributes[0];
9:          console.log(aAttr.nodeType,aAttr.nodeName,aAttr.nodeValue);
        </script>
    </body>
</html>
```

文件运行结果如图 1-4 所示。

图 1-4 "DOM.html"中指定的 4 个节点的类型名称和取值

脚本代码解释如下。

第 1 行，获取到页面中的第一个段落元素，将其保存在变量 p0 中。

第 2 行，获取到页面中的超链接元素，虽然该页面中只有一个超链接元素，但是因为使用了 document 对象的 getElementsByTagName()方法获取元素，结果一定是一个数组，所以需要使用索引 0 获取需要的元素，并将其保存在变量 a 中。

第 3 行，在控制台（Console）中输出第一个段落元素的节点类型、节点名称和节点值，段落是元素节点，节点类型编号为 1，节点名称是大写的标记名称 P，节点值为 null（图 1-4 中右侧控制台输出的第 1 行内容）。

第 4 行，使用 p0.childNodes[0]获取到第一个段落元素的第一个子节点，即段落中的第一部分内容——文本"study"，并将其保存在变量 pCh0 中。childNodes 是一个元素节点的所有子节点的集合，子节点包含内部的文本节点和子元素节点。

第 5 行，在控制台中输出第一个段落元素的第一个子节点的节点类型编号、节点名称和节点值，第一个子节点是文本节点，类型编号是 3，名称是#text，节点值为文本内容"study"（图 1-4 中控制台输出的第 2 行内容）。

第 6 行，使用 p0.childNodes[1]获取到第一个段落元素的第二个子节点，即段落中的第二部分内容——子元素 span，并将其保存在变量 pCh1 中。

第 7 行，在控制台中输出第一个段落元素的第二个子节点的节点类型编号、节点名称和节点值，第二个子节点是元素节点，类型编号是 1，名称是大写的标记名称 SPAN，节点值为 null（图 1-4 中控制台输出的第 3 行内容）。

第 8 行，使用 a.attributes[0]获取到超链接元素的第一个属性节点，即属性节点 href，并将其保存在变量 aAttr 中。attributes 是一个元素节点的所有属性节点的集合。

第 9 行，在控制台中输出超链接元素第一个属性节点的节点类型编号、节点名称和节点值，属性节点的节点类型编号是 2，节点名称是属性名称 href，节点值是属性取值"#"（图 1-4 中控制台输出的第 4 行内容）。

（三）BOM

IE 和 Netscape Navigator 有一个共同的特点，就是都支持 BOM。使用 BOM 可以操作和访问浏览器窗口，可以控制浏览器中显示的页面内容以外的部分，如浏览器的地址栏、状态栏、前进/后退按钮等。BOM 由多个对象组成，其中 Window 对象代表浏览器窗口，也是 BOM 的顶层对象，其他对象都是 Window 对象的子对象。

BOM 的主要功能如下。

- 弹出新浏览器窗口。
- 移动、关闭和更改浏览器窗口大小。
- 提供 Web 浏览器详细信息的导航对象。
- 提供浏览器载入页面详细信息的本地对象。
- 提供用户屏幕分辨率详细信息的屏幕对象。
- 支持 Cookies。
- 支持 XMLHttpRequest 对象和 IE 的 ActiveXOject 自定义对象。

二、jQuery 概述

jQuery 诞生于 2005 年，是一个非常受欢迎的、快速小巧且功能丰富的 JavaScript 库。它使 HTML 文档遍历、事件处理、动画和 AJAX（Asynchronous JavaScript And XML，异步 JavaScript 和 XML 技术）等工作变得更加简单，并提供了一个跨多种浏览器的、易于使用的 API。jQuery 结合了多功能性和可扩展性，改变了数百万人编写 JavaScript 的方式，它可以帮助用户使用很少的 JavaScript 代码创建出漂亮的页面效果。jQuery 的设计宗旨是"Write Less, Do More"，即倡导用更少的代码实现更多的功能。

（一）下载和安装 jQuery

jQuery 框架主要包括 jQuery Core（核心库）、jQuery UI（界面库）、Sizzle（CSS 选择器）

和 QUnit（测试套件）4 部分，可以从 jQuery 官网下载 jQuery 库文件。

jQuery 官网提供了很多版本的 jQuery，目前主要有 3 种大版本。

- 1.x：兼容 IE 6、IE 7、IE 8，使用特别广泛，官方进行 bug 维护，功能不再新增，一般项目使用 1.x 版本就可以了，最终版为 1.12.4。
- 2.x：不兼容 IE 6、IE 7、IE 8，很少使用，最终版为 2.2.4。
- 3.x：不兼容 IE 6、IE 7、IE 8，很多旧的 jQuery 插件不支持这个版本，除非特殊要求，否则一般不选用，目前最新版本是 3.6.0。

每个版本都存在两个可下载的文件，如"jquery-1.11.3.min.js"和"jquery-1.11.3.js"，其中 min 是指压缩了注释部分的版本，通常我们选用 min.js 版本即可。

jQuery 官网界面如图 1-5 所示。

图 1-5　jQuery 官网界面

使用 jQuery 库时不需要专门安装，只需把下载的库文件保存到站点文件夹中，之后在 HTML 页面文档首部或主体的某个位置使用 <script></script> 标记添加即可，此处以添加"jquery-1.11.3.min.js"为例，添加方式如下。

<script type="text/javascript" src="jquery/jquery-1.11.3.min.js"></script>。

> **注意**　在 <script></script> 标记之间不能再编写任何 JavaScript 或者 jQuery 代码。若要在当前页面内部添加 jQuery 代码，则必须在添加 jQuery 库文件之后，再增加一对 <script></script> 标记，在这对标记之间添加 jQuery 代码，这对标记可以放在页面首部，也可以放在主体中，但是必须放在引用 jQuery 库文件的标记之后。

（二）使用 jQuery

下面先讲解 jQuery 能做哪些事情，再通过示例说明 jQuery 的基本用法。

1. jQuery 的功能简介

jQuery 功能很强大，在前端开发中，通过它能够方便、快捷地完成如下任务。

- 选择页面元素：jQuery 提供了大量的选择器，这些选择器在作用上与 CSS（Cascading Style Sheets，层叠样式表）选择器非常相似，通过这些选择器可获取需要检查或操作的页面元素。
- 查找页面元素：除了选择页面元素之外，还可以使用 jQuery 提供的查找方法根据某个指定的元素找到页面中的其他任意元素，从而使对元素的操作变得更加灵活。
- 动态更改页面样式：通过控制 CSS 改变文档中某个部分的类或者个别样式属性。
- 动态更改页面内容：可以使用少量代码更改网页内容，对整个文档结构都能重写或扩展。
- 控制响应事件。
- 提供基本网页特效：jQuery 内置了一批淡入、擦除、移动之类的特效以及制作新特效的工具包，只需调用动画方法，就可以快速设计出高级动画特效。
- 快速实现通信：对 AJAX 技术的支持很缜密，使用非常方便。

2．jQuery 的接口函数及简单应用示例

在 jQuery 库中，$是 jQuery 的别名，如$()等效于 jQuery()，jQuery()函数是 jQuery 库文件的接口函数，所有 jQuery 操作都必须从该接口函数切入。

【示例 1-4】创建页面文件"error.html"，运行之后根据运行结果思考相关问题。

页面代码如下。

```
<!DOCTYPE html>
<html>
    <head>
        <meta charset="utf-8">
        <title> jQuery 代码的错误用法</title>
        <script type="text/javascript" src="jquery-1.11.3.min.js"></script>
        <script type="text/javascript">
            //获取并输出段落内部的文本
1:          var p1_text=$("#p1").text();
2:          console.log(p1_text);
        </script>
    </head>
    <body>
        <p id="p1">段落中的文本</p>
    </body>
</html>
```

脚本代码解释如下。

第 1 行，使用"$(选择器)"的形式$("#p1")获取 id 为 p1 的段落元素，再使用 text()方法获取该元素内部的文本，在应用 jQuery 时，选择器的写法与 CSS 样式定义时选择器的写法一致。

第 2 行，使用 console.log()方法在控制台输出段落内容。

【思考问题】

上面的代码能否获取到段落内部的文本？为什么？

在运行程序之后，发现控制台没有任何输出，也没有任何错误提示，如图 1-6 所示。

图1-6 "error.html"页面运行效果

【问题解析】

示例 1-4 的代码中，脚本代码和页面元素完全按照代码的先后顺序来执行，当执行到脚本代码时，页面中的段落元素还没有生成，因此选择器$("#p1")无法获取到 id 为 p1 的段落元素。但是在jQuery 中，不管是否获取到元素，$()函数都会返回一个 jQuery 对象。这个 jQuery 对象拥有 length属性，表示找到多少个匹配的 DOM 元素，若为 0，则表示没找到。因为对一个不存在的元素应用text()方法时，获得的结果为空字符串，所以尽管没有获取到指定的元素，但是给定的代码并不存在任何语法问题。要获取到段落元素，进而获取到段落元素中的文本，可以采取一种简单的做法，就是将<script type="text/javascript"></script>定界的脚本代码移至页面元素代码的后面，确保系统先载入页面元素，再使用 jQuery 代码获取元素。

【示例 1-5】修改 "error.html"，调整脚本代码和页面元素代码的顺序。

修改后的代码如下。

```html
<!DOCTYPE html>
<html>
    <head>
        <meta charset="utf-8">
        <title>将脚本放在页面元素后面</title>
        <script type="text/javascript" src="jquery-1.11.3.min.js"></script>
    </head>
    <body>
        <p id="p1">段落中的文本</p>
        <script type="text/javascript">
            //获取并输出段落内部的文本
            var p1_text=$("#p1").text();
            console.log(p1_text);
        </script>
    </body>
</html>
```

修改后的代码运行效果如图 1-7 所示。

脚本代码可以放在主体中元素的后面，也可以放在页面代码的首部，如果放在首部，则必须保证先完成页面内容的加载之后，再获取页面中的元素并完成各种操作，此时需要在脚本代码中应用jQuery 的 ready 事件加以解决。

图 1-7　修改后的 "error.html" 页面运行效果

3. jQuery 的 ready 事件

使用 jQuery 进行开发时，如果希望操作 DOM 文档元素，则必须确保在 DOM 载入完成后再进行操作。由于 ready 事件在文档就绪后发生，因此会将该事件作为处理 HTML 文档的开始，把所有其他的 jQuery 事件和函数置于该事件的函数内部是经常采用的做法。

与 ready 事件对应的函数是 ready()函数，该函数有如下 3 种语法。

- $(document).ready(function(){...})。
- $().ready(function(){...})。
- $(function(){...})。

$(document).ready(function(){...})，是指匹配文档中的 document 节点，即整个文档对象，然后为该节点绑定 ready 事件处理器，类似于 JavaScript 中 window.onload 的用法 window.onload=function(){...}，不过 jQuery 的 ready 事件要先于 load 事件被激活，无须等到其他媒体文件下载完毕。

为了方便开发和使用，jQuery 框架先将$(document).ready(function(){...})简化为$().ready(function(){...})，再进一步简化为$(function(){...})。

【示例 1-6】使用 jQuery 的 ready 事件修改示例 1-4 的代码，并保存为 "ready.html"。代码如下。

```html
<!DOCTYPE html>
<html>
    <head>
        <meta charset="utf-8">
        <title>在首部应用 ready 事件</title>
        <script type="text/javascript" src="jquery-1.11.3.min.js"></script>
        <script type="text/javascript">
            $(function(){
                //获取并输出段落内部的文本
                var p_text=$("#p1").text();
                console.log(p_text);
            })
        </script>
    </head>
    <body>
        <p id="p1">段落中的文本</p>
```

```
        </body>
</html>
```

修改后的代码的运行效果与图 1-7 所示效果相同。

4. 对比分析 jQuery 中的 ready 事件和 JavaScript 中的 load 事件

jQuery 中的 ready 事件与 JavaScript 中的 load 事件都表示页面初始化行为，但是这两者之间并非完全相同。

（1）两者的执行时间不同

为了理解执行时间，读者应了解 HTML 文档的加载顺序。HTML 文档加载是按顺序执行的，这与浏览器的渲染方式有关系，一般浏览器的渲染操作大致有如下几个步骤。

第一步，解析 HTML 文档。

第二步，加载外部脚本文件和样式文件，即执行<link />标记和带有 src 属性的<script>标记。

第三步，解析并执行脚本代码。

> **注意** 第三步解析并执行的脚本代码是指不包含在任何需要显式调用的函数中的脚本代码，函数中的代码必须等待函数被调用之后才执行。

第四步，构造 DOM。

第五步，加载图片等媒体文件。注意，加载图片等媒体文件是在 DOM 构造完成之后进行的，也就是说，在构造 DOM 时，仅仅记录了媒体元素的标记。

第六步，页面加载完毕。

在上面 6 个步骤中，JavaScript 中的 load 事件必须等到网页中的全部内容都加载完毕后才会被触发执行。如果一个页面包含大容量的媒体文件，则可能会出现网页文档已经呈现出来，但因为网页数据还没有完全加载，导致 load 事件不能及时被触发的情况，从而影响 load 事件函数的执行，进而影响页面的可用性。

jQuery 的 ready 事件在 DOM 结构绘制完毕时被触发执行，它的执行先于外部媒体文件的加载，实现文档呈现和脚本初始化设置并行完成的效果。

（2）两者的用法不同

对 JavaScript 中的 load 事件而言，在任何一个页面文件中它都只能被编写一次。例如，下面的示例代码只能影响最后一次指定的事件处理函数。

【**示例 1-7**】在一个页面文件中分 3 次注册 window 对象的 load 事件，3 个事件处理函数分别在控制台中输出不同的文本，观察运行结果并思考原因。

创建页面文件 "JavaScript-load.html"，代码如下。

```
<!DOCTYPE html>
<html>
    <head>
        <meta charset="utf-8">
        <title>应用 JavaScript 的 load 事件</title>
        <script type="text/javascript">
            window.onload=function(){
                console.log("页面初始化 1");
            }
            window.onload=function(){
```

```
            console.log("页面初始化2");
        }
        window.onload=function(){
            console.log("页面初始化3");
        }
    </script>
</head>
<body>
</body>
</html>
```

上面代码中使用了 3 次 window.onload 的匿名处理函数，但是只有第三次被运行了，运行效果如图 1-8 所示。

图 1-8 "JavaScript-load.html" 页面运行效果

原因分析：因为 onload 是 load 事件的属性，作为属性来说，只要重新赋值，原来的值就会被覆盖，3 次使用 window.onload=function(){} 相当于对 onload 使用 3 次赋值不同的匿名处理函数，因此只能保留第 3 次的赋值结果。

如果要在页面加载完成时执行 3 个不同的函数，则需要先逐个定义函数，再从 window.onload 事件函数中逐个调用。例如，将上面代码改写如下。

```
<script type="text/javascript">
    var f1 = function(){
        console.log("页面初始化1");
    }
    var f2 = function(){
        console.log("页面初始化1");
    }
    var f3 = function(){
        console.log("页面初始化1");
    }
    window.onload = function(){
        f1(); f2(); f3()
    }
</script>
```

上面代码执行之后，将会在控制台中输出 3 行内容。

不同于 JavaScript 中的 load 事件，jQuery 中的 ready 事件不是以属性的形式出现，而是以方法的形式（$().ready()）出现，因此它可以在一个文档中多次定义。jQuery 中 ready 事件的这种用法在实现复杂页面中的复杂初始化设置时非常方便，可以将多个不同的功能要求分别添加到不同的 ready 事件函数内部，将复杂的问题简单化。

【**示例 1-8**】在同一个页面文件中定义有 3 个 ready 事件的处理函数，观察系统对 3 个函数的运行效果。

创建页面文件"jQuery-ready.html"，代码如下。

```html
<!DOCTYPE html>
<html>
    <head>
        <meta charset="utf-8">
        <title>应用 jQuery 的 ready 事件</title>
        <script type="text/javascript" src="jquery-1.11.3.min.js"></script>
        <script type="text/javascript">
            $(function(){
                console.log("页面初始化 1");
            })
            $(function(){
                console.log("页面初始化 2");
            })
            $(function(){
                console.log("页面初始化 3");
            })
        </script>
    </head>
    <body>
    </body>
</html>
```

上面代码的运行效果如图 1-9 所示。

图 1-9 "jQuery-ready.html"页面运行效果

根据图 1-9 所示控制台中的输出结果可知，ready 事件注册的 3 个事件处理函数按照顺序全部执行。

实际上，在 JavaScript 中，对所有元素注册事件函数都只能进行一次，如果为同一元素的同一事件注册了不同的函数，则只有最后一个有效；而在 jQuery 中，对所有元素注册事件函数可以进行多次，这是因为在 JavaScript 中，事件总以属性的形式出现，而在 jQuery 中，事件总以方法的形式出现。

（三）jQuery 对象与 DOM 对象的相互转换

jQuery 是在 JavaScript 的基础上封装的，因此 jQuery 代码本质上也是 JavaScript 代码，两者可以混合使用，在程序开发时不需要区分每一行代码到底是 jQuery 代码还是 JavaScript 代码。

jQuery 对象是通过 jQuery 包装 DOM 对象后产生的对象，和 DOM 对象可以相互转换，它们操作的对象都是 DOM 元素，不同之处是 jQuery 对象包含多个 DOM 元素，而 DOM 对象本身就是一个 DOM 元素。也就是说，jQuery 对象是 DOM 元素的集合，也称为伪数组。

jQuery 对象不能使用 DOM 对象的方法或者属性，DOM 对象也不能使用 jQuery 对象的方法或属性。

假设页面中存在如下段落元素。

```
<p id="p1">学习 jQuery</p>
```

属性 innerText 属于 DOM 对象，用于获取指定元素内部的文本，使用下面的 JavaScript 代码可以获取段落中的文本。

```
var p_text=document.getElementById('p1') . innerText;
console.log( p_text );
```

但是，如果使用下面的代码，

```
console.log( $("#p1").innerText );
```

则执行结果为 undefined，这是因为 $("#p1") 获取的结果是一个 jQuery 对象，该对象不能访问 DOM 对象的属性，因此系统无法获取并输出段落中的文本。

方法 text() 属于 jQuery 对象，用于获取指定元素内部的文本，使用下面的 jQuery 代码可以获取段落中的文本。

```
console.log( $("#p1").text() );
```

但是，如果使用下面的代码，

```
var p_text=document.getElementById('p1').text();
console.log(p_text);
```

执行代码时，会告知出错，这是因为 document.getElementById('p1') 获取到的是一个 DOM 对象，该对象不能访问 jQuery 对象的方法。

1. jQuery 对象转换为 DOM 对象

将 jQuery 对象转换为 DOM 对象可以使用两种方法。

方法 1：直接给 jQuery 对象添加索引，如 $("#p1")[0].innerText。

方法 2：借助 jQuery 对象的 get() 方法，为 get() 方法传递一个索引，如 $("#p1").get(0).innerText，此处需要注意的是 get() 是方法，后面接的是方法所使用的圆括号，不要误写为方括号。

两种方法的本质相同，都是通过给定一个索引从以数组方式存在的 jQuery 对象中取出一个 DOM 对象。

2. DOM 对象转换为 jQuery 对象

将 DOM 对象转换为 jQuery 对象，直接把 DOM 对象传递给 $() 函数即可，$() 函数可以看作 jQuery 对象的"制造工厂"，只需将需要转换的内容放入该函数，该函数即可返回 jQuery 对象。例如下面的代码。

```
var p_text=document.getElementById('p1');
console.log( $(p_text).text() );
```

第一行代码获取到的 p_text 是 DOM 对象，第二行代码使用 $(p_text) 将 DOM 对象转换为

jQuery 对象，然后使用属于 jQuery 对象的 text() 方法，即可获取到段落内部的文本内容。

jQuery 对象与 DOM 对象的相互转换在很多功能实现中都需要使用，例如，大家所熟知的 DOM 对象中的 this，在 jQuery 对象中使用时，必须使用 $(this) 将其转换为 jQuery 对象能够识别的形式，才能应用属于 jQuery 对象的方法、事件、属性等。

三、jQuery 中的选择器

jQuery 选择器是 jQuery 框架的基础，jQuery 对事件的处理、DOM 操作、CSS 动态控制、AJAX 通信、动画效果设计等都是在选择器的基础上进行的。jQuery 几乎支持 CSS1～CSS3 的所有选择器，能够满足用户在 DOM 中快捷而轻松地获取需要的元素或元素组的需求。本小节只讲解基础的、常用的基本选择器和层级选择器，掌握这些选择器的用法，基本能够满足选择页面元素的需求。

jQuery 中所有选择器的写法都是 **jQuery（选择器）**，简写为 **$（选择器）**，括号中的选择器写法与 CSS 选择器的写法一致，所有选择器获取的 jQuery 对象都是伪数组。

（一）基本选择器

基本选择器包括 id 选择器、标记名选择器、类选择器、通用选择器、组选择器等。

1. id 选择器

id 选择器用于选取单个元素，格式为 $("#id 属性值") 或者 jQuery("#id 属性值")，该对象只包含一个 DOM 元素，但仍旧是一个伪数组。在 JavaScript 中使用 document.getElementById("id 属性值") 选取，选取的结果是单一的 DOM 元素。

任何一个 id 属性取值在页面中只能使用一次，因为原则上 id 属性取值是唯一的，若是多个元素的 id 属性使用了同一个取值，则 id 选择器只能获取到 id 属性值相同的多个元素中的第一个元素。

【示例 1-9】页面中有一组列表元素，其中有两个元素的 id 属性取值相同，使用 id 选择器获取 jQuery 对象，然后使用 jQuery 对象的 length 属性获取对象中元素的个数，再使用 text() 方法获取元素的文本并输出，观察获取到的是哪个元素。

创建页面文件 "id 选择器.html"，代码如下。

```
<!DOCTYPE html>
<html>
    <head>
        <meta charset="utf-8">
        <title>应用 id 选择器</title>
        <script type="text/javascript" src="jquery-1.11.3.min.js"></script>
        <script type="text/javascript">
            $(function(){
1:              var list_1 = $("#list_1");
2:              console.log("list_1 中 DOM 元素个数为", list_1.length);
3:              console.log("list_1 中 DOM 元素文本内容为", list_1.text());
            })
        </script>
    </head>
    <body>
```

```
            <ul>
                <li id="list_1">第一个列表元素</li>
                <li id="list_1">第二个列表元素</li>
                <li id="list_3">第三个列表元素</li>
                <li id="list_4">第四个列表元素</li>
                <li id="list_5">第五个列表元素</li>
            </ul>
        </body>
    </html>
```

注意 列表元素中第一个列表元素和第二个列表元素的 id 属性值都是 list_1。

jQuery 代码解释如下。

第 1 行，使用 id 选择器获取 id 属性值为 list_1 的元素，将其保存在 jQuery 对象变量 list_1 中。

第 2 行，获取 list_1 中元素的个数并输出。

第 3 行，获取 list_1 中元素的文本内容。

运行效果如图 1-10 所示。

图 1-10 "id 选择器.html"页面运行效果

虽然页面中有两个元素的 id 都是 list_1，但是根据图 1-10 所示右侧控制台输出的第一行内容可以看出来，通过 id 选择器获取的 jQuery 对象中只有一个元素，通过控制台输出的第二行内容可以看出来，获取的元素是 id 属性值相同的两个元素中的第一个。

2. 标记名选择器

标记名选择器用于选取同一标记的所有元素，格式为$("标记名")或者 jQuery("标记名")，获取的 jQuery 对象包含一组 DOM 元素。在 JavaScript 中使用 document.getElementsByTagName("标记名")获取。

【示例 1-10】页面中有一组列表元素，使用标记名选择器选择这组列表元素，输出 jQuery 对象中 DOM 元素的个数和 DOM 元素中的文本内容。

创建页面文件"标记名选择器.html"，代码如下。

```
<!DOCTYPE html>
<html>
    <head>
        <meta charset="utf-8">
```

```
            <title></title>
            <script type="text/javascript" src="jquery-1.11.3.min.js"></script>
            <script type="text/javascript">
                $(function(){
1:                  var list=$("li");
2:                  console.log("list 中 DOM 元素个数为",list.length);
3:                  console.log("list 中 DOM 元素文本内容为",list.text());
                })
            </script>
        </head>
        <body>
            <ul>
                <li id="list_1">第一个列表元素</li>
                <li id="list_2">第二个列表元素</li>
                <li id="list_3">第三个列表元素</li>
                <li id="list_4">第四个列表元素</li>
                <li id="list_5">第五个列表元素</li>
            </ul>
        </body>
</html>
```

jQuery 代码解释如下。

第 1 行，使用标记名选择器获取标记名为 li 的元素，将其保存在 jQuery 对象变量 list 中。

第 2 行，获取 list 中元素的个数并输出。

第 3 行，获取 list 中元素的文本内容。

运行效果如图 1-11 所示。

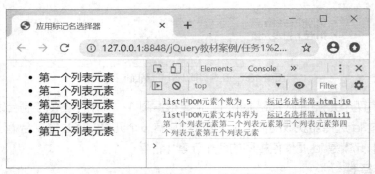

图 1-11 "标记名选择器.html"页面运行效果

由图 1-11 所示的控制台输出结果可以得出如下结论。

● 标记名选择器能同时选择页面中同一标记的所有元素。

● 使用 jQuery 对象的 text()方法可以一次性输出一组 DOM 元素的内容。

接下来介绍使用 JavaScript 如何实现上面的功能，并将两者对比，观察并体会使用 jQuery 框架的优势。

【示例 1-11】页面中有一组列表元素，使用 JavaScript 中的 getElementsByTagName()选择这组列表元素，输出列表元素的个数和元素中的文本内容。

创建页面文件"getElementsByTagName().html"，代码如下。

```html
<!DOCTYPE html>
<html>
    <head>
        <meta charset="utf-8">
        <title>应用 getElementsByTagName()</title>
        <style>
            ul{margin: 0; padding: 0;}
            li{margin-left: 20px;}
        </style>
        <script type="text/javascript">
            window.onload = function(){
1:              var list = document.getElementsByTagName('li');
2:              var list_len = list.length;
3:              console.log("list 中 DOM 元素个数为",list_len);
4:              console.log("下面输出列表元素的文本内容: ");
5:              for(var i = 0; i < list_len; i++){
6:                  console.log(list[i].innerText);
7:              }
            }
        </script>
    </head>
    <body>...</body></html>
```

脚本代码解释如下。

第 1 行，使用 JavaScript 中的 getElementsByTagName()方法获取元素，将其以数组的形式保存在变量 list 中。

第 2 行，获取 list 中的元素个数，将其保存在变量 list_len 中。

第 3 行，输出元素的个数。

第 5 行～第 7 行，使用循环结构逐个输出元素的内容。在 JavaScript 中无法一次性处理一组元素，必须使用循环结构逐个处理这组元素。

运行效果如图 1-12 所示。

图 1-12 "getElementsByTagName().html"页面运行效果

3．其他几个基本选择器

除了 id 选择器和标记名选择器之外，基本选择器还有类选择器、通用选择器和组选择器等，简介如下。

（1）类选择器

类选择器选取使用同一类名的所有元素，$(".class 类名") 或者 jQuery(".类名")，获取的 jQuery 对象包含一组 DOM 元素。在 JavaScript 中使用 document.getElementsByClassName ("类名")获取指定类名的元素。

（2）通用选择器

通用选择器选取页面内的所有元素，用法为$("*")。

（3）组选择器

组选择器是用一个逗号分隔的列表，由一个或多个简单选择器或组选择器构成。组选择器选取指定选择器对应的所有元素，例如，$("h1,h2,.p1")表示同时选择页面中的 h1、h2 元素和类名为 p1 的所有元素。

（二）层级选择器

层级选择器通过 DOM 元素之间的层次关系来获取特定的元素，包括包含选择器、子对象选择器、相邻选择器和兄弟选择器 4 种类型。

1．包含选择器

格式：$("ancestor descendant")

选择器之间使用空格间隔，ancestor 表示祖先选择器，descendant 表示后代选择器。

作用：获取最后一级后代选择器指定的元素，这组元素必须包含在祖先选择器指定的元素内部，可以是祖先元素的直接子元素，也可以是其他级别的后代元素。

例如，$("div span")获取的是所有 div 内部的所有 span 元素。

2．子对象选择器

格式：$("parent>child")

选择器之间使用"＞"间隔，parent 表示父元素选择器，child 表示子元素选择器。

作用：获取子元素选择器指定的元素，这组元素必须是父元素选择器指定的元素的直接子元素。若省略子元素选择器，则表示选择指定父元素内部的所有子元素，相当于$("parent>*")。

例如，$("div>span")获取的是所有 div 内部的直接子元素 span。

3．相邻选择器

格式：$("prev+next")

选择器之间使用"＋"间隔，prev 表示前一个元素的选择器，next 表示后一个元素的选择器。

作用：获取 next 选择器指定的元素，该元素必须是 prev 选择器指定元素的下一个相邻元素。

例如，$("div+span")获取的是位于 div 元素之后相邻的 span 元素。

4．兄弟选择器

格式：$("prev~siblings")

选择器之间使用"～"间隔，prev 表示相邻的前一个选择器，siblings 表示同级选择器。

作用：获取 siblings 选择器指定的元素，这组元素必须位于 prev 选择器指定元素的后面，且与 prev 选择器指定元素同级。若省略 siblings，则表示 prev 选择器指定元素后面的所有兄弟元素。

例如，$("div~span")获取的是 div 元素后面的所有 span 元素。

（三）过滤器 eq()和伪类选择器:eq()

使用 jQuery 选择器获取的元素都是以伪数组的形式存在的，如果需要精准找到其中的一个 DOM 元素，则需要使用过滤器 eq()方法或者伪类选择器:eq()。

1. 过滤器 eq()

过滤是指对现有 jQuery 对象所包含的元素进行再筛选的操作。

$(selector).eq(index)：获取指定索引的元素。

例如，$(".tab").eq(2)：第一步，使用$(".tab")获取类名为 tab 的一组 jQuery 对象；第二步，使用 eq(2)筛选出索引为 2 的元素。

2. 伪类选择器:eq()

伪类选择器用于在 jQuery 选择器内部匹配指定的元素。

$(" selector:eq(index)")：匹配指定索引的元素，索引从 0 开始。

例如，$(".tab:eq(2)")：直接使用选择器获取类名为 tab，索引为 2 的元素，最终的效果与 $(".tab").eq(2)的效果一致。

过滤器 eq()和伪类选择器:eq()两者不同的是，eq()是方法，直接用在 jQuery 对象的后面，:eq()是选择器，直接用在$()选择器内部。

除了:eq()之外，jQuery 还提供了很多其他的伪类选择器，如表 1-2 所示。

表 1-2　jQuery 中的伪类选择器

伪类选择器	说明
:first	匹配找到的第一个元素
:last	匹配找到的最后一个元素
:not	去除所有与给定选择器匹配的元素，例如，$("p:not(div>p)")，选择不包含在 div 内部的所有段落
:even	匹配所有索引为偶数的元素，例如，$("p:even")
:odd	匹配所有索引为奇数的元素
:gt(索引)	匹配所有大于指定索引的元素，索引从 0 开始
:lt(索引)	匹配所有小于指定索引的元素，索引从 0 开始
:nth-child(索引)	匹配其父元素下所有子元素中的第 n 个元素，括号中索引最小为 1 而不是 0；也可以使用 $2n$ 匹配偶元素或者用 $2n+1$、$2n-1$ 匹配奇元素；还可使用 $3n$ 或 $3n+1$ 选取相应位置的子元素
:first-child	匹配每个父元素下的第一个子元素。:first 伪类选择器只匹配指定元素中的第一个元素，:first-child 为每个父元素匹配第一个子元素 例如： $("div:first-child")，匹配所有父元素下的第一个 div 元素，结果可能有多个； $("div:first")，匹配所有 div 中的第一个，结果最多有一个
:last-child	匹配每个父元素下的最后一个子元素

四、jQuery 中的元素查找操作

查找操作是指根据某个选择器选定的一组元素，去获取页面中的另一组元素。基于 DOM 树形

结构，可以从一个节点轻松地找到其余的节点，常用的方法有向下查找后代元素、向上查找祖先元素、查找兄弟元素等。

（一）向下查找后代元素

向下查找后代元素包括查找直接子元素及各个层级的后代元素，用于向下查找后代元素的所有方法都可以使用参数来精确指明要查找的是哪一种类型的元素。

1．查找直接子元素——children()方法

children()方法返回被选元素的所有直接子元素，该方法只沿着 DOM 树向下遍历单一层级。

格式：`$(selector).children(filter)`

参数 filter：可选。规定搜索子元素范围的选择器表达式，可以是任意类型的基本选择器，也可以是带有过滤器的基本选择器，但是不能是层级选择器。

例如：

`$("div").children("p")`，查找的是 div 下面的段落子元素，可以使用选择器`$("div>p")`取代；

`$("#div2").children()`，查找的是 id 为 div2 的元素中的所有子元素，可以简写为 `$("#div2>")`。

2．查找后代元素——find()方法

find()方法返回被选元素指定的后代元素，该方法沿着 DOM 树向下遍历，直至最后一个后代元素。

格式：`$(selector).find(filter)`

参数 filter：必选。规定搜索后代元素条件的选择器表达式、元素或 jQuery 对象。

例如：

`$("div").find("p, span")`查找的是 div 内部所有级别的段落元素和 span 元素，可以使用选择器`$("div p, div span")`取代。

（二）向上查找祖先元素

向上查找祖先元素包括查找直接父元素及各个层级的祖先元素。

1．查找直接父元素——parent()方法

parent()方法返回被选元素的直接父元素，该方法只沿着 DOM 树向上遍历单一层级。该方法获取每个匹配元素的直接父元素，获取的结果不论有几个元素，都以数组的方式存在。

格式：`$(selector).parent(filter)`

参数 filter：可选。规定搜索父元素范围的选择器表达式。

例如：

`$("span").parent("p")`查找的是 span 元素的父元素 p，如果 span 元素的父元素不是 p，则该方法不会返回，如果段落元素不是 span 元素的父元素，则该方法也不会返回。

2．查找各个层级的祖先元素——parents()方法

parents()方法返回被选元素各个层级的祖先元素，该方法沿着 DOM 树向上遍历每个层级，直至文档根元素，默认情况下最后一个找到的一定是根元素 html。该方法能获取所有匹配元素各个层级的祖先元素，获取的结果以数组的方式存在。

格式：`$(selector).parents(filter)`

参数 filter：可选。规定搜索祖先元素范围的选择器表达式。

例如：

`$("span").parents("div")`，无论页面中有多少个 span 元素，无论这些 span 元素有哪些祖先元素，返回的结果都只能是祖先元素中的 div 元素。

如果有页面元素结构如下。

```html
<!DOCTYPE html>
<html>
    <head>
        <meta charset="utf-8">
    <title>元素的向上查找</title>
    </head>
    <body>
        <div>
            <span><img src="images/icon (2).png" /></span>
            <img src="images/icon (1).png" />
        </div>
    </body>
</html>
```

根据上述页面元素结构，代码$("img").parents().length 的结果是 4，解释如下。

页面中有两个 img 元素，第一个 img 元素的祖先元素有 span、div、body 和 html，第二个 img 元素的祖先元素有 div、body 和 html，与第一个 img 的祖先元素中的 3 个元素重合，因此总个数仍为 4。

如果上面的页面元素结构更改如下。

```html
    <body>
        <div>
            <span><img src="images/icon (2).png" /></span>
        </div>
        <div>
            <img src="images/icon (1).png" />
        </div>
    </body>
```

则代码$("img").parents().length 的结果是 5，第二个 img 元素的直接父元素 div 与第一个 img 元素的祖父元素 div 是两个不同的 div，因此比之前多出一个祖先元素。

（三）查找兄弟元素

查找兄弟元素包括向上查找兄弟元素、向下查找兄弟元素和查找所有兄弟元素。

1. 向上查找兄弟元素

向上查找兄弟元素包括查找上一个相邻的兄弟元素及查找前面所有的兄弟元素。

（1）查找上一个相邻的兄弟元素——prev()方法

prev()方法匹配被选择元素的上一个相邻的兄弟元素。

格式：$(selector).prev(filter)

参数 filter：可选。规定搜索上一个相邻的兄弟元素范围的选择器表达式。

例如：

$("span").prev("div")，无论页面中有多少个 span 元素，无论这些 span 元素上一个相邻的兄弟元素是什么，返回的结果都只能是相邻兄弟元素中的 div 元素，如果所有 span 元素上一个相邻的兄弟元素都不是 div 元素，则没有返回结果。

（2）查找前面所有的兄弟元素——prevAll()方法

prevAll()方法匹配被选择元素前面所有的兄弟元素。

格式：`$(selector).prevAll(filter)`

参数 filter：可选。规定搜索前面所有兄弟元素范围的选择器表达式。

例如：

`$("span").prevAll("div")`，无论页面中有多少个 span 元素，无论这些 span 元素前面的兄弟元素是什么，返回的结果都只能是前面所有兄弟元素中的 div 元素。

2．向下查找兄弟元素

向下查找兄弟元素包括查找下一个相邻的兄弟元素及查找后面所有的兄弟元素。

（1）查找下一个相邻的兄弟元素——next()方法

next()方法匹配被选择元素的下一个相邻的兄弟元素。

格式：`$(selector).next(filter)`

参数 filter：可选。规定搜索下一个相邻的兄弟元素范围的选择器表达式。

（2）查找后面所有的兄弟元素——nextAll()方法

nextAll()方法匹配被选择元素后面所有的兄弟元素。

格式：`$(selector). nextAll(filter)`

参数 filter：可选。规定搜索后面所有的兄弟元素范围的选择器表达式。

3．查找所有兄弟元素——siblings()方法

siblings()方法返回被选元素的所有兄弟元素。该方法根据 DOM 元素的兄弟元素向前和向后遍历。

格式：`$(selector).siblings(filter)`

参数 filter：可选。规定搜索兄弟元素范围的选择器表达式。

（四）查找方法应用举例

根据图 1-3 所示的 DOM 树形结构，要从 body 下面第一个段落元素的子元素 span 开始查找 body 中第二个段落元素的子元素 a。

可以用多种方案完成上面的操作。

方案一：使用向上查找父元素和向下查找子元素实现。

这种方案是顺着 DOM 树一级一级向上或者向下查找，需要的代码如下。

```
$("span").parent().parent().children("p:eq(1)").children("a")
```

上面的代码通过 jQuery 中的链式语法结构，第一步使用$("span").parent()查找 span 元素的直接父元素 p，第二步使用 parent()查找 body 元素，第三步使用 children("p:eq(1)")查找 body 中索引为 1 的子元素 p（即第二个段落元素），最后一步使用 children("a")查找第二个段落元素 p 中的超链接元素 a。

方案二：使用向上查找祖先元素和向下查找后代元素实现。

这种方案可以顺着 DOM 树形结构一次性跨越多个层级，需要使用 parents()和 find()方法，代码如下。

```
$("span").parents("body").find("a")
```

在上面的代码中第一步使用$("span").parents("body")直接查找 span 元素的祖先元素中的 body 元素，第二步使用 find("a")向下查找 body 元素的后代元素中的超链接元素 a。因为给定的

DOM 树形结构中只有这一个超链接元素，所以这里可以直接在 body 下面使用 find("a")查找 a。

方案三：使用查找兄弟元素的方法实现。

若是使用查找兄弟元素的方法，则需要的代码如下。

```
$("span").parent().next().children("a")
```

在上面的代码中，第一步使用$("span").parent()查找 span 元素的父元素 p，第二步使用 next() 方法查找 p 的下一个相邻的兄弟元素 p，最后一步使用 children("a")查找其子元素中的超链接元素 a。

> **注意** 具体的查找路径及要选用的查找方法完全依赖于具体的 DOM 树形结构，不同的 DOM 树形结构可以有多种不同的查找路径，这里只列举这 3 种。

所有的查找方法都可以使用参数规定查找范围，参数可以是基本选择器，也可以是带过滤器的选择器，但是层级选择器只能用在向下查找的 find()和 children()方法中，find()可以使用任意层级选择器，children()只能使用相邻选择器和兄弟选择器。

五、jQuery 中操作 DOM 元素的基本方法

下面要介绍的方法只用于实现表单输入框外围的动态阴影效果，更多操作方法将在后续任务中根据任务需求进行讲解。

（一）jQuery 中操作属性的 attr()方法

attr()方法属于 jQuery 对象，有两个作用。

第一，获取被指定元素某个属性的取值。

格式：jQuery().attr(attribute)

其中参数 attribute 代表属性名称。

用法：通过遍历的方式，可以逐个获取每个元素的属性取值，若不使用遍历，则只能获取到 jQuery 对象中第一个 DOM 元素相应的属性取值。

第二，设置被指定元素某个属性的取值。

格式：jQuery().attr(attribute, value)

其中参数 attribute 代表属性名称，value 代表为该属性设置的新的取值。

用法：可以同时将 jQuery 对象中的一组 DOM 元素的某个指定属性设置为相同取值。

例如，$("img").attr("width", "500")能够直接将页面中所有图片元素的宽度都设置为 500 像素。

【说明】在 jQuery 中可以使用 prop()方法取代 attr()方法，两者在获取属性取值和设置属性取值方面基本一致，但是两者之间也有区别，主要体现在元素的布尔类型属性取值方面。接下来使用复选框的 checked 属性进行说明。

1. attr("checked")的结果

假设存在某个复选框元素<input type="checkbox" class="ctrl" checked>，对该元素使用属性 checked 设置初始状态是选中复选框，若使用代码 console.log($(".ctrl").attr("checked"))获取属性 checked 取值，则在页面运行过程中，对复选框的操作无论是选中还是取消选中，输出结果都是 "checked"。

若将元素改为<input type="checkbox" class="ctrl">，也就是去掉 checked 属性，则对复选

框来说，无论是选中还是取消选中，console.log($(".ctrl").attr("checked"))输出的结果都是"undefined"。

2．prop("checked")的结果

若使用代码 console.log($(".ctrl").prop("checked"))获取属性 checked 取值，无论初始时是否设置了 checked 属性，在页面运行过程中，若选中复选框，则输出结果为"true"；若取消选中复选框，则输出结果为"false"。

因此，如果要获取或设置的是布尔类型的属性取值，不能使用 attr()方法，而需要使用 prop()方法。

（二）jQuery 中的 each()方法

从图 1-11 所示"标记名选择器.html"的运行效果中可以看出，使用 jQuery 对象的 text()方法可以一次性输出一组 DOM 元素的内容，但并不是 jQuery 对象的所有方法或者属性都支持一次性操作。例如，要获取每个元素的 id 属性取值，若是使用下面的 jQuery 代码，将无法实现需要的功能。

```
    $(function(){
1:      var list=$("li");
2:      console.log("list中DOM元素个数为",list.length);
3:      console.log("元素的id是",list.attr('id'));
    })
```

代码解释如下。

第 3 行，使用 jQuery 对象的 attr()方法获取元素的 id 属性值。

上面代码的运行效果如图 1-13 所示。

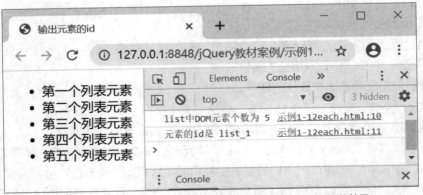

图 1-13　获取 jQuery 对象伪数组中元素的 id 属性值页面运行效果

从图 1-13 中可以看出，使用 jQuery 对象的 attr()方法获取元素的 id 属性值时，只能获取到 jQuery 对象伪数组中第一个元素的 id 属性值。

解决上面的问题可以采用脚本中的循环结构，但是对 jQuery 而言，更好的方案是使用 each()方法。

基本所有的框架都提供 each()这个工具类方法，通过 each()方法可以遍历对象、数组等并进行处理。jQuery 和 jQuery 对象都实现了该方法。

1. jQuery.each()方法

jQuery.each()是 jQuery 实现的 each()方法，可以简写为$.each()，有如下几种用法。

（1）遍历数组

格式：`$.each(数组名, function([index [, value]]){…})`

作用：为每个数组元素执行 function()函数。

function()函数的参数：index 表示数组元素的索引，value 表示数组元素取值，可以省略两个参数，也可以只写第一个参数。

如果两个参数都省略，则可以使用 this 表示数组当前的元素，例如，执行如下代码。

```
var arr = ['123', 'abc', 456];
$.each(arr, function(){
    console.log(this);
})
```

代码中的 this 代表数组当前的元素，每个元素都包括类型和取值信息。数组 arr 有 3 个元素，function()函数执行 3 次，输出结果分别为 String {"123"}、String {"abc"}、Number {456}，代表输出字符串 123、字符串 abc 和数字 456。运行效果如图 1-14 所示，即控制台中"function()不带参数："部分（控制台输出的第 2 行~第 4 行）。

若在上面代码的基础上为 function()函数添加两个参数，改写如下。

```
var arr=['123','abc',456];
$.each(arr,function(index, value){
    console.log(value);
})
```

则控制台只输出每个元素的取值，不输出元素的类型信息，输出结果分别为"123""abc""456"。运行效果如图 1-14 所示，即控制台中"function()带参数："部分（控制台输出的第 6 行~第 8 行）。

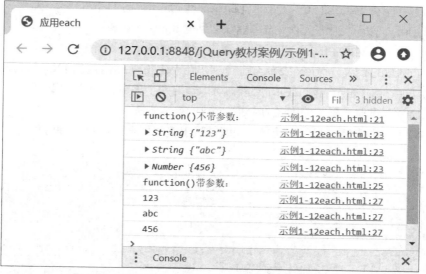

图 1-14 使用 jQuery 的 each()方法遍历数组的运行效果

（2）遍历 JSON 对象

格式：`$.each(JSON 对象, function(key, value){…})`

作用：为 JSON 对象中的每个键值对执行 function()函数。

其中，参数 key 和 value 分别表示 JSON 对象的键名和取值。

例如，执行如下代码。

```
var json = {"name": "zhangSan", "role": "student"};
$.each (json, function(key, value){
    console.log (key + ": " + value );
});
```

因为 json 中有两对数据，键名分别为 name 和 role，所以 function()函数执行两次，输出结果分别为"name: zhangSan"和"role: student"。

（3）遍历 jQuery 对象

格式：$.each(jQuery 对象, function([index[,Element]]){…})

作用：对 jQuery 对象中的每个 DOM 元素执行 function()函数。

function()函数的参数：index 表示当前 DOM 元素在 jQuery 对象（DOM 元素组）中的索引（从 0 开始），Element 表示当前 DOM 元素。可以省略两个参数，也可以只使用第一个参数。

例如，执行如下代码。

```
$.each($("li"),function(index,ele){
    console.log(ele.innerText)
})
```

输出 jQuery 对象$("li")中每个 li 元素内部的文本。

2. jQuery().each()方法

jQuery().each()方法是 jQuery 对象实现的 each()方法，可以简写为$().each()，该方法可以理解为使用$.each()方法遍历 jQuery 对象的一种变形，将$.each()中的第一个参数"jQuery 对象"提取出来作为应用方法的主体，即把 each()方法委托给了 jQuery 对象。

格式：jQuery().each(function([index[,Element]]){…})

其中，jQuery()表示使用 jQuery 选择器获取到的 jQuery 对象。

作用：对 jQuery 对象中的每个 DOM 元素执行 function()函数。

function()函数的参数：index 表示当前 DOM 元素在 jQuery 对象（DOM 元素组）中的索引（从 0 开始），Element 表示当前 DOM 元素。可以省略两个参数，也可以只使用第一个参数。

遍历 jQuery 对象时，更常使用 jQuery().each()这种方法。

【示例 1-12】页面中有一组列表元素，获取并输出这些列表元素的 id 属性值。

创建文件"each.html"，代码如下。

```
<!DOCTYPE html>
<html>
    <head>
        <meta charset="utf-8">
        <title>应用 each()</title>
        <script type="text/javascript" src="jquery-1.11.3.min.js"></script>
        <script type="text/javascript">
            $(function(){
1:              var list = $("li");
2:              console.log("list 中 DOM 元素个数为",list.length);
3:              list.each(function(index){
```

```
   4:                       console.log("第", (index+1), "个元素的id是", $(this).attr('id'));
   5:               })
            })
      </script>
   </head>
   <body>...</body>
</html>
```

代码解释如下。

第 3 行，使用 jQuery 对象的 each()方法对 list 对象进行遍历，在 function()函数中指定了参数 index，同时获取到当前所遍历的 DOM 元素的索引。

第 4 行，因为参数 index 获取到的索引从 0 开始，所以要指明第几个元素时，使用 index+1；this 表示当前正在遍历的 DOM 元素，使用$(this)将其封装为单一的 jQuery 对象，attr()是 jQuery 对象的方法，用于获取或者设置元素中某个属性的取值。

"each.html"页面运行效果如图 1-15 所示。

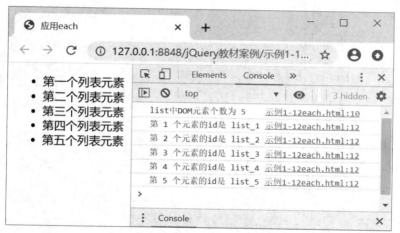

图 1-15 "each.html"页面运行效果

"each.html"文件中的 jQuery 代码可以按如下几种方式修改。

（1）为 function()函数增加第二个参数

```
list.each(function(index, ele){
        console.log("第", (index+1), "个元素的id是", $(ele).attr('id'));
})
```

参数 ele 代表当前正在遍历的 DOM 元素，需要使用$()将其封装为 jQuery 对象之后才能使用 jQuery 对象的 attr()方法。

（2）去掉 function()中的 index 参数

```
list.each(function(){
        var index=$(this).index();
        console.log("第", (index+1), "个元素的id是", $(this).attr('id'));
})
```

去掉 function()中的 index 参数之后，若函数体中需要使用当前 DOM 元素的索引，则可以使用 jQuery 对象的 index()方法获取当前正在遍历的 DOM 元素的索引。

（3）使用 jQuery 的 each()方法

代码如下。

```
$.each(list, function(index, ele){
        console.log("第", (index+1), "个元素的id是", $(ele).attr('id'));
})
```

使用 jQuery 的 each()方法时，function()除了使用上面代码的参数之外，也可以只使用 index 参数，或者去掉两个参数。

（三）关于元素的索引的问题

$(selector).each(function(index){})中的参数 index 取值与$(selector).index()方法获取到的取值并不一定相同，这取决于给定的选择器 selector 所指向的元素是否属于同一个父元素以及其父元素中是否有其他兄弟元素。

例如，下面代码中的列表元素。

```
<body>
    <ul>
        <li class="list_1">第一个列表元素</li>
        <li class="list_1">第二个列表元素</li>
        <li class="list_2">第三个列表元素</li>
        <li class="list_2">第四个列表元素</li>
        <li class="list_2">第五个列表元素</li>
    </ul>
</body>
```

在给定的 5 个列表元素中分别引用了两个类名，使用如下代码。

```
$(function(){
    $("li").each(function(index){
        $(this).click(function(){
            console.log(index);
            console.log($(this).index())
        })
    })
})
```

如果运行时单击了"第三个列表元素"，则控制台输出的 index 和$(this).index()的结果都是 2，这是因为使用的选择器是 li，包含的是 ul 下的所有子元素，使用两种形式获取的索引是一致的。

如果使用的是下面的代码。

```
$(function(){
    $("li.list_2").each(function(index){
        $(this).click(function(){
            console.log(index);
            console.log($(this).index())
        })
    })
})
```

如果运行时单击了"第三个列表元素"，则控制台输出的 index 的结果为 0，$(this).index()的结果为 2，这是因为使用的选择器是"li.list_2"，选择的是 ul 下的一部分元素。对 each(function(index){})中的 index 而言，是将选择的全部元素（无论其是否属于同一个父元素）从 0 开始设置索引，对其中的第一个元素而言，索引永远是 0；而对 index()方法而言，得到的则是当前元素在其父元素的全部子元素中的索引，并不是根据选择器所选择的元素集合来设置索引的，故而结果为 2。

（四）为元素添加和移除类

使用为元素添加和移除类的方法能够快速地动态更改元素的样式效果。

1. addClass()方法

addClass()方法用于向被选元素添加一个或多个类。

格式：`$(selector).addClass(class)`

该方法不会移除已存在的类，仅仅添加一个或多个类；添加多个类需要使用空格分隔类名。

2. removeClass()方法

removeClass()方法用于从被选元素中移除一个或多个类。

格式：`$(selector).removeClass(class)`

移除多个类，类名之间需要使用空格分隔；如果没有规定参数，则该方法将从被选元素中移除所有类。

六、jQuery 中的事件机制

为了能够更好地兼容不同类型的浏览器，jQuery 在 JavaScript 的基础上，进一步封装了不同类型的事件机制，从而形成了一种功能更强大、用法更"优雅"的 jQuery 事件机制。

（一）注册事件

在 jQuery 中，注册事件可以使用 on()方法一次性为一个元素注册多个事件，也可以使用快捷方法逐个为元素注册事件。

1. on()方法

on()方法可为被选元素添加一个或多个事件处理程序，并规定当事件发生时运行的函数。

自 jQuery 1.7 起，on()方法成为 bind()、live()和 delegate()方法的新的替代方法。该方法给 API 带来了很多便利，它简化了 jQuery 代码库，因此推荐使用该方法。

格式：`$(selector).on(event, childSelector, data, function)`

参数说明如下。

- event：必选，规定添加到元素中的一个或多个事件，由空格分隔多个事件。
- childSelector：可选，如果需要将事件添加给 selector 的后代元素，则需要使用该参数规定要添加到哪个后代元素上。也就是说，使用 on()方法可以通过祖先元素为后代元素添加事件。如果某个元素是使用脚本动态生成的，则在动态生成元素之外的作用域中，该元素自身无法注册事件，必须通过其祖先元素使用 on()方法为其添加事件；若为该元素注册事件的代码与生成该元素的代码在同一个作用域中，则该元素自身可以注册事件。
- data：可选，规定传递到函数的额外数据，该参数较少使用。如果使用该参数，则需要为 function 设置参数 event，并通过 event.data 方式访问这组数据。
- function：必选，规定当事件发生时运行的函数。

使用上面的格式可以为同一个元素的多个事件绑定相同的函数。还可以使用如下格式为同一个元素注册不同的事件函数，函数可以是相同的，也可以是不同的。

```
$(selector). on({event: function, event: function, ...})
```

【示例 1-13】使用 on()方法为元素注册事件。

具体要求如下。

页面中有两个 button 元素，使用 on()方法为第一个 button 元素绑定 click 和 mouseout 事件函数，同时传递一组数据{"name": "张三", "age": 20}，单击按钮和鼠标指针离开按钮时弹出消息框显示数据。为第二个 button 元素绑定 mousedown 事件函数，设置页面背景色为#aaf；绑定 mouseup 事件函数，设置页面背景色为#faa。

创建页面文件"on.html"，代码如下。

```
<!DOCTYPE html>
<html>
    <head>
        <meta charset="utf-8">
        <title>应用 on()方法</title>
        <script type="text/javascript" src="../jquery-1.11.3.min.js"></script>
        <script type="text/javascript">
1:          $(function(){
2:              $("button:eq(0)").on("click mouseout",{"name": "张三", "age": 20},
function(event){
3:                  alert(event.data.name);
4:              })
5:              $("button:eq(1)").on({
6:                  mousedown: function(){
7:                      $("body").css("background", "#aaf");
8:                  },
9:                  mouseup: function(){
10:                     $("body").css("background", "#faa");
11:                 }
12:             })
13:         })
        </script>
    </head>
    <body>
        <button>第一个按钮</button>
        <button>第二个按钮</button>
    </body>
</html>
```

脚本代码解释如下。

第 2 行，通过$("button:eq(0)")获取到第一个 button 元素，为该元素同时注册 click 和 mouseout 事件，传递的数据为：键名 name 对应的取值是张三，键名 age 对应的取值是 20。对于这样的数据，需要使用 event.data.name 或者 event.data.age 进行访问，因此需要设置事件函数参数为 event，为访问 on()方法第二个参数中的数据做准备。

第 3 行，使用 event.data.name 获取数据"张三"，并弹出消息框显示数据。当单击按钮和鼠标指针离开按钮时都会执行该代码。

第 5 行～第 12 行，通过$("button:eq(1)")获取到第二个 button 元素，使用 on({})形式注册第二个 button 元素的 mousedown 和 mouseup 事件。

第 6 行～第 8 行，当按下鼠标左键时，设置页面背景色为#aaf。

第 9 行～第 11 行，当松开鼠标左键时，设置页面背景色为#faa。

【示例 1-14】应用 on()方法为子元素注册事件。

具体要求如下。

页面初始只有一个按钮和包含一个段落子元素的 div 元素，使用 on()为按钮注册 click 事件，在函数内部为 div 添加一个段落子元素，之后再为段落子元素绑定 click 事件函数，输出段落子元素中的文本。

创建文件"应用 on()为段落子元素注册事件.html"，代码如下。

```html
<!DOCTYPE html>
<html>
    <head>
        <meta charset="utf-8">
        <title>应用 on()为段落子元素注册事件</title>
        <script type="text/javascript" src="../jquery-1.11.3.min.js"></script>
        <script type="text/javascript">
            $(function(){
                $("button").click(function(){
                    $("div").append("<p>动态为 div 添加的段落子元素<p>");
                })
                $("div").on("click", "p", function(){
                    console.log($(this).text());
                });
            })
        </script>
    </head>
    <body>
        <div><p>div 内部原来的段落子元素</p></div>
    </body>
</html>
```

脚本代码在按钮的 click 事件中使用 append()方法为 div 添加一个段落子元素，在按钮的 click 事件之外，使用$("div").on("click", "p",function())为段落子元素绑定 click 事件函数。注意，为段落子元素注册 click 事件和添加段落子元素不属于同一个作用域。

 注意 这里的 on()方法的应用主体是 div 元素。

2. jQuery 中的快捷方法

除了 on()方法之外，jQuery 还定义了一些为特定事件类型绑定事件处理函数的快捷方法，如表 1-3 所示。

表 1-3　为特定事件类型绑定事件处理函数的快捷方法

click()	mouseleave()	keyup()	blur()
dbclick()	mousedown()	load()	change()
mouseover()	mouseup()	resize()	focus()
mouseout()	keydown()	scroll()	select()
mouseenter()	keypress()	unload()	submit()

35

在实际操作中，使用更多的是这些快捷方法，例如，对于下面使用 on() 方法注册的事件。

```
$("button:eq(1)").on({
    mousedown:function(){
        $("body").css("background", "#aaf");
    },
    mouseup:function(){
        $("body").css("background", "#faa");
    }
})
```

可以使用如下形式替换。

```
$("button:eq(1)").mousedown(function(){
    $("body").css("background", "#aaf");
}).mouseup(function(){
    $("body").css("background", "#faa");
})
```

【思考问题】

示例 1-14 中的脚本代码能否按如下形式改写，为什么？

```
$("button").click(function(){
    $("div").append("<p id='p1'>动态为 div 添加的段落子元素<p>");
})
$("#p1").click(function(){
    console.log($(this).text());
});
```

【问题解析】

不能按上面形式修改示例 1-14 的脚本代码。因为段落子元素是使用脚本动态生成的，为段落子元素注册 click 事件和添加段落子元素不属于同一个作用域，因此不允许直接为段落子元素注册事件。

3. one() 方法

one() 方法为被选元素附加一个或多个事件处理程序，并规定当事件发生时运行的函数。使用 one() 方法时，每个元素只能运行一次事件处理函数。

one() 方法的格式和用法与 on() 方法的相同。

（二）注销事件——off() 方法

off() 方法通常用于移除事件处理程序，也就是注销事件，自 jQuery 1.7 起，off() 方法成为 unbind()、die() 和 undelegate() 方法的新的替代方法。

格式：`$(selector).off(event, selector, function(eventObj), map)`

参数说明如下。

- event：必选，规定要从被选元素中移除的一个或多个事件或命名空间，由空格分隔多个事件。
- selector：可选，如果是由祖先元素使用 on() 方法为后代元素注册的事件，则注销该事件仍需要通过祖先元素应用 off() 方法，此时需要使用该参数，而且该参数必须与 on() 方法中使用的参数一致。

- function(eventObj)：可选，规定当事件发生时运行的函数。
- map：可选，规定事件映射({event:function, event:function, ...})，包含要添加到元素中的一个或多个事件，以及当事件发生时运行的函数。

使用任何形式为元素$(selector)自身注册的任何事件都可通过$(selector).off(event)的形式注销。例如，对段落子元素 p 使用 on()或者 click()注册了自身的 click 事件函数，代码如下。

```
$("p").click(function(){
    console.log($(this).text());
})
```

或者如下代码。

```
$("p").on("click",function(){
    console.log($(this).text());
})
```

都可使用下面的代码注销段落子元素的 click 事件。

```
$("button").click(function(){
    $("p").off("click");
})
```

但是，如果是由父元素使用 on()方法为子元素注册的事件，例如，如下代码。

```
$("div").append("<p id='p1'>div 内部的段落子元素<p>") .on("click", "p",
function(){
    console.log($(this).text());
})
```

此时段落子元素的 click 事件不可使用$("p").off("click")形式注销，而要使用如下形式注销。

```
$("button").click(function(){
    $("div").off("click", "p");
})
```

此时$("div").off("click","p")中的第二个参数必须与 on("click","p",function())中的第二个参数相同，虽然该段落子元素的 id 为 p1，但是注销时不可写为$("div").off("click","#p1")，否则注销无效。这是因为注销事件时，第二个参数使用的#p1 与注册事件时的第二个参数 p 虽然在本页面中所指的是同一个元素，但是写法是不同的，所以注销无效。

小结

本项目首先实现了输入框外围的动态阴影效果，这个项目需要的脚本代码并不是很多，但是要基于 DOM 树形结构完成元素的选择和查找操作，在对元素进行遍历的基础上完成元素的鼠标指针移入和离开的事件操作，并在事件函数内部应用了类的添加和移除操作，基于对脚本代码的要求，在项目完成之后展开对相关知识点的讲解。

习题

一、选择题

1. DOM 树形结构中的顶层对象是（　　　）。
   A. window 对象　　　B. document 对象　　　C. body 对象　　　D. div 对象

2. 下面哪一项是 JavaScript 中的原生方法或者属性？（　　　）

    A. text()　　　　　　　B. html()　　　　　　　C. innerText()　　　D. innerText

3. 若某个段落的 id 是 p1，其内容是一段纯文本，则下面哪段代码无法获取到该段落的内容？（　　　）

    A. $("#p1").text();　　　　　　　　　　　B. $("#p1").html();

    C. $("#p1").innerText;　　　　　　　　　D. $("#p1")[0].innerText;

    E. document.getElementById("p1").innerText

4. 下面哪几种做法可以将 jQuery 对象$("li")转换为 DOM 对象？（　　　）

    A. $("li")[0]　　　　　　　　　　　　　　B. $("li").eq[0]

    C. $("li").get(0)　　　　　　　　　　　　D. $("li").val(0)

5. 关于 jQuery 中的 ready 事件和 JavaScript 中的 load 事件，下面说法正确的有哪些？（　　　）

    A. 两者都是在页面元素加载完成之后执行函数体代码

    B. 在 jQuery 中，$(document).ready(function(){...})经常简写为$(function(){...})

    C. 在 JavaScript 中，load 事件属于 window 对象，用法一般为 window.onload=function(){...}

    D. 在 JavaScript 中，load 事件属于 document 对象

6. 下面哪些选项是 jQuery 中 ready()的正确用法？（　　　）

    A. jQuery(document).ready(function(){...})　　B. jQuery().ready(function(){...})

    C. jQuery(function(){...})　　　　　　　　D. $(document).ready(function(){...})

    E. $().ready(function(){...})　　　　　　　F. $(function(){...})

    G. (function(){...})

7. jQuery 对象和 DOM 对象操作的都是 DOM 元素，二者之间可以相互转换。（　　　）

    A. 正确　　　　　　　　　　　　　　　　B. 错误

8. 属性节点和文本节点都是元素节点的子节点。（　　　）

    A. 正确　　　　　　　　　　　　　　　　B. 错误

9. 脚本代码只能添加在 HTML 文件的首部。（　　　）

    A. 正确　　　　　　　　　　　　　　　　B. 错误

10. 下面哪些是层级选择器？（　　　）

    A. $("body>span")　　　　　　　　　　　B. $("div sp1")

    C. $("p, span, #div1")　　　　　　　　　D. $("p~span")

11. 关于 jQuery 中查找兄弟元素的 siblings()方法，说法正确的有（　　　）。

    A. 该方法只能获取当前元素的上一个兄弟元素

    B. 该方法只能获取当前元素的下一个兄弟元素

    C. 该方法能获取当前元素的所有兄弟元素

    D. 该方法能够获取当前元素的某一类兄弟元素

12. $("body>span")与下面哪几个选项是等价的？（　　　）

    A. $("body").find("span")　　　　　　　B. $("body").children("span")

    C. $("#div2").prev()　　　　　　　　　　D. $("body>p").next()

13. 在 jQuery 中移除某个元素引用的类的方法是（　　　　）。

    A. $(元素).deleteClass("类名")　　　　　　B. $(元素).deleteClass(".类名")

    C. $(元素).removeClass("类名")　　　　　　D. $(元素).removeClass(".类名")

二、简答题

1. 哪个函数是 jQuery 库文件的接口函数？可以使用怎样的简化表示形式？

2. 一个页面文档可以使用什么对象表示？

3. jQuery 中的 ready 事件和 JavaScript 中的 load 事件有什么区别？

4. 下面代码能否获取到段落的内容？为什么？

```
var p=document.getElementById('p1');
console.log(p.text());
```

三、操作题

分别使用 jQuery 中 ready 事件的 3 种语法定义匿名函数，在页面加载基本完成时，控制台输出"我们正在学习 jQuery"。

项目2
制作页面中的漂浮广告

【情景导入】

职场新人小明现在专门负责为各个项目设计脚本特效。目前他需要为学校招生办制作一个针对2021 年单招考试安排的漂浮广告，方便广大考生访问并查阅考试相关的安排，招生办提出的要求有：无论首页内容如何滚动，该广告都只能在窗口的可视区域内移动；当用户将鼠标指针指向广告时，广告要能够停止下来供用户单击访问；鼠标指针离开广告时，广告要继续移动；对于不需要看该广告的用户，可以随时单击关闭广告，提升用户体验。

根据招生办提出的要求，小明需要学习一些新技能从而完成设计。

【知识点及项目目标】

- 掌握获取页面宽度和高度的方法。
- 掌握获取滚动条卷入部分的页面宽度和高度的操作方法。
- 掌握获取元素宽度和高度的方法。
- 掌握设置页面元素位置的方法。
- 掌握 jQuery 中的 css()方法。

漂浮广告是指使用了定位技术、能够在窗口中自由移动的 div。在 div 移动过程中，某个边框触碰到窗口边框时 div 必须能够反弹，保证将其约束在窗口范围内。除此之外，还要考虑用户操作的友好性等方面的问题。

【素养要点】

统揽全局　大局意识

任务 2.1　实现不加任何控制的漂浮广告

【任务描述】

本任务要实现不加任何控制的漂浮广告，不加任何控制是指漂浮广告在页面中自由移动，用户不能进行关闭或停止等操作，如图 2-1 所示。

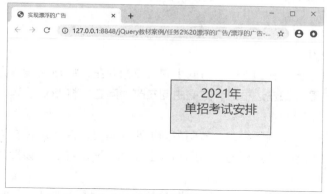

图 2-1　不加任何控制的漂浮广告

【任务实现】

一、漂浮广告的定位及移动方向控制

将漂浮广告内容设计在一个 div（假设 div 的 id 为 piaofu）内部，漂浮广告在页面中的漂浮效果是通过循环定时调用自定义函数，在函数体中不断改变 div 的位置和 div 移动的方向来实现的。

2-1　微课

实现简单的漂浮广告

1. 漂浮广告的定位

改变 div 的位置需要改变 div 的坐标，坐标的设置和修改都需要基于元素的定位来进行，因此在页面中，漂浮的 div 必须设置为定位方式，并且该 div 不能占据页面空间，样式属性 position 有 relative、absolute 和 fixed 这 3 个取值，使用相对定位（relative）时，元素无论移动到哪里，都需要占据定位之前的页面空间，因此相对定位不适用于漂浮广告定位。而绝对定位（absolute）和固定定位（fixed）都是脱离文档进行定位的，所以都可以用在漂浮广告定位中。

考虑到需要将漂浮广告的移动范围限制在窗口中，不随着页面滚动而滚动，因此首选在窗口中固定定位的方式，即 fixed，初始定位坐标 left 和 top 都设置为 0，而且除了主体<body>之外，不需要给该 div 元素添加任何其他父元素，即漂浮广告直接依据浏览器窗口进行定位，初始时位于浏览器窗口左上角，在移动过程中，所有坐标的计算根据窗口大小来进行即可。

定位代码如下。

```
#piaofu{position: fixed; left: 0; top: 0;}
```

2. 漂浮广告的移动方向控制

漂浮广告在页面中移动时，需要根据漂浮广告边框是否触碰到窗口边框来确定是否要改变其移动方向。

（1）定义两个全局变量 gox 和 goy 用于控制漂浮广告移动的方向

gox 用于控制水平移动的方向，取值为 1 表示向右移动，取值为−1 表示向左移动。

goy 用于控制垂直移动的方向，取值为 1 表示向下移动，取值为-1 表示向上移动。

两个全局变量的初始值都设置为 1，表示初始时漂浮广告由左向右、由上向下移动。代码如下。

```
var gox = 1, goy = 1;
```

（2）移动方向变化的条件

第一，水平方向变化。

当 div 右边框触碰到窗口右边框时，方向由向右改为向左，将 gox 设置为-1。

当 div 左边框触碰到窗口左边框时，方向由向左改为向右，将 gox 设置为 1。

第二，垂直方向变化。

当 div 下边框触碰到窗口下边框时，方向由向下改为向上，将 goy 设置为-1。

当 div 上边框触碰到窗口上边框时，方向由向上改为向下，将 goy 设置为 1。

（3）全局变量的使用说明

漂浮广告每移动一次，就调用一次函数，每次执行函数时都要判断是否需要修改 gox 和 goy 的值。如果不需要修改，则沿用上一次函数执行结果中 gox 和 goy 保存的结果，故 gox 和 goy 必须定义为全局变量。

二、使用固定定位方式实现漂浮广告

固定定位方式是实现漂浮广告的首选定位方式，需要结合窗口宽度、高度及漂浮广告的当前坐标来确定漂浮广告的新坐标位置。

1. 漂浮广告的设计方案说明

定义函数 move()用于实现漂浮广告的功能。

（1）move()函数功能的实现步骤

说明：下面的实现步骤使用的代码都是 JavaScript 代码。

- 第一步，获取窗口可视区域的宽度和高度。

获取窗口可视区域的宽度是为了正确判断漂浮的 div 右边框是否触碰到窗口右边框，以决定 div 是否需要向左反弹，将获取到的宽度取值保存在变量 w 中。

获取窗口可视区域的高度是为了正确判断漂浮的 div 下边框是否触碰到窗口下边框，以决定 div 是否需要向上反弹，将获取到的高度取值保存在变量 h 中。

获取窗口可视区域宽度和高度的代码如下。

```
var w = document. documentElement. clientWidth;
var h = document. documentElement. clientHeight;
```

- 第二步，获取漂浮的 div 当前左上角顶点相对浏览器窗口左上角顶点的横坐标和纵坐标取值。

漂浮的 div 每移动一次，都是在原来左上角顶点横坐标和纵坐标的基础上修改坐标值，因此获取 div 之后，需要获取其左上角顶点的横坐标和纵坐标，分别保存在变量 x 和变量 y 中，为接下来的坐标变化做好准备。

获取漂浮的 div 左上角顶点横坐标和纵坐标的代码如下。

```
var piaofu = document. getElementById('piaofu');
var x = piaofu. offsetLeft;
var y = piaofu. offsetTop;
```

注意 因为选用的定位方式为 fixed，所以使用 offsetLeft 和 offsetTop 获取到的是元素左上角顶点相对窗口左上角顶点的坐标，而不是元素左上角顶点相对网页左上角顶点的坐标，获取的坐标值中只有数字，没有单位。

- 第三步，获取漂浮的 div 的宽度和高度。

在判断漂浮的 div 右边框是否触碰到窗口右边框时，需要使用 div 的左上角顶点横坐标取值加上 div 的宽度来判断；判断 div 下边框是否触碰到窗口下边框时，需要使用 div 的左上角顶点纵坐标值加上 div 的高度来判断。

获取漂浮的 div 宽度和高度的代码如下。

```
var piaofu_w = piaofu.offsetWidth;
var piaofu_h = piaofu.offsetHeight;
```

- 第四步，确定漂浮的 div 的移动方向。

水平方向改变的条件：如果 div 左边框横坐标 x 的取值小于 0，则说明 div 左边框已经触碰到窗口左边框，接下来 div 需要向右反弹移动，此时需要将全局变量 gox 取值设置为 1。否则，需要使用横坐标 x 取值加上 div 的宽度 piaofu_w，计算出 div 右边框横坐标，如果右边框横坐标大于屏幕可视区域宽度 w，则说明 div 右边框已经触碰到窗口右边框，接下来 div 需要向左反弹移动，此时需要将全局变量 gox 取值设置为-1。

垂直方向改变的条件：如果 div 上边框纵坐标 y 的取值小于 0，则说明 div 的上边框已经触碰到窗口上边框，接下来 div 需要向下反弹移动，此时需要将全局变量 goy 取值设置为 1。否则，需要使用纵坐标 y 取值加上 div 的高度 piaofu_h，计算出 div 下边框纵坐标，如果 div 下边框纵坐标大于屏幕可视区域高度 h，则说明 div 下边框已经触碰到窗口下边框，接下来 div 需要向上反弹移动，此时需要将全局变量 goy 取值设置为-1。

- 第五步，为漂浮的 div 设置新坐标。

为了移动效果更流畅，漂浮的 div 每次水平方向和垂直方向移动的像素数不宜太大，根据全局变量 gox 当前取值 1 或者-1，每次向右或者向左移动 40 像素；根据全局变量 goy 当前取值 1 或者-1，每次向下或者向上移动 30 像素。

假设修改之后的横坐标和纵坐标仍旧使用变量 x 和 y 保存，则设置 div 下一个位置的横坐标和纵坐标的代码如下。

```
piaofu.style.left = x + "px";
piaofu.style.top = y + "px";
```

注意 因为选用的是 fixed 定位方式，所以使用 style.left 和 style.top 设置坐标时，坐标位置都是相对浏览器窗口左上角顶点的而不是网页左上角顶点的。

（2）move()函数的调用方法

不增加任何控制的漂浮广告在页面中不断移动，需要使用 window 对象的循环定时器方法不断定时调用函数 move()。例如，每间隔 200ms 调用一次，将循环定时器返回的循环定时器标识保存在变量 timer 中。代码如下。

```
var timer = setInterval(move, 200);
```

此处调用时，setInterval()的第一个参数可以使用 move()，但是必须将其放在双引号中，代码如下。

```
var timer = setInterval("move()", 200);
```

 注意 不可使用代码 var timer=setInterval(move(),200);，在这种写法中，move()函数的调用与 setInterval()方法毫无关系，和直接使用代码 move();的效果相同，即 move()只能在函数定义完成之后执行一次。

2. 使用 JavaScript 实现漂浮广告特效

使用 JavaScript 实现漂浮广告特效，是指在获取窗口可视区域的宽度和高度、获取和设置元素位置等时都使用 JavaScript 原生代码。

【示例 2-1】使用 JavaScript 实现图 2-1 所示的漂浮广告。

创建页面文件"漂浮广告-js.html"，页面代码如下。

```
<!DOCTYPE html>
<html>
    <head>
        <meta charset="utf-8">
        <title>实现漂浮的广告</title>
        <style type="text/css">
            body{margin: 0;}
            #piaofu{width:200px; height:100px; padding:10px; margin:0; border:1px
solid #00f; background:#eee; position:fixed; left:0px; top:0px; font-size:20pt;
color:#f00; text-align: center;}
        </style>
    </head>
    <body>
        <div id="piaofu">2021 年<br />单招考试安排</div>
        <script>
            var gox = 1, goy = 1;
            function move(){
                //获取窗口可视区域的宽度和高度
                var w = document.documentElement.clientWidth;
                var h = document.documentElement.clientHeight;
                //获取漂浮 div 左上角顶点的坐标
                var piaofu = document.getElementById('piaofu');
                var x = piaofu.offsetLeft;
                var y = piaofu.offsetTop;
                //获取漂浮 div 的宽度和高度
                var piaofu_w = piaofu.offsetWidth;
                var piaofu_h = piaofu.offsetHeight;
                //确定移动方向
                if( x <= 0 ){ gox = 1; }
                else if( x + piaofu_w >= w ){ gox = -1; }
                if( y <=0 ){ goy = 1; }
                else if( y + piaofu_h >= h ){ goy = -1; }
                //计算并确定新的坐标
                x = x + 40 * gox;
                y = y + 30 * goy;
```

```
                //设置 piaofu 的 left 和 top 取值
                piaofu.style.left = x + "px";
                piaofu.style.top = y + "px";
            }
            //每间隔 200ms 调用函数 move()
            var timer = setInterval(move, 200);
        </script>
    </body>
</html>
```

3. 使用 jQuery 实现漂浮广告特效

使用 jQuery 实现漂浮广告特效，是指获取窗口可视区域的宽度和高度、获取和设置元素位置时使用的是 jQuery 中的相应方法。

【示例 2-2】使用 jQuery 实现图 2-1 所示的漂浮广告。

创建页面文件"漂浮广告-jQuery.html"，代码如下。

```
<!DOCTYPE html>
<html>
<head>
        <meta charset="utf-8">
        <title>实现漂浮的广告</title>
    <style type="text/css">
        body{margin: 0;}
        #piaofu{width:200px; height:100px; padding:10px; margin:0; border:1px
solid #00f; background:#eee; position:fixed; left:0px; top:0px; font-size:20pt;
color:#f00; text-align: center;}
        </style>
        <script type="text/javascript" src="../jquery-1.11.3.min.js"></script>
    </head>
    <body>
        <div id="piaofu">2021 年<br />单招考试安排</div>
        <script>
        var gox=1,goy=1;
        function move(){
                //获取窗口可视区域的宽度和高度
1:          var w = $(window).width();
2:          var h = $(window).height();
                //获取 div 左上角顶点的坐标
3:          var x = parseFloat($("#piaofu").css("left"));
4:          var y = parseFloat($("#piaofu").css("top"));
                //获取 div 的宽度和高度
5:          var piaofu_w = $("#piaofu").outerWidth(false);
6:          var piaofu_h = $("#piaofu").outerHeight(false);
7:          if( x <= 0 ){gox = 1;}
8:          else if( x + piaofu_w >= w ){ gox = -1 ;}
9:          if( y <= 0 ){ goy = 1;}
10:         else if( y + piaofu_h >= h ){ goy = -1; }
                //计算并确定新的坐标
11:         x = x + 40 * gox;
12:         y = y + 30 * goy;
                //设置 piaofu 的 left 和 top 取值
```

```
13:                    $("#piaofu").css({left: x + 'px', top: y + 'px'});
14:            }
15:            var timer = setInterval(move, 200);
        </script>
    </body>
</html>
```

脚本代码解释如下。

第 3 行和第 4 行，使用 jQuery 对象的 css()方法获取样式属性的取值，因为采用 fixed 定位方式，使用该方法获取的坐标是元素左上角顶点相对窗口左上角顶点的坐标，结果中带有单位（像素），所以需要使用 parseFloat()方法将其转换为数字值之后才能参与坐标值的加减运算。

第 5 行和第 6 行，使用 jQuery 对象的 outerWidth(false)和 outerHeight(false)方法获取包括元素的内容区、填充区和边框区在内的宽度和高度。

第 13 行，使用 jQuery 对象的 css()方法设置样式属性的值，可以同时设置多个样式属性取值，根据 fixed 定位方式，此处设置的元素横坐标 left 和纵坐标 top 的取值是元素左上角到窗口左上角顶点的距离。

4. 使用 setInterval()的注意事项

若将漂浮广告代码中的 move()函数定义在页面加载完成之后，即修改为如下代码形式。

```
$(function(){
    var gox = 1, goy = 1;
    function move(){
        //此处使用 move()函数原来的代码
    }
    var timer = setInterval(move, 200);
})
```

将所有内容包裹在$(function(){})内部之后，函数 move()属于$(function(){})函数局部作用域，不再是一个全局函数，此时若要调用 move()函数，则只能在$(function(){})的内部使用 var timer = setInterval(move, 200)调用，不可使用 var timer = setInterval("**move()**", 200)调用。原因说明如下。

（1）当使用 setInterval(move, 200)调用 move()时，即 setInterval()函数的第一个参数为函数名称 move 时，实际上传递的是 move()函数的指针，也就是 move()函数的存储地址。执行 setInterval()函数时，系统先从 setInterval()函数所在的局部作用域中寻找函数 move()，如果局部作用域中没有该函数，则再到全局作用域寻找该函数，若在局部作用域和全局作用域中都找不到该函数则会报错。因为 move()函数声明在$(function(){})的作用域中，而 setInterval()函数调用也在$(function(){})的作用域中，所以能找到 move()函数并执行。

概括为：setInterval()函数执行时，需要从自己所在的作用域开始向上逐层作用域查找函数 move()，直到找到该函数。

（2）而当使用 setInterval("**move()**",200)调用 move()时，即 setInterval()函数的第一个参数为字符串时，函数所传递的"move()"参数和我们定义的 move()函数没有任何关系，因此在寻找 move()函数时，与 setInterval()函数所在的作用域没有任何关系，setInterval()函数对此字符串的处理方式是直接在全局作用域查找 move()函数，于是会出现"move is not defined"的错误信息，如图 2-2 所示。

2-2 微课

漂浮广告中的循环定时器

图 2-2 漂浮广告中的函数调用问题运行效果

【思考问题】

若将 setInterval()函数放在$(function(){})后面，即将代码修改为如下形式。

```
$(function(){
        var gox = 1, goy = 1;
        function move(){
            //此处使用 move()函数原来的代码
        }
})
var timer = setInterval(move, 200);
```

上面的代码运行时会出现什么问题？为什么？

【问题解析】

上面的代码运行时也会出现图 2-2 所示的"move is not defined"的错误信息，这是因为 setInterval()函数执行时，需要从自己所在的作用域开始向上逐层作用域查找函数 move()，而 setInterval()所在的作用域已经是全局作用域，该作用域中没有定义函数 move()，因此会出现错误信息。

5. 全局变量 gox 和 goy

【思考问题】

全局变量 gox 和 goy 的值是否在每次调用 move()时都要变化？

【问题解析】

只有当 div 某个方向的边框与窗口相应方向的边框触碰时，才会修改全局变量 gox 或者 goy 的值，只要不改变 div 移动的方向，这两个全局变量的值就不会发生变化。

若将全局变量 gox 和 goy 修改为局部变量，代码如下。

```
//var gox = 1, goy = 1; //注释掉全局变量
```

```
function move(){
    var gox = 1, goy = 1; //修改为局部变量
    //此处使用move()函数原来的代码
}
```

上面的代码运行时会出现什么问题？为什么？

【问题解析】

上一次执行 move() 函数时，无论有没有因为漂浮的 div 右边框触碰到窗口右边框而将变量 gox 的值设置为-1，或者有没有因为漂浮的 div 下边框触碰到窗口下边框而将变量 goy 的值设置为-1，再次调用函数 move() 时都会将变量 gox 和 goy 的值重新设置为 1。

初始时，div 从窗口左上角开始向右、向下移动，状态是正常的，**若窗口很宽、很矮**，在 div 下边框触碰到窗口下边框的瞬间，goy 的值变为-1，div 会向上反弹，此时因为 div 右边框还没有触碰到窗口右边框，所以 div 继续向右移动；当再次调用 move() 函数时，将 goy 的值重新设置为 1，div 又向下移动，如此反复，**其运动轨迹是沿着窗口下边框向右移动形成的一条水平波浪线**。当 div 右边框触碰到窗口右边框时，gox 的值变为-1，此时 div 向左反弹；再次调用 move() 函数时，将 gox 的值重新设置为 1，div 又向右移动，如此反复。最终结果是 gox 和 goy 的值都不断在 1 和-1 之间切换，使得漂浮的 div 位于窗口右下角处于"撞墙-反弹-再撞墙-再反弹"的状态。

若是**窗口很窄、很高**，则 div 从左上角开始向右、向下移动时，div 右边框先触碰到窗口右边框，此时 div 不断触碰窗口右边框再反弹，沿着窗口右边框向下移动，形成一条垂直波浪线的运动轨迹，直到 div 下边框触碰到窗口下边框，div 在窗口右下角也会处于"撞墙-反弹-再撞墙-再反弹"的状态。

【思考问题】

如果在页面中增加了其他较宽、较高的内容，使得窗口中出现滚动条，则拖动滚动条之后，对漂浮广告的移动是否有影响？

【问题解析】

因为当前采用的是 fixed 定位方式，所以无论滚动条如何滚动，漂浮广告的定位都是依据窗口进行的，会一直被限定在窗口可视区域之内，不会因为页面出现滚动条而产生任何影响。

【思考问题】

在页面中有滚动条的情况下，将定位方式改为绝对定位，向右或者向下拖动滚动条之后，漂浮广告能否被限制在窗口可视区域内部？为什么？

【问题解析】

将漂浮广告定位方式由 fixed 改为 absolute，此时若继续使用 offsetLeft 和 offsetTop，获取的将是元素左上角顶点相对页面左上角顶点的坐标（元素的绝对坐标），而不是元素左上角顶点相对

窗口左上角顶点的坐标，因此拖动页面中的滚动条之后，漂浮广告会藏进窗口左侧或上部，无法限制在窗口可视区域内部。

三、使用绝对定位实现漂浮广告

使用绝对定位实现漂浮广告时，要获取元素左上角顶点相对窗口左上角顶点的坐标（元素的相对坐标），需要使用 getBoundingClientRect() 方法获取到 left 和 top 取值，left 是元素左边框到窗口左边框的距离，top 是元素上边框到窗口上边框的距离。

需要注意的是，因为元素是绝对定位的，通过 getBoundingClientRect() 获取的 left 和 top 并不是元素的 left 和 top，元素的 left 和 top 是元素左上角顶点到页面左上角顶点的距离，两者之间的差值是页面向左卷入部分的宽度和向上卷入部分的高度，因此在 getBoundingClientRect() 获取的 left 和 top 取值基础上增加漂浮广告移动的距离之后，需要分别加上页面卷入的宽度和高度得到绝对坐标，即元素的 left 和 top 属性值。

假设使用 piaofu 表示漂浮的 div，使用 piaofu_gbc 表示 piaofu.getBoundingClientRect()，则 piaofu 的 left 和 top（绝对坐标）、piaofu_gbc 的 left 和 top（相对坐标）以及页面的 scrollLeft 和 scrollTop（页面卷入宽度和高度）之间的关系如图 2-3 所示。

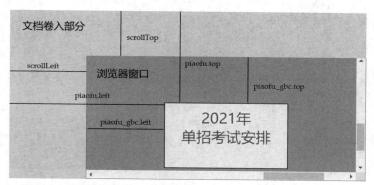

图 2-3　元素的绝对坐标、相对坐标、页面卷入宽度和高度之间的关系

【示例 2-3】创建页面文件"漂浮的广告-absolute.html"。

代码如下。

```
<!DOCTYPE html>
<html>
    <head>
        <meta charset="utf-8">
        <title>实现漂浮的广告</title>
        <style type="text/css">
            body{margin: 0;}
            #piaofu{width:200px; height:100px; padding:10px; margin:0; border:1px
solid #00f; background:#eee; position:absolute; left:0px; top:0px; font-size:20pt;
color:#f00; text-align: center;}
            .div{   width: 2000px; height: 800px; background: #0f0;}/*该 div 用于将页
面变宽、变高*/
        </style>
        <script type="text/javascript" src="../jquery-1.11.3.min.js"></script>
```

```
    </head>
    <body>
        <div id="piaofu">2021 年<br />单招考试安排</div>
        <script>
            var gox=1,goy=1;
            function move(){
                //获取窗口可视区域的宽度与高度
                var w = document.documentElement.clientWidth;
                var h = document.documentElement.clientHeight;
                var piaofu = document.getElementById('piaofu');
                var piaofu_gbc = piaofu.getBoundingClientRect();
                //获取 piaofu 左上角顶点距离窗口左上角顶点的坐标
                var x = piaofu_gbc.left;
                var y = piaofu_gbc.top;
                var piaofu_w = piaofu.offsetWidth;
                var piaofu_h = piaofu.offsetHeight;
                //确定移动方向
                if(x<=0){gox=1;}
                else if(x + piaofu_w >= w){ gox = -1;}
                if(y<=0){goy=1;}
                else if(y + piaofu_h >= h){ goy = -1;}
                //计算并确定新的坐标
                x=x+40*gox;
                y=y+30*goy;
                //获取页面卷入部分的宽度和高度
                var scroll_L = document.documentElement.scrollLeft;
                var scroll_T = document.documentElement.scrollTop;
                //设置 piaofu 的 left 和 top 取值
                piaofu.style.left=(x+scroll_L)+"px";
                piaofu.style.top=(y+scroll_T)+"px";
            }
            var timer=setInterval(move,200);
        </script>
        <div class="div"></div>
    </body>
</html>
```

【素养提示】

使用绝对定位方式时，要考虑漂浮广告在各种大小的窗口和页面中运行问题，做到流揽全局，有大局意识。

任务 2.2　实现漂浮广告中的控制功能

【任务描述】

对漂浮广告需添加的控制功能说明如下。

当鼠标指针指向漂浮广告时，广告停止移动，同时在广告外侧右上方显示关闭按钮，此时可以单击此按钮关闭广告；若没有单击按钮关闭广告，则当鼠标指针离开后，广告将继续沿着原来的轨迹移动。

增加了控制功能的漂浮广告的运行效果如图 2-4 所示。

图 2-4　鼠标指针指向漂浮广告时的运行效果

图 2-4 所示的运行效果是鼠标指针指向漂浮广告时的运行效果，此时广告在窗口中处于停止状态，且在右上角显示关闭按钮，用户可以单击该按钮关闭该广告。

【任务实现】

任务实现包含鼠标指针指向漂浮广告时增加的控制功能和鼠标指针离开漂浮广告时增加的控制功能两方面。

【示例 2-4】修改示例 2-2 创建的文件，另存为"增加控制功能的漂浮广告.html"。

1．鼠标指针指向漂浮广告时增加的控制功能

当鼠标指针指向漂浮广告时，广告暂停移动，同时在广告外侧右上方显示关闭按钮，用户可以单击该按钮关闭广告。

（1）添加关闭按钮

将关闭按钮作为漂浮广告的子元素，将其设置在漂浮广告外部右上方的位置，采用绝对定位方式，设置 top 取值为-50 像素，right 取值为-50 像素，初始状态为隐藏，鼠标指针形状设置为手状。样式代码如下。

```
#piaofu>#close{
    width: 30px; height: 30px; border: 1px solid #f00; border-radius: 50%;
    position: absolute; top: -50px; right: -50px; display: none; cursor: pointer;
    font-size: 20pt; line-height: 25px; text-align: center; font-weight: bold;
}
```

页面元素代码如下。

```
<div id="piaofu">2021 年<br />单招考试安排<div id="close">x</div></div>
```

（2）设置广告停止移动

让广告停止移动实际上就是停止循环定时器 setInterval()，当鼠标指针指向广告时，为其绑定函数，在函数内部使用 clearInterval()方法停止开启的循环定时器，同时将关闭按钮（close）设置为显示状态。

在代码 var timer=setInterval(move,200);的下面添加如下代码。

```
$("#piaofu").mouseover(function(){
    clearInterval(timer);
    $("#close").css({display: 'block'});
})
```

其中 timer 是全局变量。

设置关闭按钮为显示状态时，可以使用代码**$("#close").show()**实现，show()是 jQuery 提供的用于显示元素的方法。

（3）设置关闭按钮的功能

单击关闭按钮，直接隐藏漂浮广告，增加的脚本代码如下。

```
$("#close").click(function(){
    $("#piaofu").hide();
})
```

代码$("#piaofu").hide()可以换成$("#piaofu"). css({display: 'none'})。

2. 鼠标指针离开漂浮广告时增加的控制功能

若用户没有单击关闭按钮，则当鼠标指针离开漂浮广告时，需要隐藏关闭按钮，并重新启动漂浮广告的移动效果。

代码如下。

```
$("#piaofu").mouseout(function(){
    timer = setInterval(move, 200);
    $("#close").css({display: 'none'});
})
```

 注意 重新使用循环定时器时，返回的标识 timer 必须以全局变量的形式存在，前面不可使用关键字 var。

【思考问题】

此时观察运行效果，发现存在如下问题。

当鼠标指针指向漂浮广告时，显示关闭按钮，但无法将鼠标指针移至关闭按钮，导致无法关闭广告。为什么？要如何解决？

【问题解析】

在样式和页面元素设置中，漂浮广告的关闭按钮虽然是漂浮广告（div）的子元素，但是与漂浮广告之间并没有紧密衔接，而是存在几十像素的距离。脚本代码中设置了鼠标指针指向漂浮广告时显示关闭按钮，此时要单击该按钮关闭漂浮广告，就必须将鼠标指针移出漂浮广告，然后移动到关闭按钮上才可单击，但是因为设置了鼠标指针离开漂浮广告时要隐藏关闭按钮，鼠标指针只要离开漂浮广告，关闭按钮就即刻被隐藏，所以无论如何都无法关闭漂浮广告。

【解决方案】

在漂浮广告和关闭按钮之间空白的位置再增加一个 div，该 div 仍旧是漂浮广告的子元素，其作用是扩大漂浮广告的范围。当鼠标指针离开漂浮广告，移向关闭按钮时，因为在其子元素 div 上移动，能够继续维持漂浮广告的 mouseover 事件状态，而不会触发其 mouseout 事件，因此关闭按钮不会消失，从而能够将鼠标指针移入关闭按钮，关闭漂浮广告。

设新增子元素的 id 为 qiao，样式代码如下。

```
#piaofu>#qiao{
    width: 50px; height: 50px;
    position: absolute; top: -50px; right: -50px;
}
```

该 div 的宽度和高度都是 50 像素，在漂浮广告的右上角使用绝对定位，该 div 的坐标与关闭按钮的坐标一致。

增加该 div 之后的页面元素代码如下。

```
<div id="piaofu">
    2021 年<br />单招考试安排
    <div id="close">x</div>
    <div id="qiao"></div>
</div>
```

【相关知识】

一、获取窗口及页面的宽度和高度

对于漂浮广告的实现，分别使用了 JavaScript 代码和 jQuery 代码完成，本小节讲解使用 JavaScript 和 jQuery 获取窗口及页面宽度和高度的做法。

（一）使用 JavaScript 获取窗口及页面的宽度和高度

2-3 微课

获取窗口的宽度
和高度

使用 JavaScript 获取窗口或页面的宽度与高度时，可用的属性有 client 系列的 clientWidth 和 clientHeight、offset 系列的 offsetWidth 和 offsetHeight 以及 scroll 系列的 scrollWidth 和 scrollHeight，每个系列的属性都可以通过 document.body 和 document.documentElement 来应用。究竟是使用 document.body 还是 document.documentElement，取决于页面中是否设置了 DTD（Document Type Definition，文档类型定义），即文档代码开始处是否有<!DOCTYPE...>。说明如下。

- 如果没设置 DTD，则需要使用 document.body，此时返回的是 DOM 树中的 body 节点，即<body>。
- 如果设置了 DTD，则需要使用 document.documentElement，此时返回的是 DOM 树中的根节点，即<html>。

1. 页面中没有设置 DTD

对于页面中没有设置 DTD 的情况，需要讲解 document.body 系列属性的作用，之后通过示例展示在带有滚动条和不带滚动条这两种情况下通过系列属性获取的宽度和高度，并加以解释说明。

（1）document.body 系列属性的作用

如果页面中没有设置 DTD，则通过 document.body 应用 client 系列属性、offset 系列属性和 scroll 系列属性的作用解释如下。

① 使用 client 系列属性，获取的是窗口可视区域的宽度和高度。

② 使用 offset 系列属性，无论窗口中是否存在横向滚动条，获取的宽度都是窗口可视区域宽度减去 body 的左右边距之后的结果。无论窗口中是否存在纵向滚动条，获取的高度都是包括 body 上下边框（如果有边框），但是不包括 body 上下边距在内的高度，如果没有纵向滚动条，则获取的高度表现为窗口可视区域高度减去 body 上下边距的高度。

③ 使用 scroll 系列属性，若窗口中没有横向滚动条，则获取的宽度与窗口可视区域的宽度一致；若窗口中有横向滚动条，则获取的宽度是从 body 左边距开始到页面内容最右侧结束的宽度，包括 body 左边距和左边框（如果有边框），也包括最左侧元素的左边距，但是不包括 body 的右边距，也不包括最右侧元素的右边距。无论窗口中是否存在纵向滚动条，获取的高度都是包括 body 上下边距在内的页面的总高度，如果没有纵向滚动条，则高度取值与 clientHeight 取值相同。

（2）document.body 系列属性的应用示例

创建页面文件，从页面带有滚动条和不带滚动条两种情况说明应用 document.body 系列属性的结果。

【示例 2-5】应用 document.body 及系列属性获取窗口与页面的宽度和高度。

具体要求如下。

将页面中 body 元素 4 个方向的边距都设置为 10 像素，边框为 1 像素，内部有两个上下排列的 div，每个 div 的宽度为 200 像素，高度为 150 像素，4 个方向的边距都是 10 像素，使用 document.body 分别应用 client 系列属性、offset 系列属性、scroll 系列属性获取相应的宽度与高度并输出。

创建文件"body 宽度与高度.html"，代码如下。

```html
<html>
    <head>
        <meta charset="utf-8">
        <title>body 的宽度与高度</title>
        <style type="text/css">
            body{margin: 10px; border: 1px solid #00f;}
            .div{width: 200px; height: 150px; background: #ddf; margin: 10px;}
        </style>
        <script type="text/javascript" src="../jquery-1.11.3.min.js"></script>
        <script type="text/javascript">
            $(function(){
                //获取网页可视区域的宽度和高度
                var bodyW_1 = document.body.clientWidth;
                var bodyH_1 = document.body.clientHeight;
                console.log("网页可见区域宽度与高度: ");
                console.log("宽度: ",bodyW_1,", 高度: ",bodyH_1);
                //获取网页可视区域(包括边框)的宽度与高度
                var bodyW_2 = document.body.offsetWidth;
                var bodyH_2 = document.body.offsetHeight;
                console.log("offset 系列宽度与高度: ");
```

```
            console.log("宽度: ",bodyW_2,", 高度: ",bodyH_2);
            //获取网页全文的宽度和高度
            var bodyW_3 = document.body.scrollWidth;
            var bodyH_3 = document.body.scrollHeight;
            console.log("scroll 系列宽度与高度: ");
            console.log("宽度: ",bodyW_3,", 高度: ",bodyH_3);
        })
    </script>
</head>
<body>
    <div class="div"></div>
    <div class="div"></div>
</body>
</html>
```

对示例 2-5 的运行效果将分别从窗口中带有滚动条和不带滚动条两种情况进行说明。

① 带有滚动条的运行效果

带有滚动条的页面运行效果如图 2-5 所示。

图 2-5　带有滚动条的页面运行效果

获取的宽度与高度解释如下。

a. 使用 client 系列属性获取的网页可见区域宽度与高度分别是 181 像素和 239 像素，这是浏览器左侧显示页面内容的窗口的宽度与高度。

b. 使用 offset 系列属性获取的宽度为 161 像素，是窗口可视区域宽度 181 像素减去 body 左右边距各 10 像素之后的结果。

c. 使用 offset 系列属性获取的高度为 332 像素，上下排列的两个 div 的高度都是 150 像素，共计 300 像素，还有上边 div 的上边距 10 像素、下边 div 的下边距 10 像素及两个 div 之间的间距 10 像素，共计 330 像素，再加上 body 的上下边框各 1 像素，共计 332 像素。

> **注意**　如果 body 没有设置边框，则上边 div 的上边距将会与 body 的上边距合并作为 body 的上边距，下边 div 的下边距将会与 body 的下边距合并作为 body 的下边距，此时使用 offsetHeight 获取的结果将只有两个 div 的高度和两个 div 之间的间距 10 像素，共计 310 像素。

　　d. 使用 scroll 系列属性获取的宽度为 221 像素，包括 body 的左边距 10 像素、body 的左边框 1 像素、div 左边距 10 像素和 div 的宽度 200 像素。

　　e. 使用 scroll 系列属性获取的高度为 352 像素，包括 body 的上边距 10 像素、body 的上边框 1 像素、两个 div 的高度 300 像素、上边 div 的上边距 10 像素、下边 div 的下边距 10 像素、两个 div 的间距 10 像素、body 的下边框 1 像素、body 的下边距 10 像素。

　　对于图 2-5 所示的运行效果需要注意一个细节：body 的左右边框并没有包裹住 div，右边框的位置是根据窗口的右边框位置减去 body 的右边距得到的。

　　② 不带滚动条的运行效果

　　不带滚动条的页面运行效果如图 2-6 所示。

图 2-6　不带滚动条的页面运行效果

　　获取的宽度与高度解释如下。

　　a. 使用 client 系列属性获取的网页可见区域宽度与高度分别是 259 像素和 372 像素，这是浏览器左侧显示页面内容的窗口的宽度与高度。

　　b. 使用 offset 系列属性获取的宽度为 239 像素，是窗口可视区域宽度 259 像素减去 body 左右边距各 10 像素之后的结果。

　　c. 使用 offset 系列属性获取的高度为 352 像素，因为窗口没有滚动条，所以该值是窗口可视区域高度 372 减去 body 上下边距各 10 像素的结果。

　　d. 使用 scroll 系列属性获取的宽度为 259 像素，高度为 372 像素，因为窗口没有滚动条，所以这组取值与使用 client 系列属性获取的值完全相同。

> **注意** 根据图 2-6 中 body 的下边框位置可以看出来，在没有设置 DTD 的页面中，body 的高度取决于浏览器窗口的高度。

2．页面中设置了 DTD

对于页面中设置了 DTD 的情况，需要讲解 document. documentElement 系列属性的作用，之后通过示例，展示在带有滚动条和不带滚动条这两种情况下通过系列属性获取的宽度和高度，并加以解释说明。

（1）document. documentElement 系列属性的作用

如果页面中设置了 DTD，则通过 document.documentElement 应用 client 系列属性、offset 系列属性和 scroll 系列属性的作用解释如下。

① 使用 client 系列属性获取的是窗口可视区域的宽度和高度。

② 使用 offset 系列属性，无论窗口中是否有滚动条，offsetWidth 获取的都是窗口可视区域的宽度，与 clientWidth 相同；offsetHeight 获取的都是页面内容的高度加上 body 上下边框和上下边距的高度。

③ 使用 scroll 系列属性，若窗口中有横向滚动条，则 scrollWidth 获取的是从窗口左边框开始到页面元素右边框结束的宽度，包括 body 的左边距、左边框，元素的左边距、左边框，元素的内容区宽度和元素的右边框，不包括元素的右边距、body 的右边框和右边距。若窗口中没有横向滚动条，则 scrollWidth 获取的是窗口可视区域的宽度，与 clientWidth 相同。若窗口中有纵向滚动条，则 scrollHeight 获取的是从 body 上边距开始到下边距结束的高度，即在页面内容总高度的基础上加上 body 的上下边框和上下边距；若窗口中没有纵向滚动条，则 scrollHeight 获取的是窗口可视区域的高度，与 clientHeight 相同。

（2）document. documentElement 系列属性的应用示例

创建页面文件，从页面带有滚动条和不带滚动条两种情况说明应用 document. documentElement 系列属性的结果。

【示例 2-6】应用 document.documentElement 及系列属性获取窗口与页面的宽度和高度。

具体要求如下。

将 body 元素 4 个方向的边距都设置为 10 像素，边框为 1 像素，页面中有两个上下排列的 div，每个 div 的宽度为 200 像素，高度为 150 像素，4 个方向的边距都是 10 像素。使用 document. documentElement 分别应用 client 系列属性、offset 系列属性、scroll 系列属性获取相应的宽度与高度并输出。

创建页面文件"根元素宽度与高度.html"，代码如下。

```html
<!DOCTYPE html>
<html>
    <head>
        <meta charset="utf-8">
        <title>根元素的宽度与高度</title>
        <style type="text/css">
            body{margin: 10px; border: 1px solid #f00;}
            .div{width: 200px; height: 150px; background: #ddf; margin: 10px;}
        </style>
        <script type="text/javascript" src="../jquery-1.11.3.min.js"></script>
        <script type="text/javascript">
            $(function(){
                //使用client系列属性获取窗口可视区域宽度与高度并输出
```

```
                var winW_1 = document.documentElement.clientWidth;
                var winH_1 = document.documentElement.clientHeight;
                console.log("client 获取的宽度与高度: ");
                console.log("宽度: ",winW_1,", 高度: ",winH_1);
                //使用 offset 系列属性获取宽度与高度并输出
                var winW_2 = document.documentElement.offsetWidth;
                var winH_2 = document.documentElement.offsetHeight;
                console.log("offset 获取的宽度与高度: ");
                console.log("宽度: ",winW_2,", 高度: ",winH_2);
                //使用 scroll 系列属性获取宽度与高度并输出
                var winW_3 = document.documentElement.scrollWidth;
                var winH_3 = document.documentElement.scrollHeight;
                console.log("scroll 获取的宽度与高度: ");
                console.log("宽度: ",winW_3,", 高度: ",winH_3);
            })
        </script>
    </head>
    <body>
        <div class="div"></div>
        <div class="div"></div>
    </body>
</html>
```

对示例 2-6 的运行效果将从窗口中带有滚动条和不带滚动条两种情况进行说明。

① 带有滚动条的运行效果

带有滚动条的页面运行效果如图 2-7 所示。

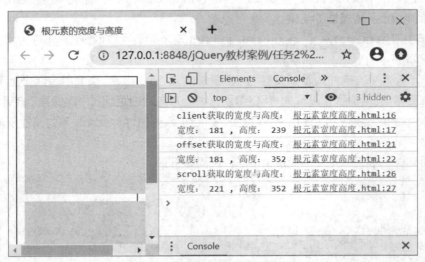

图 2-7　带有滚动条的页面运行效果

获取的宽度与高度解释如下。

a. 在带有横向滚动条的窗口中，clientWidth 和 offsetWidth 获取的结果相同，都是窗口可视区域的宽度，scrollWidth 获取的宽度为 221 像素，包括 body 左边距 10 像素、body 左边框 1 像素、div 左边距 10 像素和 div 的宽度 200 像素。

b. 在带有纵向滚动条的窗口中，clientHeight 获取的高度是窗口可视区域的高度，offsetHeight 和 scrollHeight 获取的高度为 352 像素，包括 body 的上边距 10 像素、body 的上边框 1 像素、两个 div 的高度 300 像素、上边 div 的上边距 10 像素、下边 div 的下边距 10 像素、两个 div 的间距 10 像素、body 的下边框 1 像素、body 的下边距 10 像素。

② 不带滚动条的运行效果

不带滚动条的页面运行效果如图 2-8 所示。

图 2-8　不带滚动条的页面运行效果

获取的宽度与高度解释如下。

在不带滚动条的情况下，clientWidth、offsetWidth 和 scrollWidth 这 3 个属性获取的结果相同，都是显示网页窗口可视区域的宽度。clientHeight 和 scrollHeight 这两个属性获取的结果相同，都是显示网页窗口可视区域的高度，offsetHeight 获取的结果是窗口可视区域高度减去 body 的上边距和下边距之后的结果。

 注意　根据图 2-8 中 body 下边框的位置可以看出，在设置了 DTD 的页面中，body 的高度由内容的高度确定。

3. 混合使用 document.body 和 document.documentElement 的问题

如果页面中没有设置 DTD，则通过 document.documentElement 应用 client 系列属性、offset 系列属性和 scroll 系列属性也能获取到结果，但是这些结果并不可取用。类似地，若页面中设置了 DTD，则通过 document.body 同样也可以获取到结果，这些结果也是不可用的。

在没有设置 DTD 的页面中，分别通过 document.documentElement 和 document.body 应用 client 系列属性获取宽度与高度，运行结果如图 2-9 所示。

图 2-9 中左侧显示页面内容的窗口的实际宽度是 175 像素，高度是 235 像素，但是使用 documentElement 获取到的高度则是页面内容的高度，并不是窗口的高度。

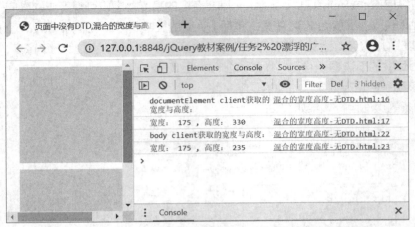

图 2-9　没有设置 DTD 的页面混合获取窗口宽度和高度的运行效果

因此，在前端开发过程中，获取窗口的宽度和高度不可直接使用如下代码。

```
var winW = document.documentElement.clientWidth || document.body.clientWidth;
var winH = document.documentElement.clientHeight || document.body.clientHeight;
```

必须严格根据页面中是否设置 DTD 的情况确定选用 document.documentElement 或 document.body。

（二）使用 jQuery 获取窗口及页面的宽度和高度

在 jQuery 中获取窗口及页面宽度和高度的方法一共有 5 组，接下来先简单介绍这 5 组方法，之后通过示例，展示在带有滚动条和不带滚动条这两种情况下 5 组方法获取的宽度和高度，并加以解释说明。

1. 在 jQuery 中获取窗口及页面宽度和高度的方法

使用 jQuery 获取窗口及页面的宽度和高度时，提供的方法有如下 5 组。

（1）$(window).width()和$(window).height()

$(window).width()和$(window).height()分别用于获取窗口可视区域的宽度和高度。

（2）$(document).width()和$(document).height()

$(document).width()和$(document).height()分别用于获取页面的宽度和高度。窗口中有横向滚动条时，$(document).width()获取的宽度是从窗口左边框开始到页面元素右边框结束的像素数；没有横向滚动条时，$(document).width()获取的宽度与$(window).width()获取的宽度相同。若窗口中有纵向滚动条，则$(document).height()获取的高度是从 body 上边距开始到下边距结束的像素数，此时它与$(document.body).outerHeight(true)获取的高度一致。若窗口中没有纵向滚动条，则$(document).height()获取的高度是窗口可视区域的高度，与$(window).height()获取的高度一致。

（3）$(document.body).width()和$(document.body).height()

$(document.body).width()和$(document.body).height()分别用于获取 body 的宽度和高度，不包括 body 的边框和边距部分。获取宽度时，结果是$(window).width()的取值减去 body 左右边框和左右边距部分的像素数。获取高度时，结果是不包括 body 上下边框和上下边距的页面实际内容的总高度。

（4）$(document.body).outerWidth(false)和$(document.body).outerHeight(false)

$(document.body).outerWidth(false)和$(document.body).outerHeight(false)分别用于获取 body 的宽度和高度，包括 body 的边框部分，但是不包括 body 的边距部分。获取宽度时，结果是$(window).width()的取值减去 body 左右边距部分的像素数。获取高度时，结果是包括 body 上下边框但是不包括上下边距的总高度。

（5）$(document.body).outerWidth(true)和$(document.body).outerHeight(true)

$(document.body).outerWidth(true)和$(document.body).outerHeight(true)分别用于获取 body 的宽度和高度，包括 body 的边框和边距部分。获取宽度时，结果与$(window).width()的取值相同。获取高度时，结果是包括 body 上下边框和上下边距的总高度。

对于后 3 组方法，无论页面中是否有横向滚动条，其获取的宽度都是使用窗口可视区域的实际宽度减去 body 的左右边距、左右边框等的像素数来计算的。对于 body 系列的高度来说，其取值不会因为窗口中是否有纵向滚动条而发生变化。

> **注意**　上面的方法只适用于设置了 DTD 的页面，而且样式中没有专门定义 body 的宽度，如果对 body 定义了宽度，则获取 body 有关的宽度都要根据所定义的宽度来计算，与窗口的宽度无关。例如，body{margin: 10px; width: 800px; border: 1px solid #f00;}，$(document.body).width()获取的结果是 800 像素，$(document.body).outerWidth(false)获取的结果是 802 像素（包括左右边框），$(document.body).outerWidth(true)获取的结果是 822 像素（包括左右边框和左右边距）。

2. 应用示例

创建页面文件，从页面中带有滚动条和不带滚动条两种情况，说明获取的宽度与高度结果。

【示例 2-7】使用 jQuery 的 5 组方法获取相应的宽度与高度。

具体要求如下。

body 的 4 个方向的边距都设置为 10 像素，边框为 1 像素，页面中有两个上下排列的 div，每个 div 的宽度为 200 像素，高度为 150 像素，4 个方向的边距都是 10 像素，分别使用上述 5 组方法获取相应的宽度与高度并输出。

创建页面文件"页面宽度与高度_jQuery.html"，代码如下。

```
<!DOCTYPE html>
<html>
    <head>
        <meta charset="utf-8">
        <title>jQuery 中获取宽度与高度</title>
        <style type="text/css">
            body{margin: 10px; border: 1px solid #f00;}
            .div{width: 200px; height: 150px; background: #ddf; margin: 10px;}
        </style>
        <script type="text/javascript" src="../jquery-1.11.3.min.js"></script>
        <script type="text/javascript">
            $(function(){
                //获取窗口可视区域宽度和高度并输出
                var winW_1 = $(window).width();
```

```
                var winH_1 = $(window).height();
                console.log("window 的宽度与高度: ");
                console.log("宽度: ",winW_1,", 高度: ",winH_1);
                //获取文档的宽度和高度并输出
                var winW_2 = $(document).width();
                var winH_2 = $(document).height();
                console.log("document 的宽度与高度: ");
                console.log("宽度: ",winW_2,", 高度: ",winH_2);
                //获取 body 的宽度和高度并输出
                var winW_3 = $(document.body).width();
                var winH_3 = $(document.body).height();
                console.log("body 的宽度与高度（不包括页面边框和边距）: ");
                console.log("宽度: ",winW_3,", 高度: ",winH_3);
                //获取 body 的总宽度和总高度并输出
                var winW_4 = $(document.body).outerWidth(false);
                var winH_4 = $(document.body).outerHeight(false);
                console.log("body 的宽度与高度（包括边框不包括边距）: ");
                console.log("宽度: ",winW_4,", 高度: ",winH_4);
                //获取 body 的总宽度和总高度并输出
                var winW_5 = $(document.body).outerWidth(true);
                var winH_5 = $(document.body).outerHeight(true);
                console.log("body 的宽度与高度（包括边距）: ");
                console.log("宽度: ",winW_5,", 高度: ",winH_5);
            })
        </script>
    </head>
    <body>
        <div class="div"></div>
        <div class="div"></div>
    </body>
</html>
```

对示例 2-7 的运行效果将从窗口中带有滚动条和不带滚动条两种情况进行说明。

（1）带有滚动条的运行效果

带有滚动条的页面运行效果如图 2-10 所示。

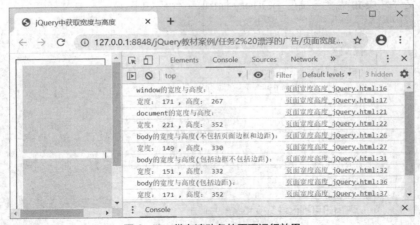

图 2-10　带有滚动条的页面运行效果

窗口中带有滚动条时，获取的宽度和高度解释如下。

① window 的宽度为 171 像素，高度为 267 像素，是左侧显示页面内容的窗口的宽度与高度。

② document 的宽度为 221 像素，包括 body 的左边距 10 像素、左边框 1 像素，div 的左边距 10 像素，div 的宽度 200 像素，无论窗口多宽，只要有滚动条，获取到的就一直是这个结果。document 的高度为 352 像素，包括 body 的上边距 10 像素、上边框 1 像素，上边 div 的上边距 10 像素、高度 150 像素，下边 div 的高度 150 像素、下边距 10 像素，两个 div 的间距 10 像素，body 的下边框 1 像素、下边距 10 像素，无论窗口多高，只要有滚动条，获取到的就一直是这个结果。

③ 不包括页面边框和边距的 body 的宽度为 149 像素，是 window 的宽度 171 像素减去 body 的左右边距各 10 像素、左右边框各 1 像素得到的。高度为 330 像素，包括上边 div 的上边距 10 像素、高度 150 像素，下边 div 的高度 150 像素、下边距 10 像素，两个 div 的间距 10 像素。

④ 包括边框不包括边距的 body 的宽度为 151 像素，是 window 的宽度 171 像素减去 body 的左右边距各 10 像素得到的。高度为 332 像素，包括 body 的上边框 1 像素，上边 div 的上边距 10 像素、高度 150 像素，下边 div 的高度 150 像素、下边距 10 像素，两个 div 的间距 10 像素，body 的下边框 1 像素。

⑤ 包括边距在内的 body 的宽度为 171 像素，与 window 的宽度一致。高度为 352 像素，包括 body 的上边距 10 像素、上边框 1 像素，上边 div 的上边距 10 像素、高度 150 像素，下边 div 的高度 150 像素、下边距 10 像素，两个 div 的间距 10 像素，body 的下边框 1 像素和下边距 10 像素。

（2）不带滚动条的运行效果

不带滚动条的页面运行效果如图 2-11 所示。

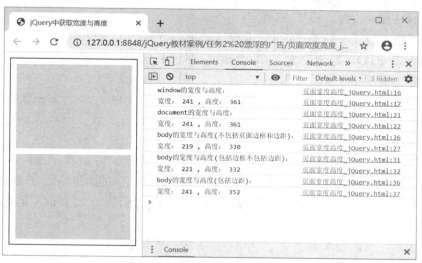

图 2-11　不带滚动条的页面运行效果

窗口中不带滚动条时，获取的宽度和高度解释如下。

① window 的宽度为 241 像素，高度为 361 像素，是左侧显示页面内容的窗口的宽度与高度。

② document 的宽度为 241 像素，与 window 的宽度相同，无论窗口多宽，只要没有滚动

条，document 的宽度与 window 的宽度就一定是相同的。document 的高度为 361 像素，与 window 的高度相同，无论窗口多高，只要没有滚动条，document 的高度与 window 的高度就一定是相同的。

③ 不包括边框和边距的 body 的宽度为 219 像素，是 window 的宽度 241 像素减去 body 的左右边距各 10 像素、左右边框各 1 像素得到的。高度为 330 像素，与图 2-10 所示的带有滚动条时的值是一致的，无论窗口多高，是否有纵向滚动条，对于同一个页面而言，这个高度值是不变的。

④ 包括边框不包括边距的 body 的宽度为 221 像素，是 window 的宽度 241 像素减去 body 的左右边距各 10 像素得到的。高度为 332 像素，与图 2-10 所示的带有滚动条时的值是一致的，无论窗口多高，是否有纵向滚动条，对于同一个页面而言，这个高度值是不变的。

⑤ 包括边距在内的 body 的宽度为 241 像素，与 window 的宽度一致。高度为 352 像素，与图 2-10 所示的带有滚动条时的值是一致的，无论窗口多高，是否有纵向滚动条，对于同一个页面而言，这个高度值是不变的。

二、获取滚动条卷入部分的页面宽度和高度

在应用 absolute 定位方式的页面中，元素的位置经常需要根据滚动条卷入部分的页面的宽度和高度进行调整。本小节讲解在 JavaScript 和 jQuery 中获取滚动条卷入部分的页面宽度和高度的做法。

（一）在 JavaScript 中获取

滚动条卷入部分的页面宽度是指当横向滚动条向右滚动之后，页面左侧部分被卷入窗口左边框之内的页面宽度，可使用 scrollLeft 获取。滚动条卷入部分的页面高度是指当纵向滚动条向下滚动之后，页面上边部分被卷入窗口上边框之内的页面高度，可使用 scrollTop 获取。这两个属性的用法也要根据页面中是否设置了 DTD 来确定。

若页面中设置了 DTD，则通过 document.documentElement 来应用 scrollLeft 和 scrollTop；若页面中没有设置 DTD，则通过 document.body 来应用 scrollLeft 和 scrollTop。两种情况不可交叉，否则获取的宽度和高度都是 0。

【示例 2-8】应用 document.documentElement 和 document.body 分别获取页面卷入部分的宽度和高度。

具体要求如下。

设置了 DTD 的某个页面将 body 的 4 个方向的边距都设置为 10 像素，页面中有两个上下排列的 div，每个 div 的宽度为 300 像素，高度为 200 像素，4 个方向的边距都是 10 像素。运行页面，调整窗口使得横向、纵向都有滚动条，且分别向右和向下拖动滚动条，让页面内容向左和向上卷入一部分，获取卷入部分的宽度和高度。

创建页面文件"页面卷入部分的宽度与高度.html"，代码如下。

```html
<!DOCTYPE html>
<html>
    <head>
        <meta charset="utf-8">
        <title>卷入部分的宽度与高度</title>
        <style type="text/css">
```

```
        body{margin: 10px; border: 0px solid #00f;}
        .div{width: 300px; height: 200px; background: #ddf; margin: 10px;}
    </style>
    <script type="text/javascript" src="../jquery-1.11.3.min.js"></script>
    <script type="text/javascript">
        $(function(){
            //使用 documentElement 获取卷入部分的宽度与高度
            var leftJR_1 = document.documentElement.scrollLeft;
            var topJR_1 = document.documentElement.scrollTop;
            console.log("documentElement 获取的卷入宽度与高度: ");
            console.log("宽度: ",leftJR_1,", 高度: ",topJR_1);
            //使用 body 获取卷入部分的宽度与高度
            var leftJR_2 = document.body.scrollLeft;
            var topJR_2 = document.body.scrollTop;
            console.log("body 获取的卷入宽度与高度: ");
            console.log("宽度: ",leftJR_2,", 高度: ",topJR_2);
        })
    </script>
</head>
<body>
    <div class="div"></div>
    <div class="div"></div>
</body>
</html>
```

运行效果如图 2-12 所示。

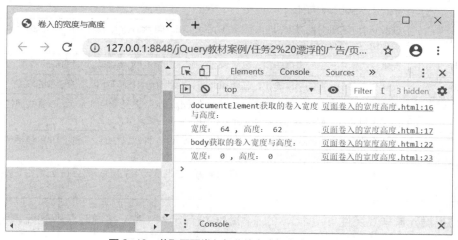

图 2-12　获取页面卷入部分的宽度与高度运行效果

因为在页面中使用了 DTD，所以通过 document.documentElement 获取到的横向滚动条向右滚动之后，页面向左卷入的宽度为 64 像素，纵向滚动条向下滚动后，页面向上卷入的高度为 62 像素，而使用 document.body 获取到的结果都是 0。

鉴于同时使用 document.documentElement 和 document.body 获取的结果中总有一组是 0，数字 0 在条件判断中可以作为 false 使用，所以无论页面中是否设置了 DTD，都可以使用如下代码获取页面卷入部分的宽度和高度。

```
var leftJR = document.body.scrollLeft || document.documentElement.scrollLeft;
var topJR = document.body.scrollTop || document.documentElement.scrollTop;
```

只要滚动条滚动了，获取的结果就一定是非 0 数字。

（二）在 jQuery 中获取

在 jQuery 中获取页面卷入部分的宽度与高度时，可以使用下面两种做法。

第一，使用$(window).scrollLeft()和$(window).scrollTop()获取。

第二，使用$(document).scrollLeft()和$(document).scrollTop()获取。

两者获取的结果是一致的。

三、获取元素的宽度和高度

本小节将分别讲解在 JavaScript 和 jQuery 中获取元素宽度和高度的做法，为在页面中精准判断元素的位置做准备。

（一）使用 JavaScript 获取元素的宽度和高度

使用 JavaScript 获取元素的宽度和高度有 3 种做法。

与元素尺寸有关的属性如表 2-1 所示。

表 2-1　与元素尺寸有关的属性

与元素尺寸有关的属性	说明
clientWidth	获取元素可视部分的宽度，即内容区的 width 和横向 padding 取值之和，不包括元素边框和滚动条，也不包括任何可能的滚动区域
clientHeight	获取元素可视部分的高度，即内容区的 height 和纵向 padding 取值之和，不包括元素边框和滚动条，也不包括任何可能的滚动区域
offsetWidth	元素在页面中占据的宽度总和，包括 width、padding、border 以及滚动条的宽度
offsetHeight	元素在页面中占据的高度总和，包括 height、padding、border 以及滚动条的高度
scrollWidth	无论元素是设置了 overflow:visible、overflow:hidden 还是 overflow:auto 样式属性，获取的宽度都是包括从元素左填充开始到子元素右边框结束的像素数
scrollHeight	当元素设置了 overflow:hidden 或者 overflow:auto 样式属性时，获取的高度包括从元素上填充开始到下填充结束的像素数； 当元素设置了 overflow:visible 时，获取的高度包括从元素上填充开始到子元素的下边距结束的像素数

下面将根据元素样式属性 overflow 的不同取值设计示例，演示并说明获取的元素宽度与高度取值。

1．设置元素的 overflow 为 auto

将元素的 overflow 设置为 auto，当内容的宽度和高度超出内容区定义的宽度和高度时，页面会自动显示出滚动条，在这种情况下分别使用 client 系列属性、offset 系列属性和 scroll 系列属性获取元素的宽度和高度，分析每个系列属性获取的结果。

【示例 2-9】将元素的 overflow 设置为 auto，应用 3 组系列属性获取元素的宽度和高度并输出。具体要求如下。

在页面中定义两个类名为 divW 的 div（简称 divW），宽度为 100 像素，高度为 100 像素，填充为 50 像素，边框为 50 像素实线，颜色为#a66，边距为 10 像素，向左浮动，背景色为黄色且使用 background-clip: content-box;样式设置背景只覆盖内容区（这是为了能够清晰地区分运行效果中的内容区和填充区），overflow 取值为 auto，若内容宽度和高度超出 100 像素，则显示滚动条；每个 divW 的内部都有一个类名为 divN 的 div（简称 divW），宽度为 200 像素，高度为 200像素（这样的宽度和高度超出了 divW 内容区的宽度和高度，divW 中能够显示滚动条），边框为 1像素虚线，颜色为蓝色。

定义两组一样的元素，为了能够将滚动条拖动到不同的位置方便进行对比观察。

分别使用 client 系列属性、offset 系列属性和 scroll 系列属性获取元素的宽度和高度并输出。

创建页面文件"元素的宽度高度-js.html"，代码如下。

```html
<!DOCTYPE html>
<html>
    <head>
        <meta charset="utf-8">
        <title>获取元素的高度和宽度</title>
        <style type="text/css">
            .divW{width: 100px; height: 100px; padding: 50px; margin: 10px; border:
50px solid #a66; overflow: auto; background: #ff0; background-clip: content-box; float:
left; }
            .divN{width: 200px; height: 200px; border: 1px dashed #00f;}
        </style>
        <script type="text/javascript" src="jquery-1.11.3.min.js"></script>
        <script type="text/javascript">
            $(function(){
                var divW = document.getElementsByClassName('divW')[0];
                //使用 client 系列属性获取元素的宽度和高度
                var client_w = divW.clientWidth;
                var client_h = divW.clientHeight;
                console.log("使用 client 系列属性获取元素的宽度和高度");
                console.log("宽度: ",client_w,"高度: ",client_h);
                //使用 offset 系列属性获取元素的宽度和高度
                var offset_w = divW.offsetWidth;
                var offset_h = divW.offsetHeight;
                console.log("使用 offset 系列属性获取元素的宽度和高度");
                console.log("宽度: ",offset_w,"高度: ",offset_h);
                //使用 scroll 系列属性获取元素的宽度和高度
                var scroll_w = divW.scrollWidth;
                var scroll_h = divW.scrollHeight;
                console.log("使用 scroll 系列属性获取元素的宽度和高度");
                console.log("宽度: ",scroll_w,"高度: ",scroll_h);
            })
        </script>
    </head>
    <body>
        <div class="divW">
            <div class="divN"></div>
        </div>
```

```
        <div class="divW">
            <div class="divN"></div>
        </div>
    </body>
</html>
```

运行效果如图 2-13 所示。

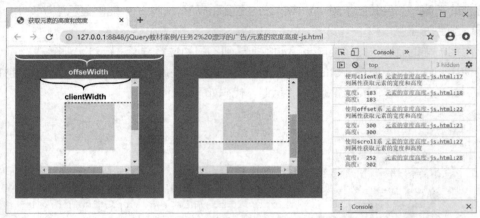

图 2-13　使用 overflow:auto;获取元素的宽度和高度运行效果

图 2-13 中显示的宽度和高度说明如下。

（1）clientWidth 包括内容区和填充区，为 183 像素，计算公式为：divW 左填充（50 像素）+ divW 宽度（100 像素）+ divW 右填充（50 像素）– 纵向滚动条的宽度（17 像素）（由图 2-13 的效果可见，divW 内部的滚动条占据了其填充区域的一部分）。clientHeight 为 183 像素，其计算公式与 clientWidth 的计算公式类似。

（2）offsetWidth 获取的是除边距之外的总宽度，为 300 像素，包括 divW 左边框 50 像素、左填充 50 像素、宽度 100 像素、右填充 50 像素、右边框 50 像素。OffsetHeight 为 300 像素，包括的则是上下边框、上下填充和高度。

（3）scrollWidth 为 252 像素，包括 divW 左填充 50 像素，divN 左边框 1 像素、宽度 200 像素、右边框 1 像素。

> **注意**　scrollWidth 取值不包括 divW 右填充。根据图 2-13 右侧的 div 效果，将横向滚动条拖至最右侧时，divW 右边框与 divN 右边框之间只有纵向滚动条，没有 50 像素填充。

（4）scrollHeight 为 302 像素，包括 divW 上填充 50 像素，divN 上边框 1 像素、高度 200 像素、下边框 1 像素和 divW 下填充 50 像素。

> **注意**　scrollHeight 取值包括 divW 下填充。根据图 2-13 右侧的 div 效果，将纵向滚动条拖至最下方时，divW 下边框与 divN 下边框之间存在 50 像素的填充和横向滚动条。

2. 设置元素的 overflow 为 visible

修改示例 2-9，只保留一组 divW 和 divN，将 divW 的样式代码修改如下。

```
.divW{width: 100px; height: 100px; padding: 50px; margin: 10px; border: 50px solid
```

```
#a66;
    overflow: visible; background: #ff0; background-clip: content-box;
}
```

也就是将之前的 overflow:auto;改为 overflow:visible;，此时元素 divW 内部没有滚动条，运行效果如图 2-14 所示。

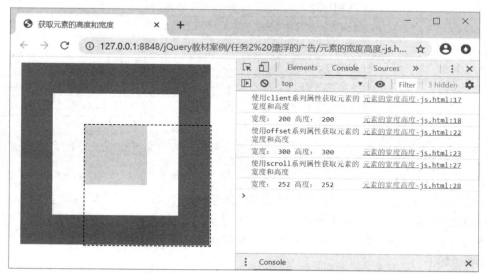

图 2-14　使用 overflow:visible;获取元素的宽度和高度运行效果

在图 2-14 中，具有虚线边框的 divN 元素从 divW 内容区的左上角开始，一直延伸到 divW 右边框和下边框之外，如果将 divN 的宽度和高度修改为更大的取值，则效果会更明显。

图 2-14 中显示的宽度和高度说明如下。

（1）clientWidth 包括内容区和填充区，为 200 像素，计算公式为：divW 左填充（50 像素）+ divW 宽度（100 像素）+ divW 右填充值（50 像素）。ClientHeight 为 200 像素，其计算公式与 clientWidth 的计算公式类似。

（2）offsetWidth 获取的是除边距之外的总宽度，为 300 像素，包括 divW 左边框 50 像素、左填充 50 像素、宽度 100 像素、右填充 50 像素、右边框 50 像素。OffsetHeight 为 300 像素，包括的则是上下边框、上下填充和高度。

（3）scrollWidth 为 252 像素，包括 divW 左填充 50 像素，divN 左边框 1 像素、宽度 200 像素、右边框 1 像素。scrollHeight 为 252 像素，包括 divW 上填充 50 像素，divN 上边框 1 像素、高度 200 像素、下边框 1 像素。如果为 divN 设置 10 像素的边距，则 scrollWidth 取值为 262 像素（不包括子元素的右边距），而 scrollHeight 取值为 272 像素（包括子元素的下边距）。

将 overflow 取值改为 hidden 的情况，读者可以自行尝试。

综上所述，在 JavaScript 中，使用 offsetWidth 和 offsetHeight 获取元素宽度和高度是很好的方案。

（二）使用 jQuery 获取元素的宽度和高度

在 jQuery 中获取元素的宽度和高度可以使用 4 组方法，如表 2-2 所示。

表 2-2　jQuery 中获取元素的宽度和高度的方法

获取元素的宽度和高度的方法	说明
width()	获取元素内容区的宽度
height()	获取元素内容区的高度
innerWidth()	获取的宽度包括内容区的 width 和左右 padding
innerHeight()	获取的高度包括内容区的 height 和上下 padding
outerWidth(false)	获取的宽度包括内容区的 width、左右 padding 和左右 border
outerHeight(false)	获取的高度包括内容区的 height、上下 padding 和上下 border
outerWidth(true)	获取的宽度包括内容区的 width、左右 padding、左右 border 和左右 margin
outerHeight(true)	获取的高度包括内容区的 height、上下 padding、上下 border 和上下 margin

 注意　width()和 height()方法除了获取宽度和高度之外，还可以用于设置元素的宽度和高度，只需要在括号中添加表示宽度或高度的值即可。

除了使用上面 4 组方法获取元素的宽度和高度之外，在 jQuery 中还可以使用强大的 css()方法获取元素的宽度与高度，详细讲解参见"【相关知识】五、jQuery 中的 css()方法"。

【示例 2-10】分别使用表 2-2 中的 4 组方法获取元素的宽度和高度并显示。

具体要求如下。

在页面中定义一个类名为 divW 的 div（简称 divW），宽度为 100 像素，高度为 100 像素，填充为 50 像素，边框为 50 像素实线，颜色为#a66，边距为 10 像素，背景色为黄色且使用 background-clip: content-box;样式设置背景只覆盖内容区（这是为了能够清晰地区分运行效果中的内容区和填充区），overflow 取值为 auto，若内容宽度和高度超出 100 像素，则显示滚动条；在 divW 内部有一个类名为 divN 的 div（简称 divN），宽度为 200 像素，高度为 200 像素，边框为 1 像素虚线，颜色为蓝色，上边距为 10 像素，左右边距为 10 像素，下边距为 20 像素，为 divN 设置边距的目的是让 divN 在 divW 内容区中能够向右、向下偏离 10 像素。使用 4 组方法获取 divW 的宽度和高度并输出。

创建页面文件"元素的宽度高度-jQuery.html"，代码如下。

```
<!DOCTYPE html>
<html>
    <head>
        <meta charset="utf-8">
        <title>获取元素的高度和宽度</title>
        <style type="text/css">
            .divW{width: 100px; height: 100px; padding: 50px; margin: 10px; border:
50px solid #a66; overflow: auto; background: #ff0; background-clip: content-box;}
            .divN{width: 200px; height: 200px; border: 1px dashed #00f; margin: 10px
10px 20px;}
        </style>
        <script type="text/javascript" src="jquery-1.11.3.min.js"></script>
        <script type="text/javascript">
            $(function(){
                var divW = $('.divW');
```

```
                    //使用 width()和 height()获取元素的宽度和高度
                    var w = divW.width();
                    var h = divW.height();
                    console.log("使用 width()和 height()获取元素的宽度和高度");
                    console.log("宽度: ",w,"高度: ",h);
                    //使用 inner 获取元素的宽度和高度
                    var inner_w = divW.innerWidth();
                    var inner_h = divW.innerHeight();
                    console.log("使用 inner 获取元素的宽度和高度");
                    console.log("宽度: ",inner_w,"高度: ",inner_h);
                    //使用 outer 获取元素的宽度和高度(不包括边距)
                    var outer_w = divW.outerWidth(false);
                    var outer_h = divW.outerHeight(false);
                    console.log("使用 outer 获取元素的宽度和高度(不包括边距)");
                    console.log("宽度: ",outer_w,"高度: ",outer_h);
                    //使用 outer 获取元素的宽度和高度(包括边距)
                    var outer_w_2 = divW.outerWidth(true);
                    var outer_h_2 = divW.outerHeight(true);
                    console.log("使用 outer 获取元素的宽度和高度(不包括边距)");
                    console.log("宽度: ",outer_w_2,"高度: ",outer_h_2);
                })
        </script>
    </head>
    <body>
        <div class="divW">
            <div class="divN"></div>
        </div>
    </body>
</html>
```

运行效果如图 2-15 所示。

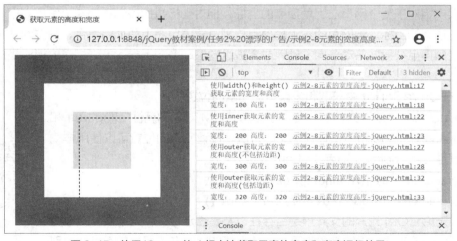

图 2-15　使用 jQuery 的 4 组方法获取元素的宽度和高度运行效果

在 jQuery 中使用这 4 组方法获取元素的宽度和高度时,与元素内部是否有滚动条以及子元素的宽度和高度没有关系。

若将 divW 的样式代码修改如下。

```
.divW{width: 350px; height: 350px; padding: 50px; margin: 10px; border: 50px solid
#a66; overflow: hidden; background: #ff0; background-clip: content-box; box-sizing:
border-box;}
```

将宽度和高度都改为 350 像素，设置 box-sizing:border-box，即所设置的 width 和 heigth 取值包含内容区、填充区和边框区的宽度和高度，运行效果如图 2-16 所示。

图 2-16　为元素设置 box-sizing:border-box 之后的效果

将 divW 宽度和高度都改为 350 像素，并添加 box-sizing:border-box 之后，使用 width()和 height()方法获取到的宽度和高度是 150 像素，这是系统自动根据宽度和高度 350 像素，减去两个方向的边框 100 像素和两个方向的填充 100 像素之后得到的内容区的宽度和高度。

四、获取和设置页面元素的位置

网页元素的位置有绝对位置（绝对坐标）和相对位置（相对坐标）之分，绝对坐标是指该元素的左上角顶点相对于整个网页左上角顶点的坐标，相对坐标是指该元素的左上角顶点相对于浏览器窗口左上角顶点的坐标。若网页的左上角顶点与浏览器窗口左上角顶点重合，则这两种坐标相同；若网页左上角顶点被横向滚动条向左卷入或者被纵向滚动条向上卷入，则相应的相对坐标小于绝对坐标。

（一）在 JavaScript 中获取和设置页面元素的位置

在 JavaScript 中获取元素的位置可以使用 DOM 对象的属性 offsetLeft 和 offsetTop 或者 getBoundingClientRect()方法，设置元素的位置可以使用样式中的坐标属性 left、right、top 和 bottom 完成。

2-4　微课

JavaScript 获取元素的位置

1. JavaScript 中的 getBoundingClientRect()方法

格式：DOM 对象.getBoundingClientRect()

作用：无论 DOM 元素的父元素是否存在以及是否定位，也无论该元素自身是否定位，使用该方法获得的结果都是 DOM 元素的上、右、下、左 4 条边分别相对浏览器窗口的位置，是 DOM 元素到浏览器窗口可视范围边界的距离（不包含文档被滚动条卷起的部分）。

该方法返回一个 Object 对象，该对象有 6 个属性，即 top、left、right、bottom、width、height，6 个属性解释如下。

- top：返回元素上边框到浏览器窗口**上边框**的距离。
- bottom：返回元素下边框到浏览器窗口**上边框**的距离。
- left：返回元素左边框到浏览器窗口**左边框**的距离。
- right：返回元素右边框到浏览器窗口**左边框**的距离。
- width：元素自身的宽度。
- height：元素自身的高度。

2. JavaScript 中的 offsetLeft 和 offsetTop

JavaScript 中的 offsetLeft 和 offsetTop 可用于获取页面元素的位置，使用时有如下 3 种取值情况。

第一种情况，如果元素 A 是某个定位祖先元素 B 的后代元素，则无论 A 的 position 是 static、absolute 还是 relative，对 A 使用 offsetLeft 和 offsetTop 获取位置时，获取的都是 A 的左上角顶点到定位祖先元素 B 的左上角顶点的坐标。

第二种情况，如果元素 A 的祖先元素中没有定位的元素，则无论 A 的 position 是 static、absolute 还是 relative，对 A 使用 offsetLeft 和 offsetTop 获取位置时，获取的都是 A 的左上角顶点到页面左上角顶点的坐标，也就是绝对坐标。

第三种情况，如果元素 A 的 position 是 fixed，则无论 A 位于什么父元素内部，对 A 使用 offsetLeft 和 offsetTop 获取位置时，获取的都是 A 的左上角顶点相对浏览器窗口左上角顶点的坐标，也就是相对坐标。

对于第一种情况，要获取 A 的左上角顶点相对于页面左上角顶点的坐标，需要计算祖先元素 B 左上角顶点相对页面左上角顶点的坐标，在此基础上对应加上 A 的 offsetLeft 和 offsetTop 取值即可；要获取 A 的左上角顶点相对于浏览器窗口左上角顶点的坐标，除了可以对 A 元素直接使用 getBoundingClientRect()方法之外，还可以计算 B 左上角顶点相对于浏览器窗口左上角顶点的坐标，在此基础上对应加上 A 的 offsetLeft 和 offsetTop 取值。

对于第二种情况，要获取 A 的左上角顶点相对于浏览器窗口左上角顶点的坐标，除了可以对 A 元素直接使用 getBoundingClientRect()方法之外，还可以使用 A 的 offsetLeft 和 offsetTop 取值分别减去页面向左卷入的宽度或向上卷入的高度（即页面的 scrollLeft 和 scrollTop 取值）。

对于第三种情况，要获取 A 的左上角顶点相对于页面左上角顶点的坐标，需要使用 A 的 offsetLeft 和 offsetTop 取值分别加上页面向左卷入的宽度或向上卷入的高度。

【示例 2-11】使用 offsetLeft 和 offsetTop 分别获取上述 3 种情况中 div 的位置并输出。

具体要求如下。

页面中共有 5 个 div，最外层 div 的类名是 div，宽度为 660 像素，高度为 400 像素，填充为 50 像素，背景色为#eef；里面有向左浮动的两个 div，类名分别是 divL 和 divR，宽度都为 300 像素，高度为 200 像素，右边距为 20 像素，边框为 1 像素实线，颜色为蓝色；divR 内部有相对定位的 div，类名是 divM，宽度为 200 像素，高度为 150 像素，背景色为绿色，定位横坐标 left 取值为 80 像素，纵坐标 top 取值为 40 像素；divM 内部有绝对定位的 div，类名是 divS，宽度为 100 像素，高度为 100 像素，边框为 1 像素实线，颜色为红色，定位横坐标 left 取值为 50 像素，纵坐标 top 取值为 30 像素。

使用脚本代码分别获取 divR、divM、divS 这 3 个 div 的位置并输出。

页面元素布局结构如图 2-17 所示。

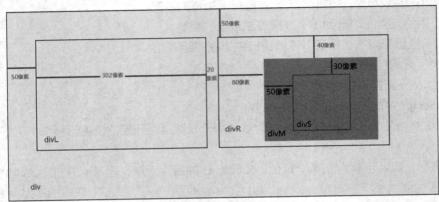

图 2-17　页面元素布局结构

创建页面文件"获取元素的位置-js.html"，代码如下。

```html
<!DOCTYPE html>
<html>
    <head>
        <meta charset="utf-8">
        <title>获取元素的位置</title>
        <style type="text/css">
            body{margin: 0px;}
            .divL,.divR{width: 300px; height: 200px; border: 1px solid #00f;
margin-right: 20px; float: left;}
            .divM{width: 200px; height: 150px; background: #0f0; position: relative;
left: 80px; top: 40px;}
            .divS{width: 100px; height: 100px; border: 1px solid #f00; position:
absolute; left: 50px; top: 30px;}
            .div{width: 660px; height: 300px; padding: 50px; margin:0; background:
#eef;}
        </style>
    </head>
    <body>
        <div class="div">
            <div class="divL"></div>
            <div class="divR">
                <div class="divM">
                    <div class="divS"></div>
                </div>
            </div>
        </div>
        <script type="text/javascript">
            //获取 divR 的 offsetLeft 和 offsetTop 取值
            var divR = document.getElementsByClassName('divR')[0];
            var divR_L = divR.offsetLeft;
```

```
                    var divR_T = divR.offsetTop;
                    console.log("divR 的 offsetLeft 和 offsetTop 取值");
                    console.log("横坐标: ",divR_L,"纵坐标: ",divR_T);
                    //获取 divM 的 offsetLeft 和 offsetTop 取值
                    var divM = document.getElementsByClassName('divM')[0];
                    var divM_L = divM.offsetLeft;
                    var divM_T = divM.offsetTop;
                    console.log("divM 的 offsetLeft 和 offsetTop 取值");
                    console.log("横坐标: ",divM_L,"纵坐标: ",divM_T);
                    //获取 divS 的 offsetLeft 和 offsetTop 取值
                    var divS = document.getElementsByClassName('divS')[0];
                    var divS_L = divS.offsetLeft;
                    var divS_T = divS.offsetTop;
                    console.log("divS 的 offsetLeft 和 offsetTop 取值");
                    console.log("横坐标: ",divS_L,"纵坐标: ",divS_T);
                </script>
            </body>
        </html>
```

获取的 3 组坐标值如图 2-18 所示。

divR的offsetLeft和offsetTop值	获取元素的位置-js.html:28
横坐标:　372　纵坐标:　50	获取元素的位置-js.html:29
divM的offsetLeft和offsetTop值	获取元素的位置-js.html:34
横坐标:　453　纵坐标:　91	获取元素的位置-js.html:35
divS的offsetLeft和offsetTop值	获取元素的位置-js.html:40
横坐标:　50　纵坐标:　30	获取元素的位置-js.html:41

图 2-18　获取的 3 组坐标值

3 组坐标值的解释如下。

（1）divR 不存在定位的祖先元素，offsetLeft 获取的是 divR 左边框到网页左边框的距离 372 像素。由图 2-17 可以看出，372 像素中包括 div 的左填充 50 像素、divL 的边框加宽度 302 像素、divL 的右边距 20 像素；offsetTop 获取的是 divR 上边框到网页上边框的距离，只包含 div 的上填充 50 像素，如果 divR 有上边距，则要包含其上边距取值。

（2）divM 不存在定位的祖先元素，offsetLeft 获取的是 divM 左边框到网页左边框的距离 453 像素。由图 2-17 可以看出，453 像素中除了包括 divR 的 offsetLeft 取值 372 像素之外，还包括 divR 的左边框 1 像素和 divM 的定位坐标 left 取值 80 像素，共计 372+81=453 像素；offsetTop 获取的结果包括 div 的上填充 50 像素、divR 的上边框 1 像素、divM 的定位坐标 top 取值 40 像素，共计 91 像素。

（3）divS 位于相对定位的 divM 内部，offsetLeft 和 offsetTop 获取的是 divS 左上角顶点相对于 divM 左上角顶点的坐标，也就是 divS 的定位坐标 left 和 top 取值分别是 50 像素和 30 像素。

3．JavaScript 中设置元素的位置

使用 JavaScript 设置元素的位置，是对已经设置了定位的元素来说的，需要使用 style 对象的坐标属性，包括 left、top、right、bottom 等，用法如下。

格式：DOM 对象.style.坐标属性 ＝ 坐标值

设置的坐标值必须带有单位才能起作用。

> **注意** 使用元素的 style 对象设置坐标的前提是，元素必须设置了定位，否则设置的坐标是无效的。

例如，假设变量 div1 表示某个绝对定位的 div 元素，使用代码 div1.style.
left="40px"能够设置该 div 的横坐标 left 取值为 40 像素。

2-5 微课

jQuery 获取元素
的位置

（二）在 jQuery 中获取和设置元素的位置

在 jQuery 中使用 offset()方法返回或设置匹配元素相对于网页的偏移位置。

1. 使用 offset()方法返回元素的位置

格式：`jQuery 对象.offset()`

此时 offset()方法不带参数，返回的结果对象中包含两个整型属性 left 和 top，分别表示指定的
jQuery 对象左上角顶点到网页左上角顶点的横坐标和纵坐标，坐标值不带取值单位 px。

> **注意** 无论元素本身是否定位，也无论该元素是否是某个定位的祖先元素的后代元素，使用
> offset()返回的都是元素自身相对于网页的偏移位置。

【示例 2-12】使用 offset()方法获取不同定位情况的 div 相对于网页的偏移位置。

具体要求如下。

页面中使用的元素的布局结构如图 2-17 所示，元素的样式代码和示例 2-11 中的样式代码一
致，使用 jQuery 的 offset()方法分别获取 divR、divM 和 divS 相对于网页的偏移位置。

创建页面文件"获取元素的位置-offset().html"，代码如下。

```
<!DOCTYPE html>
<html>
    <head>
        <meta charset="utf-8">
        <title>获取元素的位置</title>
        <style type="text/css">
            //样式代码同示例 2-11，此处省略
        </style>
    </head>
    <body>
        //元素的布局结构同示例 2-11，此处省略
        <script type="text/javascript" src="jquery-1.11.3.min.js"></script>
        <script type="text/javascript">
            //获取 divR 相对于网页的偏移位置
            var divR = $('.divR');
            var divR_L = divR.offset().left;
            var divR_T = divR.offset().top;
            console.log("divR 相对于网页的偏移位置");
            console.log("横坐标: ",divR_L,"纵坐标: ",divR_T);
            //获取 divM 相对于网页的偏移位置
            var divM = $('.divM');
            var divM_L = divM.offset().left;
```

```
                var divM_T = divM.offset().top;
                console.log("divM 相对于网页的偏移位置");
                console.log("横坐标: ",divM_L,"纵坐标: ",divM_T);
                //获取 divS 相对于网页的偏移位置
                var divS = $('.divS');
                var divS_L = divS.offset().left;
                var divS_T = divS.offset().top;
                console.log("divS 相对于网页的偏移位置");
                console.log("横坐标: ",divS_L,"纵坐标: ",divS_T);
            </script>
        </body>
    </html>
```

运行效果如图 2-19 所示。

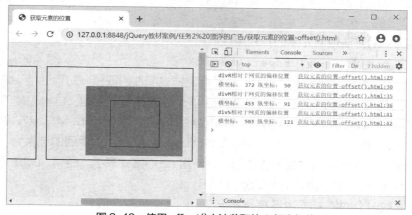

图 2-19　使用 offset() 方法获取的 3 组坐标值

3 组坐标值的解释如下。

（1）divR 的 offset().left 返回 372，根据图 2-17 中标识的各个区域的大小可以看出，372 像素包括 div 的左填充 50 像素、divL 的边框加宽度 302 像素、divL 的右边距 20 像素；offset().top 返回的是 divR 上边框到网页上边框的距离，只包含 div 的上填充 50 像素。

（2）divM 的 offset().left 返回 453，除了包括 divR 的 offset().left 返回的 372 像素之外，还包括 divR 的左边框 1 像素和 divM 的定位坐标 left 取值 80 像素，共计 372+81=453 像素；offset().top 返回的结果包括 div 的上填充 50 像素、divR 的上边框 1 像素、divM 的定位坐标 top 取值 40 像素，共计 91 像素。

（3）divS 的 offset().left 返回 503，是在 divM 的 offset().left 的返回值 453 的基础上增加了 divS 自身的 left 值 50 像素得到的；offset().top 返回 121，是在 divM 的 offset().top 的返回值 91 的基础上增加了 divS 自身的 top 值 30 像素得到的。

2．使用 offset() 方法设置元素的位置

格式：`jQuery 对象.offset({left: 数字值 1, top: 数字值 2})`

说明：

- 要设置的样式属性和取值必须放在 {} 中，样式属性和取值之间使用冒号间隔，两个样式属性之间使用逗号间隔；

- {}内部可以只设置 left 或 top 的值；
- 给定的数字值不能带单位。

例如，给类名为 divL 的 div 设置 left 取值为 100 像素，代码如下。

```
$(".divL").offset({left:100});
```

 注意 无论元素本身采用何种形式的定位或者没有定位，使用 offset()设置的都是元素自身相对于网页的偏移位置。

五、jQuery 中的 css()方法

css()方法可以用于设置或返回被选元素的一个或多个任意样式属性的取值，是动态修改元素样式时使用特别广泛的一个方法。

（一）使用 css()方法返回元素的样式属性取值

格式：`jQuery 对象.css("propertyname")`

指定样式属性的参数只能有一个，用于返回指定样式属性的取值，对返回结果说明如下。

- 若返回的是大小数据，则返回结果带有单位 px，若在样式中定义字号时使用的单位是 pt，则使用 css("font-size")获取到的字号单位会自动转换为 px(1pt=4/3px)。例如，假设存在样式代码.p1{font-size:10pt;}，则$(".p1").css("font-size")返回的结果为 13.33px。
- 若返回的是颜色相关的样式属性的值，则使用 rgb()格式表示。例如，color 取值为#ff0，则 css("color")返回的结果为 rgb(255,255,0)。
- 若指定的样式属性在样式中没有显式定义，则返回其默认值。

对于复合的样式属性名称，如 font-size，可以写为 css("font-size")或者 css("fontSize")。

1. css("width")与 width()的对比

使用 css()方法获取的样式属性取值一定是在样式表中定义的取值。例如，假设类名为 divW 的 div 是 body 的直接子元素，定义如下样式代码。

```
body{margin: 10px;}
    .divW{width: 350px; height: 350px; padding: 50px; margin: 20px; border: 10px solid
#a66; box-sizing: border-box; position:absolute; left:30px; top:30px;}
```

则在获取元素宽度时，若使用$(".divW").width()，则结果为不带单位的数字值 230，这是因为使用了 box-sizing:border-box，所以计算结果时，需要使用 350 像素减去左右填充 100 像素和左右边框 20 像素；若使用$(".divW").css("width")，则结果一定是样式定义中的"350px"。

2. css("top")与 offset().top 的对比

获取元素的纵坐标值时，若使用$(".divW").offset().top，则得到的结果是不带单位的数字值 50，50 像素包含 divW 元素的上边距 20 像素和 top 取值 30 像素，是 divW 的上边框到 body 主体上边框的像素数；若使用$(".divW").css("top")，则得到的结果是样式代码中的 top 属性取值"30px"。

【示例 2-13】对比使用 css("width")和 width()获取的宽度以及使用 css("top")和 offset().top 获取的纵坐标。

页面具体要求如下。

设置页面边距为 10 像素，在页面中添加一个类名为 divW 的 div 元素，宽度为 350 像素，高

度为 350 像素,填充为 50 像素,边距为 20 像素,边框为 10 像素实线,颜色为#a66,设置 box-sizing 取值为 border-box,采用绝对定位,横坐标 left 和纵坐标 top 都为 30 像素。

分别使用 css("width")和 width()方法获取元素的宽度,输出并观察结果;分别使用 css("top") 和 offset().top 获取元素的纵坐标,输出并观察结果。

创建页面文件"css()与 width()和 offset()对比.html",代码如下。

```html
<!DOCTYPE html>
<html>
    <head>
        <meta charset="utf-8">
        <title> css()与 width()和 offset()对比</title>
        <style type="text/css">
            body{margin: 10px;}
            .divW{width: 350px; height: 350px; padding: 50px; margin: 20px; border:
10px solid #a66; box-sizing: border-box; position:absolute; left:30px; top:30px;}
        </style>
    </head>
    <body>
        <div class="divW"></div>
        <script src="../jquery-1.11.3.min.js"></script>
        <script type="text/javascript">
            console.log("使用 width()方法获取的宽度: ");
            console.log($(".divW").width());
            console.log("使用 css('width')方法获取的宽度: ");
            console.log($(".divW").css("width"));
            console.log("使用 offset().top 获取的纵坐标: ");
            console.log($(".divW").offset().top);
            console.log("使用 css('top')方法获取的纵坐标: ");
            console.log($(".divW").css("top"));
        </script>
    </body>
</html>
```

运行效果如图 2-20 所示。

图 2-20 css()与 width()和 offset()对比结果

（二）使用 css()方法设置元素的样式属性取值

使用 css()方法设置元素样式属性取值时，所有的数字都必须带单位。

根据 css()方法中参数出现的形式，可以有两种用法。

1. 使用两个参数的形式

格式：$(元素).css("样式属性", "取值")

使用这种形式只能设置一个样式属性的取值，样式属性名称完全遵循 CSS 样式定义中的属性名称规范，而且样式属性名称和取值必须使用引号定界。

例如，$(元素).css('background-color', '#f00')。

2. 参数使用{}定界的形式

此时可以同时设置任意多个样式属性及取值，根据样式属性名称的写法，有两种用法。

```
$(元素).css({"样式属性1": "取值1"[, "样式属性2": "取值2"[,...]]})    //第一种用法
```

在这种写法中，样式属性名称完全遵循 CSS 样式定义中的属性名称规范，样式属性与取值之间使用冒号间隔，多个样式属性之间使用逗号间隔，样式属性名称和取值都要使用引号定界。

例如，$(元素).css({'background-color':'#f00', 'float':'left'})。

```
$(元素).css({样式属性1："取值1"[, 样式属性2："取值2"[,...]]})    //第二种用法
```

在这种写法中，样式属性取值需要引号定界，但是样式属性名称不需要使用引号定界。若是复合的样式属性，则必须去掉中间的连接符，将原来第二个单词的第一个字母转为大写，例如，$(元素).css({backgroundColor:'#f00', float:'left'})中 backgroundColor 的写法。

小结

本项目首先实现了不加任何控制的漂浮广告和增加相应控制的漂浮广告，在实现漂浮广告效果时，需要获取窗口的宽度和高度、页面的宽度和高度、元素的宽度和高度，根据使用的不同定位方式，还需要获取页面卷入部分的宽度和高度，除此之外，还需要获取和设置元素的坐标值等，根据这些功能的需要，展开了对上面知识点的讲解。

习题

一、选择题

1. 要设置页面中第一个 div 的文本颜色为红色，可以使用哪几种方法？（　　　）

   A. $("div")[0].style.color="#f00"　　　　B. $("div").eq(0).style.color="#f00"

   C. $("div")[0].color="#f00"　　　　　　　D. $("div").eq(0).prop("color","#f00")

   E. $("div").eq(0).css("color","#f00")　　F. $("div:eq(0)").css({"color":"#f00"})

2. 关于元素的 offsetLeft，下面说法正确的有（　　　）。

   A. 获取的一定是元素左边框到浏览器窗口左边框的像素数

   B. 若该元素位于某个定位的父元素中，则获取的是该元素左边框距离其父元素左边框的像素数

   C. 若该元素位于某个父元素中，则获取的是该元素左边框距离其父元素左边框的像素数

D. 若该元素没有放在定位的父元素中，则获取的一定是元素左边框距离浏览器窗口左边框的像素数

3. 若 x = 100;div = document.getElementById("div1");，则下面哪些选项能将变量 x 的值设置为该 div 的坐标值？（　　　）

A. div.style.left = x

B. div.style.left = x + "px"

C. div.left = x + "px"

D. $(div).css("left", x + "px")

E. $(div).css({"left": x + "px"})

4. 假设存在某个 id 为 p1 的段落，使用代码 var p1 = document.getElementById("p1");获取到该段落元素，下面哪些代码能够设置该元素的文本颜色为红色？（　　　）

A. p1.color="#f00";

B. p1.style.color="#f00";

C. p1.css("color","#f00")

D. $(p1).css("color","#f00")

E. $("p1").css("color","#f00")

5. 若 gox = 1 表示漂浮广告向右移动，gox = −1 表示向左移动，则下面说法正确的有哪些？（　　　）

A. 当漂浮广告的左边框触碰到窗口左边框时，需要将 gox 的值由 1 改为−1

B. 当漂浮广告的左边框触碰到窗口左边框时，需要将 gox 的值由−1 改为 1

C. 当漂浮广告的右边框触碰到窗口右边框时，需要将 gox 的值由 1 改为−1

D. 当漂浮广告的右边框触碰到窗口右边框时，需要将 gox 的值由−1 改为 1

6. 在 jQuery 中使用 offset().top 和 css("top")获取某个 div 的纵坐标时，下面说法正确的是（　　　）。

A. 在任何情况下，这两者获取的数字结果都是一样的

B. 前者获取的是盒子上边框到页面上边框的距离，后者获取的是元素样式中 top 属性的取值

C. 前者获取的是盒子上边距顶端到窗口上边框的距离，后者获取的是盒子上边框到窗口上边框的距离

D. 两者获取的结果中都带有单位 px

7. 下面哪几项能确保每间隔 200ms 调用函数 move()？（　　　）

A. setInterval(move,200)

B. setInterval("move",200)

C. setInterval(move(),200)

D. setInterval("move()",200)

8. 若存在样式代码 #div1{width:500px; padding:10px; border:1px solid #00f; box-sizing:border-box;}，则$("#div1").width()返回的结果是什么？（　　　）

A. 500 　　　　　　B. 500px 　　　　　　C. 478 　　　　　　D. 478px

9. 若存在样式代码 #div1{width:500px; padding:10px; border:1px solid #00f; box-sizing:border-box;}，则$("#div1").css("width")返回的结果是什么？（　　　）

A. 500 　　　　　　B. 500px 　　　　　　C. 478 　　　　　　D. 478px

二、简答题

1. jQuery 中元素的 css("width")与 width()获取到的宽度值有什么不同？

2. jQuery 中元素的 css("top")与 offset().top 获取到的纵坐标值有什么不同？

3. 漂浮广告中的全局变量 gox 和 goy 的作用是什么？

三、操作题

在页面中添加以下 3 个元素。

一个普通流的 div 元素，id 为 div1，宽度为 1200 像素，高度为 800 像素，背景色为浅蓝色（#eef），该 div 的作用是将页面变宽、变高。

一个绝对定位的 div 元素，id 为 div2，宽度为 150 像素，高度为 100 像素，4 个方向的边距都为 20 像素，背景色为#aaf，横坐标（left）为 500 像素，纵坐标（top）为 200 像素。

一个固定定位的 div 元素，id 为 div3，宽度为 150 像素，高度为 100 像素，4 个方向的边距都为 20 像素，背景色为#ddf，横坐标（left）为 300 像素，纵坐标（top）为 100 像素。

将窗口调整为较小状态，确保能够出现滚动条，向右拖动横向滚动条、向下拖动纵向滚动条之后，使用脚本实现如下功能。

单击页面任意位置时，分别获取并输出页面卷入部分的宽度和高度，获取并输出 div2 的 getBoundingClientRect().left、getBoundingClientRect().top、offset().left、offset().top、css("left") 和 css("top")的结果，获取并输出 div3 的 getBoundingClientRect().left、getBoundingClient-Rect().top、offset().left、offset().top、css("left")和 css("top")的结果。

观察对比每一组结果并思考产生差异的原因。

项目3
在 jQuery 中实现表单数据验证

03

【情景导入】

小明为某个教学管理系统设计了一个注册界面，在提交数据时，他发现在每个文本框中输入的不整齐的数据都能提交到服务器。经过一段时间的工作，小明已经有了很大的进步，没有急着将自己做得不成熟的页面交给组长，在认真查阅资料之后，他发现缺少了数据验证的表单在实际应用中存在各种危害，惊觉之后，他正视了将项目"做实"的理念就是绝对不要给任何人留下"可乘之机"，于是小明仔细修改了代码，确保提交的表单数据是万无一失的。

【知识点及项目目标】

- 掌握 jQuery 中表单过滤器的作用及用法。
- 掌握 jQuery 中获取和设置表单元素的值的方法。
- 掌握使用正则表达式进行表单数据验证及判断密码强弱的方法。

表单在网页交互中扮演着非常重要的角色，是网站与用户进行沟通的桥梁，客户端与服务器主要是依靠表单来进行数据交互的。表单数据验证是众多具有注册、登录和发布信息功能的网站经常使用的一种功能。进行数据验证的目的不是检测数据是否正确，而是检测用户提交的数据是否符合数据本身的要求。数据验证通常包括两个方面：一是检测数据中的字符数是否符合要求，二是检测组成数据的字符类型是否符合要求。

【素养要点】

不以规矩，不能成方圆

任务 3.1   实现表单数据验证功能

验证数据有效性的最佳方案是由浏览器完成数据验证，但是在很多文献或者项目中都是由服务器完成表单数据验证，这种做法并不值得认同和推广，若将需要进行有效性验证的数据提交到服务器端进行验证，则会存在如下两个主要的弊端。

第一，假设同一时段有成千上万的用户数据都需要等待服务器进行验证，服务器的负担将会大幅增加；而服务器进行验证时，各个浏览器处于等待状态，严重降低系统的运行效率。

第二，验证之后，若数据不符合要求，服务器就需要将验证结果再返回给浏览器，用户看到返回的提示信息后，重新输入数据再次提交给服务器进行验证，如此反复除了增加服务器的负担之外，还会造成网络通信量大量增加，延长浏览器的等待状态。

浏览器对表单数据的验证可以采用两种方案，一种是使用 HTML5 中的表单元素属性对部分元素数据进行验证，另一种是使用浏览器的脚本进行验证。

本任务使用 jQuery 操作表单的方法实现表单数据验证。

【素养提示】

表单数据不合法不能提交，我们当牢记只有合理合法，才能被他人接纳。不以规矩，不能成方圆。

【任务描述】

设计图 3-1 所示的教学管理系统注册界面。

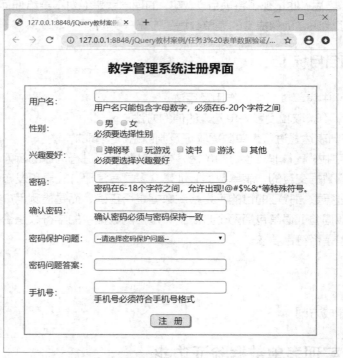

图 3-1　需要进行数据验证的教学管理系统注册界面

图 3-1 所示的表单界面包含用户名、性别、兴趣爱好、密码、确认密码、手机号和"注册"按钮等页面元素，对界面中的元素进行如下数据验证。

- 用户名不能为空，只能包含字母、数字，且字符数必须为 6~20。
- 密码不能为空，字符数为 6~18，允许出现!、@、#、$、%、&、*等。
- 手机号必须符合手机号格式。
- 性别和兴趣爱好必须选择。

- 确认密码和密码必须一致。
- 密码保护问题必须选择，密码保护问题答案必须填写。

【任务实现】

任务实现从表单界面设计、使用 HTML5 表单元素属性对部分数据进行验证、使用脚本对选择性元素进行验证，以及验证确认密码和密码的一致性几个方面展开讲解。

【示例 3-1】创建页面文件"表单数据验证.html"，实现表单数据验证功能。

1. 表单界面设计

设计表单界面的代码如下。

```html
<!DOCTYPE html>
<html>
    <head>
        <meta charset="utf-8">
        <title></title>
        <style type="text/css">
            table{border:2px solid #999;}
            td{height: 40px;}
            .inp{width: 250px; height: 20px; border: 1px solid #999; border-radius: 5px;}
            input[type='submit']{border: 1px solid #999; border-radius: 5px; font-size:
12pt; box-shadow: 2px 2px #999;}
        </style>
    </head>
    <body>
        <form method="get">
            <h2 align="center">教学管理系统注册界面</h2>
            <table align="center" cellpadding="10px">
                <tr>
                    <td>用户名: </td>
                    <td><input type="text" name="user" id="user" class="inp">
                        <br />用户名只能包含字母、数字，必须在 6-20 个字符之间</td>
                </tr>
                <tr>
                    <td>性别: </td>
                    <td><input type="radio" name="sex" value="male">男 
                        <input type="radio" name="sex" value="female" >女
                        <br />必须要选择性别</td>
                </tr>
                <tr>
                    <td>兴趣爱好: </td>
                    <td><input type="checkbox" name="like[]" value="piano">弹钢琴 
                        <input type="checkbox" name="like[]" value="game">玩游戏 
                        <input type="checkbox" name="like[]" value="read">读书 
                        <input type="checkbox" name="like[]" value="swim">游泳 
                        <input type="checkbox" name="like[]" value="other">其它 
                        <br />必须要选择兴趣爱好</td>
                </tr>
                <tr>
```

```
        <td>密码: </td>
        <td><input type="password" name="psw" id="psw" class="inp">
            <br />密码在 6-18 个字符之间，允许出现!@#$%&*等特殊符号<br /></td>
    </tr>
    <tr>
        <td>确认密码: </td>
        <td><input type="password" id="repsw" name="repsw" class="inp">
        <br />确认密码必须与密码保持一致</td>
    </tr>
    <tr>
    <tr>
        <td>密码保护问题: </td>
        <td>
            <select class="inp">
                <option value="0">--请选择密码保护问题--</option>
                <option value="1">你从事的工作是</option>
                <option value="2">你喜欢的颜色是</option>
                <option value="3">你的籍贯是</option>
                <option value="4">你就读的中学是</option>
            </select>
        </td>
    </tr>
    <tr>
        <td>密码问题答案: </td>
        <td><input type="text" name="answer" class="inp"></td>
    </tr>
    <tr>
        <td>手机号: </td>
        <td><input type="text" name="phoneno" id="phoneno" class="inp">
            <br />手机号必须符合手机号格式</td>
    </tr>
    <tr>
        <td colspan="2" align="center"><input type="submit" value=" 注册 "
/></td>
    </tr>
        </table>
    </form>
    </body>
</html>
```

页面结构及样式说明。

整个表单界面使用一个 9 行 2 列的表格进行布局，使用 table{}定义表格的外边框为 2 像素实线，颜色为浅灰色（#999），使用 td{}定义所有单元格的高度为 40 像素。

类名 inp 应用在用户名、密码、确认密码和手机号文本框中，设置这几个文本框的宽度、高度及边框效果。

使用 input[type='submit']定义"注册"按钮的样式：边框为 1 像素实线，颜色为浅灰色，圆角半径为 5 像素，字号为 12pt，阴影水平偏移量和垂直偏移量都为 2 像素，颜色为浅灰色。

在给定的下拉列表框中，5 个选项的 value 值分别为 0、1、2、3、4，这是为在脚本中判断是否有选中的列表项做准备。

2. 使用 HTML5 表单元素属性对部分数据进行验证

在图 3-1 所示的表单界面中,可以使用 HTML5 表单元素属性 pattern 或者 required 对用户名、密码、密码保护问题答案和手机号进行验证。

(1)对用户名进行验证

用户名不能为空,只能包含字母、数字,且字符数必须为 6~20。

为用户名文本框增加属性 pattern="[a-zA-Z0-9]{6,20}" 和 required="required",前者设置用户允许使用的字符及字符数,后者设置用户名不允许为空。

(2)对密码进行验证

密码不能为空,字符数为 6~18,允许包含!、@、#、$、%、&、*等特殊符号。

为密码输入框增加属性 pattern="[a-zA-Z0-9!@#$%^&*]{6,18}" 和 required="required",前者设置密码允许使用的字符及字符数,后者设置密码不允许为空。

(3)对密码保护问题答案进行验证

密码保护问题的答案不允许为空,为密码保护问题答案文本框增加 required="required"即可。

(4)对手机号进行验证

为手机号文本框增加属性 pattern="1[356789][0-9]{9}",表示第一位必须是数字 1,第二位可以是 3、5、6、7、8、9 中的任意一个数字,第 3~11 位可以是任意数字。

3. 使用脚本对选择性元素进行验证

选择性元素包括单选按钮组、复选框组和下拉列表框等。检查单选按钮组、复选框组和下拉列表框中是否存在被用户选中的元素需要在单击"注册"按钮时完成。

可以定义表单的 submit 事件对应的函数,也可以定义 submit 按钮的 click 事件对应的函数,函数体功能如下。

(1)检测单选按钮组

- 使用表单过滤器$(":radio:checked")获取被选中的单选按钮。
- 使用 length 属性获取被选中的元素数,若为 0,则弹出消息框提示"请选择性别",之后返回 false(注意,此处返回的 false 不可或缺,false 用于禁用 submit 按钮的提交动作,从而阻止数据提交)。

(2)检测复选框组

复选框组的检测过程和单选按钮组的检测过程完全相同。

(3)检测下拉列表框

对于下拉列表框元素而言,若没有使用 selected 属性设置某个选项为选中状态,则一般默认选中第一个选项,本任务给定的第一个选项 value 取值为 0,对下拉列表框元素的检测过程如下。

- 获取下拉列表框的 value 取值。
- 若 value 取值为 0,则说明用户没有选择密码保护问题,弹出消息框提示用户,之后返回 false 即可。

在示例 3-1 中<body>主体的最下方添加如下代码。

```
<script type="text/javascript" src="jquery-1.11.3.min.js"></script>
<script type="text/javascript">
    $(function(){
        $("form").submit(function(){
```

```
            //对单选按钮组进行验证
            var sex=$(":radio:checked");
            if(sex.length==0){
                alert("请选择性别");
                return false;
            }
            //对复选框组进行验证
            var intr=$(":checkbox:checked");
            if(intr.length==0){
                alert("请选择兴趣爱好");
                return false;
            }
            //检查密码保护问题是否被选择
            var selected=$("select").val();
            if(selected==0){
                alert("请选择密码保护问题");
                return false;
            }
        })
    </script>
```

脚本代码解释如下。

$(":radio:checked")：使用表单过滤器获取被选中的单选按钮。其中，:radio 表示单选按钮元素，:checked 表示使用 checked 属性选中的元素。

$(":checkbox:checked")：使用表单过滤器获取被选中的复选框。其中，:checkbox 表示复选框元素。

4．验证确认密码和密码的一致性

为了能够第一时间检查确认密码的正确性，要求在用户修改确认密码并离开密码输入框之后，立即对密码和确认密码的一致性进行验证。

定义确认密码输入框的 change 事件对应的函数，函数体功能如下。

（1）使用$(元素).prop("value")或者$(元素).val()获取输入的密码。

（2）使用$(this).val()获取输入的确认密码。

（3）将二者进行比较，如不同则弹出消息框进行提示。

在$(function(){})内部增加与$("form").submit(function(){})并列的代码，代码如下。

```
$("#repsw").change(function(){
    var psw=$("#psw").prop("value");
    var repsw=$(this).val();
    if(repsw != psw){
        alert("确认密码和密码不一致，请重新输入");
        this.focus();
    }
})
```

【思考问题】

若弹出消息框提示"确认密码和密码不一致，请重新输入"，则在其他数据合法的前提下，继续单击"注册"按钮能否阻止将错误的确认密码提交给服务器？为什么？

【问题解析】

如果没有对错误的确认密码进行修改，则继续单击"注册"按钮，系统不能阻止将错误的确认密码提交给服务器。

这是因为验证过程只在输入完确认密码之后进行，在单击"注册"按钮时并没有进行，所以无法阻止数据提交。

【解决方案】

按照如下 3 个步骤解决上述问题。

第一步，定义全局变量 repswFlag，初始值为 false。

第二步，修改确认密码输入框 change 事件对应的函数。若两次输入的密码不一致，则设置 repswFlag 为 false，否则设置 repswFlag 为 true。

第三步，在 form 元素 submit 事件对应的函数中增加功能代码。repswFlag 若为 false，则弹出消息框进行提示，并返回 false（注意，此处返回的 false 不可或缺，false 用于禁用 submit 按钮的提交动作，从而阻止数据提交）。

按上述方案修改之后，$(function(){})的完整代码如下（加粗部分为新增代码）。

```
$(function(){
    //定义一个全局变量，表示确认密码是否与密码一致
    var repswFlag=false;
    $("form").submit(function(){
        var sex=$(":radio:checked");
        if(sex.length==0){
            alert("请选择性别");
            return false;
        }
        var aihao=$(":checkbox:checked");
        if(aihao.length==0){
            alert("请选择兴趣爱好");
            return false;
        }
        //检查密码保护问题是否被选择
        var selected=$("select").val();
        if(selected==0){
            alert("请选择密码保护问题");
            return false;
        }
        if(repswFlag == false){
            alert("请重新输入确认密码");
            return false;
        }
    })
    $("#repsw").change(function(){
        var psw=$("#psw").prop("value");
```

```
                    var repsw=$(this).val();
                    if(repsw != psw){
                        alert("确认密码和密码不一致，请重新输入");
                        this.focus();
                        repswFlag = false;
                    }
                    else{
                        repswFlag = true;
                    }
                })
```

【思考问题】

在输入正确的确认密码之后，若用户又修改了密码，则在单击"注册"按钮提交数据时，系统能否检测出密码和确认密码不一致？为什么？

【问题解析】

此时系统无法检测出密码和确认密码不一致。

因为修改密码之后，没有重新判断密码和确认密码是否一致，此时的全局变量 repswFlag 取值仍为 true。

【解决方案】

在$(function(){})内部最下方设置密码输入框的 change 事件函数，将全局变量 repswFlag 的取值设置为 false。代码如下。

```
$("#psw").change(function(){
    repswFlag = false;
})
```

也就是只要修改了密码输入框的内容，就会设置全局变量为 false，这样当单击"注册"按钮时会因为全局变量 repswFlag 的取值为 false 而检测出密码和确认密码不一致，从而阻止数据提交。

【相关知识】

一、表单过滤器

表单对象比较多，在网页中的使用频率也很高，但是很多表单元素都是使用输入元素定义的，如文本框、密码输入框、复选框、各种按钮等。在 jQuery 中，除了可以使用$("input[type='text']")、$("input[type='radio']")这种属性选择器获取不同类型的表单输入元素之外，还可以使用专门的表单对象选择器或者表单属性选择器获取元素。

常用的表单对象选择器如表 3-1 所示。

表 3-1　常用的表单对象选择器

选择器	说明	选择器	说明
:input	匹配所有 input、textarea、select 和 button 元素	:image	匹配所有图像域
:text	匹配所有单行文本框	:reset	匹配所有重置按钮
:password	匹配所有密码输入框	:button	匹配所有按钮
:radio	匹配所有单选按钮	:file	匹配所有文件域
:checkbox	匹配所有复选框	:hidden	匹配所有不可见元素
:submit	匹配所有 submit 按钮		

> **注意**　HTML5 中新增的表单元素，例如，颜色选择器、日期选择器、URL 文本框、Email 文本框等不存在对应的表单对象选择器。

除了表单对象选择器之外，jQuery 还根据表单域中特有的属性定义了 4 个表单属性选择器，这些选择器与表单对象选择器不同，通过它们可以选择任何类型的表单域。

常用的表单属性选择器如表 3-2 所示。

表 3-2　常用的表单属性选择器

选择器	说明
:enabled	匹配所有可用元素
:disabled	匹配所有不可用元素
:checked	匹配所有被选中的元素，包括复选框和单选按钮等
:selected	匹配所有选中的 option 元素

例如：

$(":radio:checked")将表单对象选择器:radio 和表单属性选择器:checked 组合使用，用于获取被选中的单选按钮；

$(":checkbox:checked")将表单对象选择器:checkbox 和表单属性选择器:checked 组合使用，用于获取被选中的复选框；

$(":checked")用于获取所有被选中的单选按钮和复选框。

二、在 jQuery 中获取或设置表单元素的值

在 jQuery 中获取或设置表单元素的值，可以使用 attr()、prop()和 val()方法。

1．attr()方法

获取表单元素的值：attr('value')。此时 attr()中只需要属性名称 value 这一个参数。

设置表单元素的值：attr('value', 取值)。此时 attr()中需要两个参数，第一个参数是属性名称 value，第二个参数是要提供给属性 value 的取值。

2．prop()方法

prop()方法的用法同 attr()方法的用法。

3．val()方法

获取表单元素的值：val()。此时 val()不需要任何参数。

设置表单元素的值：val(取值)。此时 val()中提供的参数将作为相应元素的 value 属性取值。

> **注意** 对于列表框元素而言，无论是使用 attr()、prop()还是使用 val()，若应用方法的 jQuery 对象是 select 元素，则获取的都是列表框中当前选中列表项的 value 属性取值；若应用方法的 jQuery 对象是 option 元素，则获取的都是指定列表项的 value 属性取值。

三、使用 jQuery 实现邮箱自动导航

使用 jQuery 实现邮箱自动导航，是指通过 jQuery 操作表单元素的方法获取并使用下拉列表框的取值。

【**示例 3-2**】使用 jQuery 操作表单元素的方法实现邮箱自动导航。

具体要求如下。

在页面中使用下拉列表框提供不同的邮箱网站供用户选择，用户选择某个邮箱网站时，会自动在一个新窗口中打开邮箱网站为登录做准备，如果用户选择的是下拉列表框中的第一个选项"--请选择邮箱--"，则不进行任何操作。

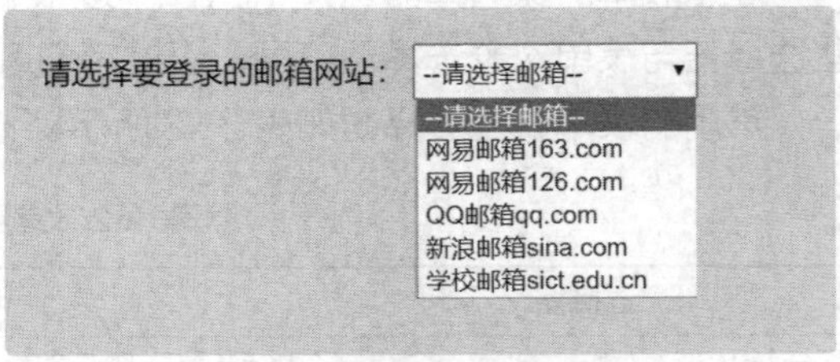

图 3-2 实现邮箱自动导航的界面

页面运行效果如图 3-2 所示。

创建页面文件"使用 jQuery 实现邮箱自动导航.html"，代码如下。

```
<!DOCTYPE html>
<html>
    <head>
        <meta charset="utf-8">
        <title>使用 jQuery 实现邮箱自动导航</title>
        <style type="text/css">
            .email{width: 450px; height: 150px; padding: 20px; margin: 10px auto;
background: #ddf; border-radius: 5px;}
            select{width: 150px; height: 30px;}
        </style>
    </head>
    <body>
        <div class="email">
            请选择要登录的邮箱网站:
            <select>
                <option value="" selected="selected">--请选择邮箱--</option>
                <option value="http://mail.163.com">网易邮箱 163.com</option>
                <option value="http://www.126.com">网易邮箱 126.com</option>
                <option value="https://mail.qq.com">QQ 邮箱 qq.com</option>
                <option value="https://mail.sina.com.cn/">新浪邮箱 sina.com</option>
                <option value="https://mail-sict-edu-cn.vpn.sict.edu.cn">学校邮箱 sict.
edu.cn</option>
            </select>
```

```
        </div>
        <script src="../jquery-1.11.3.min.js"></script>
        <script type="text/javascript">
            $(function(){
1:              $("select").change(function(){
2:                  var email_sel = $(this).val();
3:                  if( email_sel == "" ){
4:                      return;
5:                  }
6:                  window.open(email_sel, "email");
7:              })
            })
        </script>
    </body>
</html>
```

样式代码说明如下。

使用类名为 email 的 div 添加提示文本、下拉列表框和按钮。样式要求：宽度为 400 像素，确保提示文本和下拉列表框能够显示在一行中；高度为 150 像素，这是为了单击下拉列表框时显示的所有列表项能够在该 div 内部。

脚本代码解释如下。

第 1 行～第 7 行，定义下拉列表框的 change 事件函数，只要用户选择了某个列表项，就会触发该事件。

第 2 行，使用下拉列表框的 val()方法获取该下拉列表框中选中列表项的 value 值，例如，选择了"网易邮箱 163.com"，则变量 email_sel 的内容为 http://mail.163.com。

第 3 行～第 5 行，若用户选中的是第一个选项"--请选择邮箱--"，则返回值为空字符串，此时不做任何操作，直接使用 return 结束函数。

第 6 行，使用 window.open()方法在名称为"email"的新窗口中打开邮箱的登录网站。注意，如果运行时反复选中不同的选项，则第一次打开的新窗口命名为 email，之后每次都在该窗口中打开不同邮箱的登录界面。

任务 3.2　判断密码强度

3-2　微课

设置密码强度

【任务描述】

除了数据验证之外，本项目还要实现的一个功能是根据输入的密码判断密码强度。

密码强度的判断方法是在输入密码时，根据密码包含的字符的类别，将密码强度划分为很弱、弱、强、很强 4 个等级，效果分别如图 3-3～图 3-6 所示。

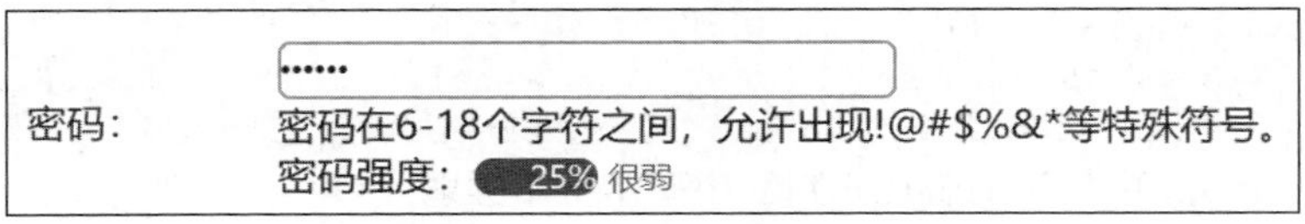

密码：　密码在6-18个字符之间，允许出现!@#$%&*等特殊符号。
密码强度：　25% 很弱

图 3-3　密码强度为"很弱"

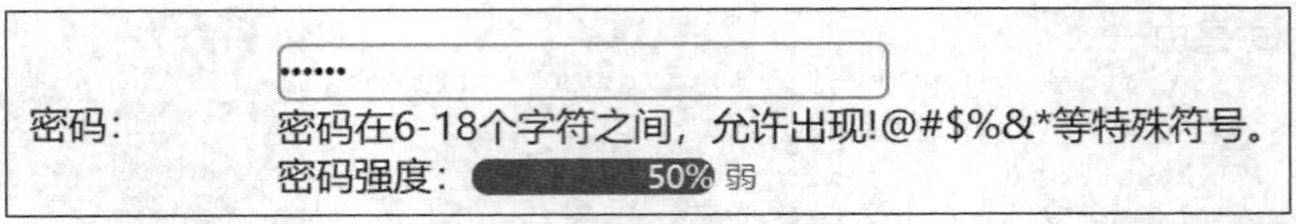

图 3-4　密码强度为"弱"

图 3-5　密码强度为"强"

图 3-6　密码强度为"很强"

密码中可以有大写字母、小写字母、数字和特殊字符。密码强度说明如下。

- 若密码只包含其中一种字符，则定为"很弱"。
- 若密码包含任意两种字符，则定为"弱"。
- 若密码包含任意 3 种字符，则定为"强"。
- 若密码包含 4 种字符，则定为"很强"。

【任务实现】

在"表单数据验证.html"页面代码的基础上修改表单界面并判断密码强弱。

1. 修改表单界面

根据图 3-3～图 3-6 所示的显示效果，在密码输入框下面添加需要的页面元素，代码如下。

```
        <td><input type="password" name="psw" id="psw" pattern="[a-zA-Z0-9!@#$%^&*]
{6,18}"
    required="required" class="inp">
        <br />密码在 6～18 个字符之间，允许出现!@#$%&*等特殊符号。
        <br />密码强度: <div><div></div> <span></span></div></td>
```

"密码强度:"后面有内外嵌套的两层元素，外层 div 控制了总宽度，内层 div 用于显示密码强度条和百分比，span 元素用于显示"很弱""弱""强""很强"等文本内容。

要求新增的所有内容都要在同一行内显示，需要将内外两个 div 都使用 display:inline-block 设置为行内块元素，具体的样式代码如下。

```
        td>div{width: 250px; height: 15px;display: inline-block; line-height: 15px;}
        td>div>span{font-size: 10pt; color: #f00;}
        td>div>div{display: inline-block; height: 15px; border-radius: 15px;
background: #f00; font-size:10pt; color:#fff; text-align: right; line-height: 15px;}
```

2. 使用 JavaScript 中的正则表达式判断密码字符串强弱

要判断输入的密码字符串包含几种字符，需要使用 JavaScript 中的正则表达式。

正则表达式是由一个字符序列形成的搜索模式，在文本中搜索数据时，可以用搜索模式来描述需要查询的内容。正则表达式可以是一个简单的字符，也可以是一个复杂的模式。定义形式如下。

/正则表达式主体/修饰符 (可选)

例如，要在密码字符串"abcZhang&123"中搜索是否存在大写字母、小写字母、特殊字符、数字字符，为大写字母、小写字母、数字字符和特殊字符等定义的搜索模式如下。

- /[A-Z]/，表示全部大写字母。
- /[a-z]/，表示全部小写字母。
- /[0-9]/或者/\d/，表示全部数字字符。
- /[!@#$%^&*]/，表示指定的特殊字符。

【说明】方括号"[ ]"表示字符串只要包含其中的字符即可。

1. 正则表达式的 test()方法

test() 方法是正则表达式的方法。

格式：正则表达式.test(被检测的字符串)

功能：用于检测一个字符串是否匹配某个搜索模式。

返回值：如果字符串含有匹配的文本，则返回 true；如果字符串不含匹配的文本，则返回 false。

例如，/tu/.test("student")的返回值为 true。

 注意 此处的搜索模式中"tu"没有使用方括号定界，这意味着只有两个字符整体出现在被搜索的字符串中，返回值才能是 true。

2. 使用正则表达式检测密码字符串

定义密码输入框的 keyup 事件函数，做到边输入边检测密码字符串的强度，实现函数功能的步骤如下。

第一步，获取密码字符串，保存在变量 psw 中。

第二步，定义 4 个正则表达式：ptrn1=/[0-9]/、ptrn2=/[a-z]/、ptrn3=/[A-Z]/、ptrn4 = /[!@#$%^&*]/。

第三步，定义 4 个变量 res1、res2、res3、res4，初始值都设置为 0。若密码字符串包含数字字符，则设置 res1 为 1；包含小写字母，则设置 res2 为 1；包含大写字母，则设置 res3 为 1；包含特殊字符，则设置 res4 为 1，具体如下所示。

- ptrn1.test(psw)：检测 psw 是否包含数字字符，包含则设置 res1 = 1。
- ptrn2.test(psw)：检测 psw 是否包含小写字母，包含则设置 res2 = 1。
- ptrn3.test(psw)：检测 psw 是否包含大写字母，包含则设置 res3 = 1。
- ptrn4.test(psw)：检测 psw 是否包含特殊字符，包含则设置 res4 = 1。

第四步，将 res1、res2、res3 和 res4 这 4 个变量的值求和，并将和保存在变量 res 中。

第五步，使用 switch 结构根据 res 取值情况（1、2、3、4）判断密码强弱，并在页面中显示结果。

函数$("#psw").keyup(function(){})，代码如下。

```
$("#psw").keyup(function(){
    var psw = $("#psw").prop("value");
    var ptrn1 = /[0-9]/;
    var ptrn2 = /[a-z]/;
    var ptrn3 = /[A-Z]/;
    var ptrn4 = /[!@#$%^&*]/;
    var res1 = 0, res2 = 0, res3 = 0, res4 = 0;
    if (ptrn1.test(psw)) { res1 = 1;}
    if (ptrn2.test(psw)) { res2 = 1;}
    if (ptrn3.test(psw)) { res3 = 1;}
    if (ptrn4.test(psw)) { res4 = 1;}
    res = res1 + res2 + res3 + res4;
    switch ( res ){
        case 1:
            $("td>div>div").css({'width': '50px'}).text('25%');
            $("td>div>span").text("很弱");
            break;
        case 2:
            $("td>div>div").css({'width': '100px'}).text('50%');
            $("td>div>span").text("弱");
            break;
        case 3:
            $("td>div>div").css({'width': '150px'}).text('75%');
            $("td>div>span").text("强");
            break;
        case 4:
            $("td>div>div").css({'width': '200px'}).text('100%');
            $("td>div>span").text("很强");
            break;
    }
})
```

脚本代码解释如下。

在每个 case 子句中设置内层 div 的宽度及内部的文本，密码强度为"很弱"时，内层 div 的宽度为 50 像素，文本显示为 25%；密码强度为"弱"时，内层 div 的宽度为 100 像素，文本显示为 50%；密码强度为"强"时，内层 div 的宽度为 150 像素，文本显示为 75%；密码强度为"很强"时，内层 div 的宽度为 200 像素，文本显示为 100%。

使用 keyup 事件实现边输入边检测密码字符串的强度，同时也可以做到边删除边修改强度。按照上面代码的执行结果，当用户删除自己输入的所有密码字符之后，密码强度仍旧显示为"25%很弱"的效果，这是因为字符全部删除之后，4 个变量 res1、res2、res3、res4 的值都恢复为 0，使得变量 res 的结果变为 0，但是在 switch 结构中缺少对 res 取值为 0 这种情况的处理代码，需要增加 case 0 子句，将内层 div 宽度设置为 0，该 div 元素和 span 元素的文本都设置为空串，从而解决这一问题。增加代码如下。

```
case 0:
    $("td>div>div").css("width","0px").text("");
    $("td>div>span").text("");
    break;
```

任务 3.3　使用 JavaScript 正则表达式完成数据的即时验证

【任务描述】

使用 HTML5 表单元素的 pattern 属性对用户名、密码和手机号进行有效性验证时，输入数据后，必须等到单击 submit 按钮时才能进行数据验证，即无法做到输入完成后的即时验证。对密码和确认密码的输入而言，由此带来的弊端是，若用户最初输入的密码不符合要求，输入完之后并没有被检测出来，于是在密码不符合要求的基础上，输入了和密码一致的确认密码，直到提交数据时才能发现密码不符合要求，此时必须同时修改密码和确认密码。

因此，在项目开发中经常会使用 JavaScript 正则表达式完成对表单数据的即时验证，也就是在表单中某个数据输入完成时立即检测数据的有效性。

【任务实现】

3-3　微课

正则表达式完成
验证

使用 JavaScript 正则表达式完成对数据的即时验证，包括对用户名、密码和手机号的即时验证。

1. 对用户名的即时验证

定义用户名文本框的 change 事件函数，实现函数功能的步骤描述如下。

第一步，获取用户名，将其保存在变量 username 中。

第二步，定义正则表达式 userPtrn=/^[a-zA-Z0-9]{6,20}$/。其中紧接在“/”后面的“^”表示以指定的字符开始，即前面不允许有其他字符；结束“/”前面的“$”表示以指定的字符结束，即后面不允许有其他字符。

第三步，若 userPtrn.test(username) 为 false，则弹出消息框提示“用户名不符合要求，请重新输入”。

代码如下。

```
$("#user").change(function(){
    var username = this.value;
    var userPtrn = /^[a-zA-Z0-9]{6,20}$/;
    if ( userPtrn.test(userName) == false ){
        alert("用户名不符合要求，请重新输入");
        this.focus();
    }
})
```

2. 对密码的即时验证

修改密码输入框的 change 事件函数，增加的功能描述如下。

第一步，在获取密码之后，定义正则表达式 pswPtrn = /^[a-zA-Z0-9!@#$%^ &*]{6,18}$/;。

第二步，若 pswPtrn.test(psw) 为 false，则弹出消息框提示“密码不符合要求，请重新输入”。

代码如下。

```
$("#psw").change(function(){
    repswFlag = false;
```

```
            var psw = $("#psw").prop("value");
            var pswPtrn = /^[a-zA-Z0-9!@#$%^&*]{6,18}$/;
            if ( pswPtrn.test(psw) == false ){
                alert('密码不符合要求，请重新输入');
            }
        })
```

3. 对手机号的即时验证

定义手机号文本框的 change 事件函数，实现函数功能的步骤描述如下。

第一步，获取手机号，将其保存在变量 phoneno 中。

第二步，定义正则表达式 phoPtrn = /^1[356789][0-9]{9}$/。

第三步，若 phoPtrn.test(phoneno) 为 false，则弹出消息框提示"手机号不符合要求，请重新输入"。

代码如下。

```
            $("#phoneno").change(function(){
                var phoneno = this.value;
                var phoPtrn = /^1[356789][0-9]{9}$/;
                if ( ! phoPtrn.test(phoneno) ){
                    alert("手机号不符合要求，请重新输入");
                    this.focus();
                }
            })
```

小结

本项目完成了 3 个任务，分别是实现表单数据验证功能、判断密码强弱，以及使用 JavaScript 正则表达式完成数据的即时验证，围绕任务的实现过程和步骤展开了详细的讲解。在任务实现中需要使用 jQuery 中的表单过滤器、获取或设置表单元素的值的相关方法，因此在实现任务功能之后，对相关知识展开了讲解。

习题

一、选择题

1. 单击 submit 按钮执行表单数据验证函数，下面说法中正确的有（　　　）。

　　A. 需要对 submit 按钮的 submit 事件设置验证函数

　　B. 需要对 submit 按钮的 click 事件设置验证函数

　　C. 需要对<form>标记的 submit 事件设置验证函数

　　D. 需要对<form>标记的 click 事件设置验证函数

2. 单击 submit 按钮执行表单数据验证函数中的 return false 语句，下面说法正确的有（　　　）。

　　A. 该语句能够终止函数的执行　　　　　　　B. 该语句能够阻止 submit 按钮的默认动作

　　C. 该语句可以省略　　　　　　　　　　　　D. 该语句可以使用 return true 取代

3. 若在<form>标记中设置 onsubmit="return false"，则下面说法正确的是（　　　）。

　　A. 仅当表单数据不符合要求时，阻止非法数据提交

    B. 无论表单数据是否符合要求，都会阻止数据提交

    C. 当表单数据符合要求时，能够正常提交

    D. 无论表单数据是否符合要求，都能够正常提交

4. 下面哪几项能够选择页面中的所有单选按钮？（　　　）

    A. $(":radio")　　　　　　　　　　B. $(input[type='radio'])

    C. $("input[type=radio]")　　　　　　D. $("input[type='radio']")

5. 若某文本框 id 为 age，在$("#age").change(function(){...})函数体内要获取该文本框中的内容，可以使用的做法有哪些？（　　　）

    A. this.value　　　　　　　　　　　B. this.val()

    C. $(this).val()　　　　　　　　　　D. $(this).value

    E. $(this).prop("value")　　　　　　F. this.prop("value")

6. 若某文本框 id 为 age，则要设置该文本框中的内容为 20，不能使用哪种做法？（　　　）

    A. $("#age").val(20)　　　　　　　　B. $("#age").value=20

    C. $("#age")[0].value=20　　　　　　D. $("#age").prop("value",20)

7. 下面哪些是 JavaScript 中正确的正则表达式的写法？（　　　）

    A. /tue/　　　　　B. /[a-z]/　　　　C. /[^a-z]/?　　　D. /^[a-z]$/

8. 使用正则表达式/cat/测试下面的字符串，哪些字符串的测试结果为 true？（　　　）

    A. allocate　　　　B. camtasia　　　　C. catch　　　　D. coat

9. 使用正则表达式/^ca/测试下面的字符串，哪些字符串的测试结果为 true？（　　　）

    A. allocate　　　　B. camtasia　　　　C. catch　　　　D. coat

10. 关于 test()方法，下面说法正确的有哪些？（　　　）

    A. 该方法属于正则表达式　　　　　　B. 该方法的参数是正则表达式

    C. 该方法的参数是一个字符串　　　　D. 该方法的返回结果是 true 或者 false

11. 下面对正则表达式的应用，哪些说法是正确的？（　　　）

    A. /[a-zA-Z]/.test(str)，若返回结果为 true，则说明 str 一定包含字母

    B. /[a-zA-Z]/.test(str)，若返回结果为 false，则说明 str 一定不包含字母

    C. /^[a-zA-Z]$/.test(str)，若返回结果为 true，则说明 str 一定不包含字母之外的字符

    D. /^[a-zA-Z]$/.test(str)，若返回结果为 false，则说明 str 一定包含字母之外的字符

二、简答题

1. 要获取页面中的所有文本框元素，可以使用哪些做法？

2. 如何判断一组单选按钮或者复选框中是否存在被选中的元素？

三、操作题

页面中有一组单选按钮，运行效果如图 3-7 所示。在单击某个单选按钮后判断哪个单选按钮被选中，然后获取其 value 属性值并在控制台输出。

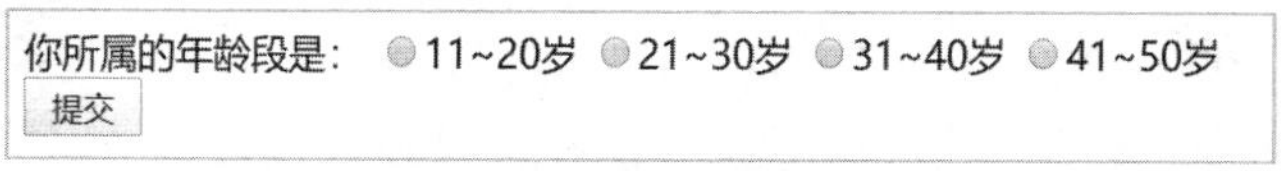

你所属的年龄段是：　◯11~20岁　◯21~30岁　◯31~40岁　◯41~50岁
提交

图 3-7　单选按钮组的运行效果

要求：分别使用 JavaScript 和 jQuery 完成。

项目4
使用闭包实现级联菜单功能

04

【情景导入】

小明需要为某个快递网站设计一个省市区级联菜单，供用户选择地址时使用，可是小明从来没有设计过，不知道什么是级联菜单，更不知道要如何去实现，于是项目小组的组长给他介绍了级联菜单的概念和特点。

为了让小明高质量完成任务，组长让小明先实现了一个相对比较简单的年月日级联菜单，帮助小明理解使用闭包实现级联菜单的基本思路和方法，之后再实现省市区级联菜单。小明在组长的帮助下逐一解决了各种问题，完美实现了省市区级联菜单的功能。

【知识点及项目目标】

- 掌握在 JavaScript 和 jQuery 中操作下拉列表框的相关方法和属性。
- 掌握在 jQuery 中操作 DOM 元素的相关方法。
- 理解 JSON 数据在设计省市区级联菜单中的作用。
- 掌握在 jQuery 中访问 JSON 数据的方法。
- 掌握在 jQuery 中自动触发事件的 trigger()方法。

菜单的级联功能通常是指要选择的菜单有多个层次、多个级别，每次选择菜单中的选项，必须要由外向内逐级选择或者由总菜单到子菜单逐层选择，其特点是内层菜单中的选项列表要依据用户在外层菜单中选择的选项来确定。如果用户选择了外层菜单中的 A 选项，则内层菜单中出现的菜单选项是 A1、A2、A3……；如果用户选择了外层菜单中的 B 选项，则内层菜单中出现的菜单选项是B1、B2、B3……。级联菜单的这种特点要求在实现的过程中必须应用 JavaScript 中的闭包，即在外层菜单的功能函数内部定义内层菜单的功能函数，根据外层函数的局部变量取值确定内层函数需要的数据。

【素养要点】

螺丝钉精神　坚守岗位

任务 4.1　实现年月日级联菜单

【任务描述】

要实现的年月日级联菜单页面的最初运行效果如图 4-1 所示。

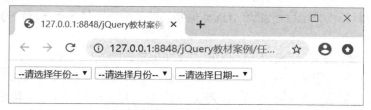

图 4-1　年月日级联菜单页面的最初运行效果

　　要实现年月日级联菜单功能，需要在页面中设计 3 个下拉列表框。第 1 个下拉列表框中显示可选择的年份，在页面加载完成后，使用循环结构向下拉列表框中添加 100 个列表项，年份为 1951 年—2050 年，读者可以自行修改取值个数和范围。第 2 个下拉列表框中显示 12 个月份，也是在页面加载完成后，使用循环结构添加 12 个列表项。第 3 个下拉列表框中显示所选择年份中相应月份的日期，确定天数之后，使用循环结构添加相应日期的选项。

　　3 个下拉列表框对应的三级菜单初始状态都只有提示文本一个选项，分别是"--请选择年份--""--请选择月份--""--请选择日期--"，3 个提示文本都为默认选中状态。

　　若未选择年份，只选择月份，则日期没有选项。必须先选择年份，再选择月份，日期才有选项，这也是该级联菜单中"级联"的含义。

【素养提示】

级联功能牵一发而动全身，每个人都要顾全大局，要有螺丝钉精神，坚守岗位。

【任务实现】

实现年月日级联菜单的步骤如下。

第一步，初始化。

- 获取 3 个下拉列表框，分别保存在变量 year、month、day 中。
- 定义年份初始值为 1951，将其保存在变量 y 中。
- 添加年份选项：循环 100 次，使用 append()方法在年份下拉列表框中增加 1951 年—2050 年的年份选项。
- 添加月份选项：循环 12 次，使用 append()方法在月份下拉列表框中增加 1 月—12 月的月份选项。

第二步，选择年份选项之后，定义年份下拉列表框的 change 事件函数。函数功能如下。

- 获取当前选项的 value 属性值，将其保存在变量 y 中。

- 清除上次选择的月份，通过设置月份列表项第一项"--请选择月份--"被选中实现。
- 清除上次选择的日期，通过设置日期列表项中只保留第一项"--请选择日期--"实现。

第三步，选择月份选项，定义月份下拉列表框的 change 事件函数。该函数是年份下拉列表框的 change 事件函数内部的闭包，也就是必须在选择年份之后选择的月份才是有效的，函数功能如下。

- 获取当前选择的月份值，将其保存在变量 m 中。
- 清除上次选择的日期，仍通过设置日期列表项中只保留第一项"--请选择日期--"实现。
- 使用 switch 结构根据月份变量 m 的取值和当前年份是否是闰年等确定每个月的天数，保存在变量 d 中。
- 使用 append()方法在日期下拉列表框中添加相应日期的列表项。

第四步，选择日期，定义日期下拉列表框的 change 事件函数。函数功能如下。

获取日期，在控制台按照"xxxx 年 xx 月 xx 日"格式输出选择的年份、月份、日期。

【示例 4-1】创建页面文件"年月日级联.html"，实现年月日级联菜单。

代码如下。

```html
<!DOCTYPE html>
<html>
    <head>
        <meta charset="utf-8">
        <title></title>
    </head>
    <body>
        <form>
            <select id="year" name="year">
                <option selected="selected">--请选择年份--</option>
            </select>
            <select id="month" name="month">
                <option selected="selected" value="0">--请选择月份--</option>
            </select>
            <select id="day" name="day">
                <option selected="selected">--请选择日期--</option>
            </select>
        </form>
        <script type="text/javascript" src="../jquery-1.11.3.min.js"></script>
        <script type="text/javascript">
1:          var year=$("#year");
2:          var month=$("#month");
3:          var day=$("#day");
4:          for( i = 1951; i <= 2050; i++){
5:              year.append("<option>" + i + "</option>");
6:          }
7:          for( i = 1; i <= 12; i++){
8:              month.append("<option>" + i + "月</option>");
9:          }
10:          year.change(function(){
11:              var y = $(this).val();
12:              month[0].selectedIndex = 0;
```

```
13:              day[0].options.length = 1;
14:              month.change(function(){
15:                  var m = parseInt($(this).val());
16:                  day[0].options.length = 1;
17:                  switch(m){
18:                      case 2: days = ( y % 4 == 0 && y % 100 != 0 || y % 400 == 0) ?
29 : 28 ; break;
19:                      case 4:
20:                      case 6:
21:                      case 9:
22:                      case 11: days = 30; break;
23:                      default: days = 31;
24:                  }
25:                  for(i = 1; i <= days; i++){
26:                      day.append("<option>" + i + "</option>");
27:                  }
28:                  day.change(function(){
29:                      var d = $(this).val();
30:                      console.log(y + "年" + m + "月" + d + "日");
                  })
              })
          })
      </script>
    </body>
</html>
```

脚本代码解释如下。

第 1 行~第 3 行，使用 jQuery 选择器分别获取年份下拉列表框、月份下拉列表框和日期下拉列表框元素，将其保存到变量 year、month 和 day 中。注意，获取的结果都是伪数组的形式。

第 12 行，month[0].selectedIndex = 0;，使用 month[0] 得到数组 month 中的第一个元素，同时将 jQuery 对象转换为 DOM 对象，通过设置属性 selectedIndex 取值为 0，将月份下拉列表框中的第一个选项（--请选择月份--）设置为选中状态，也就是取消原来选择的月份。

第 13 行，day[0].options.length = 1;，使用 day[0] 得到数组 day 中的第一个元素，同时将 jQuery 对象转换为 DOM 对象，通过设置 options.length 取值为 1，将日期下拉列表框中的选项个数设置为 1，也就是删除原来的日期选项，只保留第一个选项（--请选择日期--）。

第 17 行~第 24 行，应用 switch 结构时，将 2 月和 4 个小月都列举出来，将 7 个大月都放在 default 分支中进行处理，这样代码结构是较为简单的。

【思考问题】

如果用户已经选择过年月日信息，则重新单击月份下拉列表框，选择的是第一个选项（--请选择月份--），此时单击日期下拉列表框，看到下面有 31 个日期列表项，如图 4-2 所示。为什么会出现这种现象？要如何解决？

图 4-2　有问题的列表项效果

【问题解析】

当用户选择了月份下拉列表框中的选项之后，触发下拉列表框的 change 事件，执行第 15 行代码时使用 parseInt($(this).val()) 获取到的结果是 0，并将其保存在变量 m 中。在 switch 结构中没有列举取值为 0 的情况，因此会执行 default 子句，得到 days 变量取值为 31，之后执行第 25～27 行的循环结构，在日期下拉列表中增加 31 个列表项。

【解决方案】

解决上述问题可以使用以下两种方案。

方案一：在 switch 结构中增加 **case 0:days=0;break;**，如果 m 为 0，则将 days 变量设置为 0，之后的循环结构不会执行，不增加任何列表项。

方案二：在第 16 行代码 day[0].options.length = 1 设置日期下拉列表框的选项只有一项之后，增加代码 **if(m == 0){return}**，若 m 为 0，则直接结束 month.change 对应的匿名函数的执行过程；也可使用代码 **if(this.selectedIndex == 0){return}** 替换 if(m==0){return}，它的作用是判断当前下拉列表框（即月份下拉列表框）的 selectedIndex 取值是否为 0（说明选择的是第一个选项），若为 0，则结束函数的执行过程。

方案二采用直接结束函数执行的方式，无须执行后面的 switch 和 for 结构的代码，比方案一更具有优势。

【思考问题】

观察运行效果。

第一步，任意选择年份、月份、日期，例如，1976 年 3 月 5 日，则第 30 行代码 console.log(y + "年" + m + "月" + d + "日")的输出结果如图 4-3 右侧控制台所示。

图 4-3　选择年份、月份、日期之后的输出结果

目前来看，输出结果是正确的。

第二步，重新选择月份和日期，例如，选择 5 月 25 日，此时输出结果如图 4-4 所示。

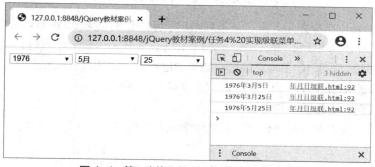

图 4-4　第一次换月份、日期之后的输出结果

图 4-4 所示的输出结果显示，除了在最后输出了新的日期结果"1976 年 5 月 25 日"之外，还输出了"1976 年 3 月 25 日"，也就是新选择的日期 25 与上次选择的月份 3 还进行了一次组合。

第三步，再选择一次月份和日期，如 7 月 8 日，此时的输出结果如图 4-5 所示。

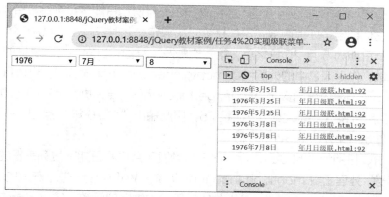

图 4-5　第二次换月份、日期之后的输出结果

图 4-5 所示的输出结果显示，除了在最后输出了新的日期结果"1976 年 7 月 8 日"之外，还输出了"1976 年 5 月 8 日"和"1976 年 3 月 8 日"，也就是新选择的日期 8 与之前两次选择的月份 3 和 5 分别进行了一次组合。

第四步，如果再重新选择一次年份、月份、日期，如 1978 年 9 月 10 日，则输出结果如图 4-6 所示。

图 4-6　换年份、月份、日期之后的输出结果

图 4-6 所示的输出结果显示，除了在最后输出了新的日期结果"1978 年 9 月 10 日"之外，还输出了"1976 年 9 月 10 日""1976 年 7 月 10 日""1976 年 5 月 10 日""1976 年 3 月 10 日"，也就是新选择的 9 月 10 日与之前选择的年份进行了一次组合，除此之外，新选择的日期 10 也分别与之前选择的年份 1976 下的月份 3、5、7 进行了组合。

各位读者可以自行进行更多的尝试。

尝试之后，请大家思考，为什么会出现这种情况？如何解决？

【问题解析】

在 jQuery 中，一个对象的事件可以重复绑定多次，当事件被触发时，除了要执行当前最新绑定的事件函数，还会执行之前绑定的事件函数，引起代码多次执行。

举例说明如下。

在完成最初选择"1976 年 3 月 5 日"之后，对年份、月份和日期下拉列表框分别触发了 change 事件，并分别为它们绑定了处理函数，这都是第一次绑定，此时只输出"1976 年 3 月 5 日"。

在更换月份、日期为 5 月 25 日之后，第二次触发了月份和日期下拉列表框的 change 事件，并绑定了处理函数，作为闭包中的外层函数 month.change(function(){})，只执行一次，获取的 m 取值是新的月份 5，但是内层函数 day.change(function(){}) 要先执行上次绑定的函数，其中记录的年份是 1976，月份是 3，新更换的日期是 25，因此输出"1976 年 3 月 25 日"，再执行当前这次绑定的函数，输出"1976 年 5 月 25 日"。

再次更换月份、日期为 7 月 8 日之后，第三次触发了月份和日期下拉列表框的 change 事件，并绑定了处理函数，外层函数 month.change(function(){}) 仍只执行一次，获取的 m 取值是新的月份 7，内层函数 day.change(function(){}) 先执行第一次绑定的函数，输出记录的年份、月份和新的日期"1976 年 3 月 8 日"，再执行第二次绑定的函数，输出"1976 年 5 月 8 日"，最后输出第三次绑定的结果"1976 年 7 月 8 日"。

当更换年份、月份、日期为 1978 年 9 月 10 日之后，第二次触发了年份下拉列表框的 change

事件并绑定了处理函数，第四次触发了月份和日期下拉列表框的 change 事件并绑定了处理函数。作为闭包最外层的函数 year.change(function(){})，只执行一次，而闭包中间层的函数 month.change(function(){})，因为之前记录过年份 1976 和新的年份 1978，所以需要重复执行两次。第一次执行时，对闭包最内层的函数 day.change(function(){})而言，因为之前记录过月份 3、5、7 和新的月份 9，所以需要执行 4 次，分别输出"1976 年 3 月 10 日""1976 年 5 月 10 日""1976 年 7 月 10 日""1976 年 9 月 10 日"；第二次执行时，内层的 day.change(function(){})只执行最新绑定的函数，输出"1978 年 9 月 10 日"。

【解决方案】

在原代码 month.change(function(){})的前面增加 **month.off("change")**，作用是在重新为月份下拉列表框注册 change 事件函数之前，先注销原来的 change 事件。同理，在代码 day.change(function(){})的前面增加 **day.off("change")**。

此时依次选择新的日期之后，输出结果如图 4-7 所示。

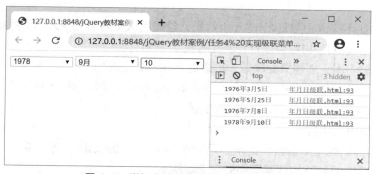

图 4-7　增加注销事件代码之后的输出结果

【相关知识】

一、使用 JavaScript 和 jQuery 操作 select 和 option

假设使用变量 sel 代表 JavaScript 中的 DOM 对象（选定的 select 元素），则常用的操作及用法如下。

- 获取选中选项在所有选项中的索引：sel.selectedIndex。其中 selectedIndex 是 JavaScript 中 DOM 对象的属性，属性取值从 0 开始。
- 设置第 n 项被选中：sel.selectedIndex = n。
- 获取选中选项的值：在 JavaScript 中使用 sel.value，在 jQuery 中使用$(sel).val()、$(sel).attr('value')或者$(sel).prop('value')，因为此处给定的 sel 是 DOM 对象，所以需要使用$(sel)将其转换为 jQuery 对象。
- 获取选中选项中的文本：在 JavaScript 中使用 sel.innerText，在 jQuery 中使用$(sel).text()。

- 获取该下拉列表框中选项的个数：sel.options.length。
- 删除该下拉列表框中的所有选项：sel.options.length = 0。
- 只保留下拉列表框中的第一个选项：sel.options.length = 1。
- 添加选项：在 JavaScript 中使用 sel.options.add(new Option("text","value"))添加，先使用 new Option()创建内容为 text，取值为 value 的选项，再使用 sel.options.add()方法将新创建的选项添加到 sel 所代表的下拉列表框元素中，在 jQuery 中使用$(sel).append(选项)添加。

二、改变 DOM 树形结构的常用方法

改变 DOM 树形结构是通过对元素的添加、删除，对属性的添加、删除或者对文本的添加、删除等操作，修改初始创建的 DOM 树形结构。本小节只讲解创建元素、更换元素的内部结构、在元素内部插入子元素、在元素外部插入兄弟元素、删除指定元素等能够改变 DOM 树形结构的常用方法。

1．创建元素

在 jQuery 中使用构造函数$()创建元素对象，创建后直接封装为 jQuery 对象返回，创建的元素对象可以是单一层级的，也可以是任意多层级的。例如：

$("<div></div>")用于创建页面中单一层级的空白 div 元素；

$("<div class='box'>div 内部的<span>文本</span></div>")用于创建引用类名 box、包含文本和 span 子元素的 div 元素。

4-2　微课

改变 DOM 结构的常用方法

2．更换元素的内部结构

更换元素的内部结构是指重新设置某个元素的内部 HTML 结构，可以使用 html()方法在指定元素内部添加任意层级的元素结构。

格式：$(selector).html(content)

content 可以是文本，也可以是任意层级的元素结构。例如：

$(".div1").html("<p><a href='http://www.sict.edu.cn'>山东商业职业技术学院</a></p>")，使用该代码之后，无论初始时类名为 div1 的元素内部结构如何，都将被包含一个超链接的段落所取代。

3．在元素内部插入子元素

除了更换结构之外，在实际项目中经常需要在指定元素内部开始或者结尾处插入新的子元素。jQuery 定义了 4 种方法用于在元素内部插入子元素，4 种方法的说明如表 4-1 所示。

表 4-1　在元素内部插入子元素的方法

方法	说明
$(selector).append(content)	向匹配的 selector 元素追加内容，追加的内容将成为元素的最后一个子元素，content 可以是 HTML 结构或者 jQuery 对象
$(content).appendTo(selector)	将 content 指定的内容追加到 selector 元素的最后
$(selector).prepend(content)	向匹配的 selector 元素内部开始添加内容，添加的内容作为第一个子元素
$(content).prependTo(selector)	将 content 指定的内容添加为 selector 的第一个子元素

例如：

$("body").append("<div>页面中的最后一个 div</div>")和$("<div>页面中的最后一个 div</div>").appendTo("body")的作用相同，都是在 body 最后添加一个 div；

$("<p>div 中的第一个段落</p>").prependTo("div:eq(0)")和$("div:eq(0)").prepend("<p>div 中的第一个段落</p>")的作用相同，都是在页面中第一个 div 内部开始处添加一个段落。

4．在元素外部插入兄弟元素

jQuery 定义了 4 种方法用于在元素外部插入兄弟元素，4 种方法的说明见表 4-2 所示。

表 4-2　在元素外部插入兄弟元素的方法

方法	说明
$(selector).after(content)	在匹配的 selector 元素后面添加兄弟元素
$(content).insertAfter(selector)	将 content 指定的内容添加到 selector 元素的后面
$(selector).before(content)	在匹配的 selector 元素前面添加兄弟元素
$(content).insertBefore(selector)	将 content 指定的内容添加到 selector 元素的前面

5．删除指定元素

jQuery 中用于删除指定元素的常用方法是 remove()。

格式：$(selector).remove()

作用：在使用 remove()方法移除指定元素的同时，自动移除元素内部的一切，包括绑定的事件及与该元素有关的 jQuery 数据等。

任务 4.2　实现省市区级联菜单

省市区级联菜单是很多购物网站都会用到的功能。用户填写收件地址时，首先选择所属省份，然后选择所属地市，接着选择所属区县，最后手动输入街道、小区等信息，用起来非常方便。实现省市区级联菜单需要使用 HTML 和 CSS 中的定位技术、JavaScript 中的闭包技术，结合访问 JSON 数据来完成。

4-3　微课

省市区级联中的
元素定义

【任务描述】

省市区级联菜单的初始运行效果如图 4-8 所示。

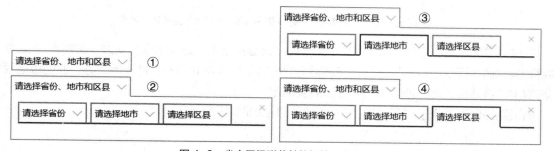

图 4-8　省市区级联菜单的初始运行效果

页面初始运行时，只显示图 4-8 中①所示的内容，将鼠标指针指向此处之后，显示效果为图 4-8 中②所示的内容，此时显示出"请选择省份""请选择地市"和"请选择区县"3 个选项卡，这 3 个选项卡之间存在级联关系，也就是必须先选择省份，再选择地市，最后选择区县。若用户直接单击"请选择地市"或者"请选择区县"，则打开的选项卡内容区都是空的，如图 4-8 中的③或者④所示的效果。

若用户单击"请选择省份"，则显示图 4-9 所示的内容，在"请选择省份"选项卡的内容区中显示出所有的省、直辖市、自治区或者特别行政区的名称，每行显示 4 个名称，此时级联菜单的高度由"请选择省份"选项卡中内容区的高度确定。

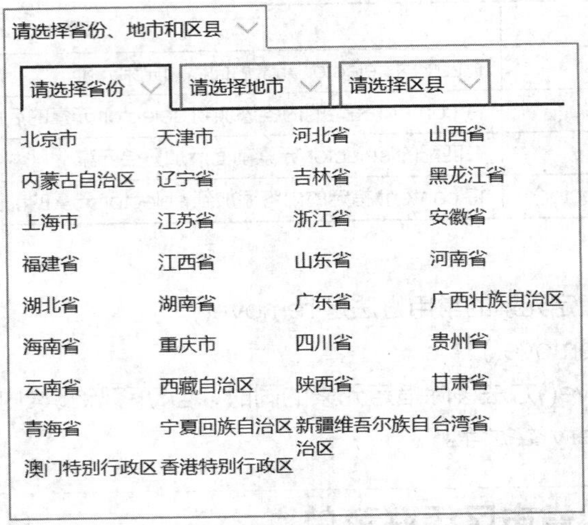

图 4-9　单击"请选择省份"之后的运行效果

假设用户此时选择了"河北省"，则运行效果如图 4-10 所示。

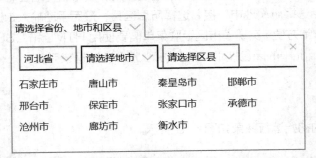

图 4-10　在"请选择省份"选项卡下选择"河北省"后的运行效果

在选择"河北省"之后，图 4-10 中原来的"请选择省份"选项卡名称变为"河北省"，之后自动跳转到"请选择地市"选项卡下，该选项卡的内容区包含河北省各个地市的名称，此时级联菜单的高度由"请选择地市"选项卡的内容区高度确定。

假设用户此时选择了"石家庄市"，则运行效果如图 4-11 所示。

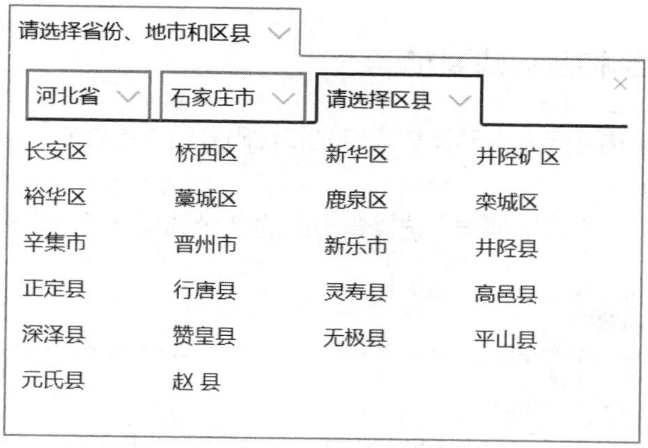

图 4-11　在"请选择地市"选项卡下选择"石家庄市"后的运行效果

在图 4-11 中，原来的"请选择地市"选项卡名称变为"石家庄市"，之后自动跳转到"请选择区县"选项卡下，该选项卡的内容区包含石家庄市各个区县的名称，此时级联菜单的高度由"请选择区县"选项卡的内容区高度确定。

若用户选择了"鹿泉区"，则运行效果如图 4-12 所示。

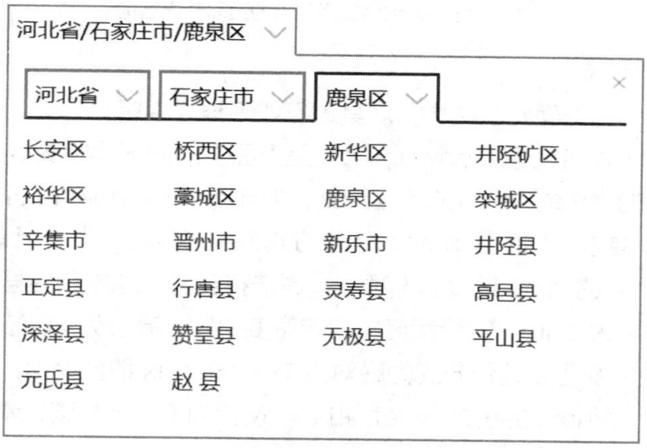

图 4-12　在"请选择区县"选项卡下选择"鹿泉区"后的运行效果

在图 4-12 中，原来的"请选择区县"选项卡名称变为"鹿泉区"，上面的"请选择省份、地市和区县"选项卡（总选项卡）名称则变为"河北省/石家庄市/鹿泉区"，用户选择完成，离开级联菜单之后，将只显示总选项卡中的内容，即只显示图 4-8 中①所示的内容，但是内容改为所选择的省市区。

【任务实现】

为实现省市区级联菜单，接下来从页面元素的结构及样式要求、JSON 数据的定义和访问，以及使用闭包实现省市区级联菜单等方面展开讲解。

【示例 4-2】创建文件"city.html"，实现省市区级联菜单。

一、页面元素的结构及样式要求

下面从页面元素的结构、元素说明及样式定义和代码分别进行说明。

1. 页面元素的结构

页面中的内容区包括一个总选项卡、选择省市区的 3 个选项卡及选项卡对应的内容区。具体结构如图 4-13 所示。

```
<div class="divW">
    <div id="tabWhole">请选择省份、地市和区县<img src="images/down.png" /></div>
    <div id="divWhole">
        <div class="tabDiv">
            <!--选项卡区-->
            <div class="tab">请选择省份<img src="images/down.png" /></div>
            <div class="tab">请选择地市<img src="images/down.png" /></div>
            <div class="tab">请选择区县<img src="images/down.png" /></div>
        </div>
        <!--下面为内容区-->
        <div class="cont prov"></div>
        <div class="cont city"></div>
        <div class="cont area"></div>
    </div>
</div>
```

图 4-13　省市区级联菜单的页面元素结构

2. 元素说明及样式定义

对于图 4-13 中给定的页面元素结构，对其进行如下样式说明。

（1）其中反复出现的图片元素"down.png"是页面中的向下小箭头。

（2）类名为 divW 的 div 是该区域的顶层元素，内部有 tabWhole 和 divWhole 两个 div 元素。样式要求：宽度为 400 像素，高度为 auto，定位方式为相对定位，为子元素的绝对定位做好准备。

（3）id 为 tabWhole 的 div，设置总选项卡"请选择省份、地市和区县"，即图 4-8 中①所示的内容。样式要求：宽度为 auto、实际宽度由内容宽度决定；高度为 20 像素，填充为 5 像素，边框为 1 像素实线，颜色为灰色，定位方式为绝对定位；z-index 取值为 2，表示要位于前方（是指位于与其同级的元素 divWhole 的前方），left 和 top 设置为 0，因为该元素总高度为 32 像素，所以占据的纵坐标范围为 0~31 像素。

（4）id 为 divWhole 的 div，用于设置下面的整个选项卡区和选项卡的内容区，内部有类名为 tabDiv 的一个选项卡区子元素和公用类名为 cont 的 3 个内容区子元素。divWhole 的样式要求：宽度为 380 像素，最小高度为 60 像素，显示了相应的省份、地市或者区县之后，高度需要跟随变化；上填充和左右填充都设置为 10 像素，边框为 1 像素实线，颜色为灰色，背景色为白色（设置白色背景的目的是，如果页面中有更多的内容，则根据定位要求，divWhole 需要在 z 轴上位于其他内容的前方，白色背景能够遮挡位于其后面的内容），定位方式为绝对定位，z-index 为 1，top 为 31 像素，初始状态为隐藏。

tabWhole 与 divWhole 的纵坐标关系说明如下。

id 为 tabWhole 的 div 绝对定位的纵向占用空间是 0~31 像素，将 divWhole 的 top 设置为 31 像素，两者之间重合 1 个像素，能够将 divWhole 的上边框与 tabWhole 的下边框重合，而且 tabWhole 的 z-index 取值为 2，divWhole 的 z-index 取值为 1，当鼠标指针指向最外层的父元素 divW 时，使用伪类选择器.divW:hover>#tabWhole{}设置 tabWhole 的下边框颜色为白色，使用.divW:hover>#divWhole{}设置 divWhole 显示，通过 tabWhole 的白色下边框覆盖 divWhole 上边框中相应部分，达到图 4-8 中②所示的 tabWhole 区域和 divWhole 区域连在一起，上下形成一个整体的效果。

（5）3 个选项卡"请选择省份""请选择地市""请选择区县"的样式使用类选择器 tabDiv 定义，宽度为 380 像素，高度为 34 像素，填充为 0，边距为 0，定位方式为绝对定位，z-index 为 2（确保在 z 轴方向将选项卡置于其下方内容区前面），内部包含类名为 tab 的 3 个选项卡。

（6）每个选项卡使用类选择器 tab 定义，宽度为 auto，高度为 20 像素，填充为 5 像素，右边距为 5 像素，其他边距为 0（5 像素的右边距用于设置两个选项卡之间的距离，此处不要使用左边距，以免第一个选项卡的左边留下较大的空白）。先设置所有边框为 2 像素实线，颜色为灰色，再设置下边框为 2 像素实线，颜色为#c00，向左浮动，字号为 10pt。文本行高为 20 像素，用于设置文本在高度 20 像素范围内垂直居中。选中的选项卡的样式使用类选择器 tabSel 定义，先设置所有边框为 2 像素实线，颜色为#c00，再设置下边框为 2 像素实线，颜色为白色，这是为了让选中的选项卡看上去和下面的内容区连接为一个整体，如图 4-9～图 4-13 所示的效果。

（7）3 个选项卡对应的内容区的样式使用类选择器 cont 定义，宽度为 380 像素，高度为 auto，上填充为 10 像素，其余填充为 0，边距为自动，整体没有边框，单独设置上边框为 2 像素实线，颜色为#c00，定位方式为绝对定位，z-index 为 1，top 为 42 像素。

cont 元素 top 取值为 42 像素的说明如下。

因为 divWhole 有 10 像素的上填充，占据纵坐标范围为 0～9 像素，每个选项卡元素 tab 的总高度为 34 像素，所以 tab 在 divWhole 中占据的纵坐标范围为 10～43 像素，位于选项卡 tab 下方内容区的 2 像素的上边框，需要与上面选项卡的 2 像素的下边框重合，重合的两个像素为第 42 个像素和第 43 个像素，所以内容区的 top 需要设置为 42 像素。

（8）3 个内容区除了使用公用的类名 cont 之外，省份、地市和区县等内容区分别添加了 prov、city 和 area 类名，这是为了方便对元素进行操作。内容区中显示的所有省份名称、地市名称或者区县名称都使用 span 元素，使用.cont>span{}定义所有 span 元素的样式，通过 float 或者 display:inline-block 将 span 设置为横向排列的块元素，宽度为 95 像素，高度为 30 像素，填充和边距都是 0，字号为 10pt，文本颜色为蓝色，鼠标指针形状为手状。使用.cont>span:hover{}定义当鼠标指针指向 span 元素时文本颜色变为红色。

3. 代码

页面元素及元素样式的代码如下。

```
<!DOCTYPE>
<html xmlns="http://www.w3.org/1999/xhtml">
    <head>
        <meta http-equiv="Content-Type" content="text/html; charset=utf-8" />
        <title>无标题文档</title>
        <style type="text/css">
            body { margin: 10px; }
            .divW { width: 400px; height: auto; padding: 0; margin: 0; position: relative; }

            #tabWhole {width: auto; height: 20px; padding: 5px; margin: 0; background:
```

```
#fff; border: 1px solid #999; position: absolute; z-index: 2; top: 0px; font-size: 10pt;
line-height: 20px; }
            .divW:hover>#tabWhole { border-bottom: 1px solid #fff; }
            #divWhole { width: 380px; min-height: 60px; margin: 0; padding: 10px 10px
0; background: #fff; border: 1px solid #999; display: none; position: absolute; top: 31px;
z-index: 1; }
            .divW:hover>#divWhole { display: block; }
            .tabDiv { width: 380px; height: 34px; padding: 0; margin: 0; position:
absolute; z-index: 2; }
            .tab { width: auto; height: 20px; padding: 5px; margin: 0 5px 0 0; border:
2px solid #999; border-bottom: 2px solid #c00; float: left; font-size: 10pt; line-height:
20px; }
            .tabSel { border: 2px solid #c00; border-bottom: 2px solid #fff; }
            .cont { width: 380px; height: auto; padding: 10px 0 0; margin: auto; border:
none; border-top: 2px solid #c00; position: absolute; top: 42px; z-index: 1; }
            .cont span { width: 95px; height: 30px; padding: 0; margin: 0; float: left;
font-size: 10pt; color: #00f; cursor: pointer; }
            .cont span:hover { color: #f00;     }
            img { height: 10px; margin: 0 0 0 10px;     }
        </style>
    </head>
    <body>
        <div class="divW">
            <div id="tabWhole">请选择省份、地市和区县<img src="images/down.png" /></div>
            <div id="divWhole">
                <div class="tabDiv">
                    <!--选项卡区-->
                    <div class="tab">请选择省份<img src="images/down.png" /></div>
                    <div class="tab">请选择地市<img src="images/down.png" /></div>
                    <div class="tab">请选择区县<img src="images/down.png" /></div>
                </div>
                <!--下面为内容区-->
                <div class="cont prov"></div>
                <div class="cont city"></div>
                <div class="cont area"></div>
            </div>
        </div>
    </body>
</html>
```

二、JSON 数据的定义和访问

JSON（JavaScript Object Notation）即 JavaScript 对象表示法，是一种
轻量级的数据交换格式。它采用完全独立于语言的文本格式，基本上所有的编程
语言都支持 JSON 数据格式，它非常便于编程人员对数据的处理，也便于计算机
对数据的解析和生成，应用非常广泛。

在省市区级联菜单中，需要使用的省市区名称非常多，此时最好的解决方案
是使用 JSON 数据。定义 JSON 数据的注意事项如下。

4-4　微课

应用 JSON 数据

- JSON 规定的字符集是 UTF-8。
- 字符串必须使用双引号定界，对象的键名也必须使用双引号定界。
- 花括号保存对象（数据在**名称:值**对中，数据由逗号分隔），方括号保存数组，数组可以包含对象，对象也可以包含数组。

1. JSON 数据的定义

JSON 数据文件为"city.json"，数据定义格式如图 4-14 所示。

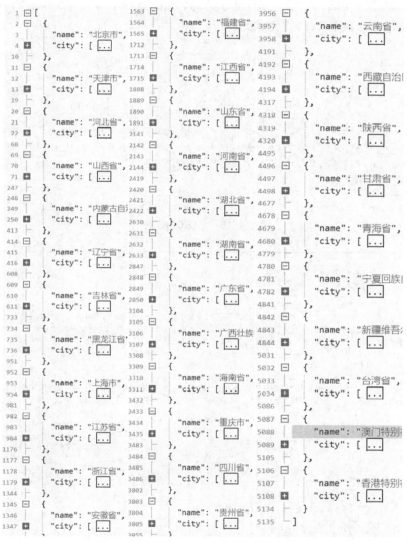

图 4-14 "city.json"文件的数据定义格式

在图 4-14 中，第 1 行和第 5135 行分别是 JSON 数据开始和结束的方括号，整个 JSON 数据是一个数组，数组共有 34 个元素，每个元素都是一个对象，每个对象包含一个省、直辖市、自治区或者特别行政区的数据。每个对象都包含两个属性，属性名称分别是 name 和 city，name 属性的取值为省、直辖市、自治区或者特别行政区的名称，city 属性取值也是一个数组，数组的每个元素都是一个对象，每个对象表示一个地市，对象包含两个属性，分别是 name 和 area，name 属性取值为地市名称，area 属性取值是一个一维数组，数组元素是当前地市下面的区县名称。

对于直辖市来说，city 数组只有一个对象元素，图 4-15 所示为北京市的数据，city 数组只有一个对象元素，对象属性 name 取值是直辖市名称"北京市"，area 属性对应的数组包括北京市下面所有的区县信息（图 4-15 所示的区县信息是 2020 年的数据）。对于省来说，city 数组中对象元素的个数取决于地市的个数，如图 4-16 所示的河北省的数据（图 4-16 中的地市和区县信息是 2019 年的数据），city 数组有 11 个对象元素。

```
2     {
3        "name": "北京市",
4        "city": [
5           {
6              "name": "北京市",
7              "area": [ "东城区","西城区","朝阳区","丰台区","石景山
         区","海淀区","顺义区","通州区","大兴区","房山区","门头沟区","昌平
         区","平谷区","密云区","怀柔区","延庆区"]
8           }
9        ]
10    },
```

图 4-15　北京市的数据

```
20    {
21       "name": "河北省",
22       "city": [
23          {
24             "name": "石家庄市",
25             "area": ["长安区","桥西区","新华区","井陉矿区","裕华区","藁城区","鹿泉
         区","栾城区","辛集市","晋州市","新乐市","井陉县","正定县","行唐县","灵寿县","高邑
         县","深泽县","赞皇县","无极县","平山县","元氏县","赵 县"]
26          },
27          {
28             "name": "唐山市",
29             "area": ["路南区","路北区","古冶区","开平区","丰南区","丰润区","曹妃甸
         区","遵化市","迁安市","滦州市","滦南县","乐亭县","迁西县","玉田县"]
30          },
31          {
35          {
39          {
43          {
47          {
51          {
55          {
59          {
63          {
67       ]
68    },
```

图 4-16　河北省的数据

2．JSON 数据的访问

在 jQuery 中使用$.getJSON( )方法从服务器加载 JSON 编码的数据，它使用的是 HTTP GET 请求。使用方法如下。

```
$.getJSON( url [, data ] [, success(data, textStatus, jqXHR) ] )
```

参数说明如下。

- url 是必选参数，表示 JSON 数据的路径。
- data 是可选参数，用于请求数据时发送数据参数。
- success()是可选参数，它是一个回调函数，规定当请求成功时运行的函数，用于处理请求到的数据。success()函数使用较多的参数是 data，表示请求的结果数据。

$.getJSON 默认为异步请求方式，异步请求方式是指系统在读取 JSON 数据时，会同时执行 $.getJSON()之后的脚本代码。这种方式下，容易出现的问题是，在数据还没有读取完成的时候，程序就开始使用数据，从而导致程序无法正常运行。解决这个问题的方法是，在使用$.getJSON 之前，先使用代码$.ajaxSettings.async = false;将异步请求方式改为同步请求方式，以确保先读取数据再应用数据。

读取"city.json"文件的代码如下。

```
var city;
$.ajaxSettings.async = false;
$.getJSON("city.json", function(data) {
    city = data;
});
```

脚本代码解释如下。

定义一个全局变量 city，用于保存$.getJSON()方法读取 JSON 数据之后回调函数返回的结果，也就是将读取的 JSON 数据保存在变量 city 中，city 是一个数组。此处必须使用全局变量才能将获取的 JSON 数据拿出来使用。

此时若要得到"北京市西城区"，根据图 4-14 可知，直辖市"北京市"是数组 city 中的第一个元素，因此可以使用 city[0]得到北京市的数据，根据图 4-15 中北京市的数据，要得到"北京市西城区"，可以使用代码 **city[0].city[0].area[1]**，此时将中间的 city 和最后的 area 都作为对象的属性来应用；也可以使用代码 **city[0]['city'][0]['area'][1]**，此时将中间的 city 和最后的 area 作为数组的键名来应用。

若要得到"河北省"，则根据图 4-14 可知，"河北省"是数组 city 中的第三个元素，可以使用代码 city[2]得到河北省的数据，该数据是一个对象，如图 4-16 所示，整个对象从第 20 行开始，到第 68 行结束，可以使用代码 city[2].name 或者 city[2]['name']得到对象中 name 属性的取值"河北省"。

若要得到河北省的"唐山市"，则根据图 4-16 可知，"唐山市"是河北省内部 city 数组中的第二个元素，需要使用 city[2].city[1]或者 city[2]['city'][1]得到唐山市的数据，进一步使用代码 city[2].city[1].name 或者 city[2]['city'][1]['name']得到"唐山市"。

若要得到河北省唐山市下面的"开平区"，则根据图 4-16 可知，"开平区"是唐山市内部 area 数组的第四个元素，因此要使用 city[2].city[1].area[3]或者 city[2]['city'][1]['area'][3]得到。

 注意 $.getJSON( )方法用于从服务器加载数据，因此运行含有这个方法的文件时，必须使用服务器运行文件。部分编辑软件带有内置的服务器，可以直接使用内置服务器运行文件。

三、使用闭包实现省市区级联菜单

使用闭包实现省市区级联菜单，将分别从获取并处理所有的省份名称、单击选项卡时的功能设置、选择省份、选择地市和选择区县几个方面讲解该级联菜单的实现过程。

4-5　微课

实现省市区级联

1．获取并处理所有的省份名称

对数组 city 进行遍历，将所有省、直辖市、自治区、特别行政区的名称使用 \\标记定界之后连接在一起，保存在变量 contProv 中，为接下来单击"请选择省份"选项卡显示省份做好准备。对应的代码如下。

```
//获取所有省、直辖市、自治区、特别行政区的名称信息，放在变量 contProv 中
var contProv = '';
for(var i = 0; i < city.length; i ++){
    contProv = contProv + "<span>" + city[i].name + "</span>";
}
```

设置变量 contProv 初始值为空字符串。根据数组 city 中元素的个数决定循环次数，每循环一次，获取 city 中一个元素的 name 属性取值（也就是省份名称），将其作为一个 span 元素的内容。也可以使用如下代码。

```
var contProv = '';
for(var i in city){
    contProv = contProv + "<span>" + city[i].name + "</span>";
}
```

循环结束之后，变量 contProv 中存放的内容是"\北京市\\天津市\\河北省\\山西省\…"。

2．单击选项卡时的功能设置

定义"请选择省份""请选择地市"和"请选择区县"选项卡的 click 事件处理函数$(".tab").click (function(){…})，该函数是所有函数的顶层函数，是闭包的最外层函数，代码$(".tab")通过类选择器 tab 同时选定 3 个选项卡。

单击任意一个选项卡时，需要实现的功能包括：取消其他选项卡的选中状态，恢复其初始状态。为了方便操作，先使用 jQuery 的 removeClass()方法去掉所有选项卡中引用的 tabSel 类名，同时隐藏所有的内容区，之后为当前选项卡添加类名 tabSel，将其设置为选中状态，获取该选项卡的索引，根据索引设置相应的内容区为显示状态。

为了保证 divWhole 的高度能够由不同选项卡的内容区高度确定，使用分支结构进行设置。若当前选项卡的索引为 0，则表示单击的是"请选择省份"选项卡，将变量 contProv 的内容设置为"请选择省份"选项卡内容区 prov 的内容，获取该内容区的高度，加上 divWhole 的最小高度 60 像素之后，将其设置为 divWhole 的高度。若当前选项卡的索引为 1 或者 2，则表示单击的是"请选择地市"或者"请选择区县"选项卡时，分别获取 city 和 area 内容区的高度，增加 60 像素之后，将其设置为 divWhole 的高度。

$(".tab").click(function(){…})函数代码如下。

```
    $(".tab").click(function(){
1:      var index = $(this).index();
```

```
 2:          $(".tab").removeClass("tabSel");
 3:          $(this).addClass("tabSel");
 4:          $(".cont").css("display","none");
 5:          $(".cont").eq(index).css("display","block");
 6:          if(index == 0){
 7:              $(".prov").html(contProv);
 8:              var contHeight = $(".prov").height();
 9:              $("#divWhole").height(contHeight + 60);
10:          }else if(index == 1){
11:              var contHeight = $(".city").height();
12:              $("#divWhole").height(contHeight + 60);
13:          }else{
14:              var contHeight = $(".area").height();
15:              $("#divWhole").height(contHeight + 60);
16:          }
        })
```

脚本代码解释如下。

第 1 行，使用 jQuery 中的 index()方法获取当前所单击的选项卡的索引，保存在变量 index 中，为执行后续操作做准备。一共有 3 个选项卡，"请选择省份"选项卡的索引为 0，"请选择地市"选项卡的索引为 1，"请选择区县"选项卡的索引为 2。

第 2 行，使用$(".tab")获取所有选项卡，使用 removeClass("tabSel")移除选项卡中引用的类名 tabSel，该类名定义的是选项卡选中状态的样式（下边框颜色为白色，其余边框颜色为#C00）。

第 3 行，使用 addClass("tabSel")为当前选中的选项卡添加类名 tabSel，使选中的选项卡下边框颜色变为白色，其余边框颜色为#C00，与其对应的内容区连接为一个整体。

第 4 行，使用$(".cont")获取所有内容区，使用 css("display","none")设置这些内容区为隐藏状态。

第 5 行，$(".cont").eq(index)根据选项卡的索引 index，使用 eq()方法获取当前选项卡对应的内容区，使用 css("display","block")设置该内容区为显示状态。

第 6 行~第 10 行，若 index 为 0，则说明单击的是"请选择省份"选项卡，使用$(".prov")获取相应内容区，使用 html(contProv)将变量 contProv 中的内容设置为"请选择省份"选项卡内容区的内容，使用$(".prov").height()获取到"请选择省份"选项卡内容区的高度，再使用$("#divWhole").height (contHeight + 60)将内容区高度增加 60 像素之后设置为 divWhole 的高度。

第 10 行~第 13 行，若 index 为 1，则说明单击的是"请选择地市"选项卡，使用$(".city").height()获取"请选择地市"选项卡内容区的高度之后，将其增加 60 像素，设置为 divWhole 的高度。

第 13 行~第 16 行，若 index 为 2，则说明单击的是"请选择区县"选项卡，使用$(".area").height()获取"请选择区县"选项卡内容区的高度之后，将其增加 60 像素，设置为 divWhole 的高度。

3．选择省份

选择省份包括选择省、直辖市、自治区或者特别行政区，是指单击"请选择省份"选项卡内容区中的省份名称，这些名称都使用独立的<span></span>标记定界，需要使用$(".prov>span")获取相应的省份。

定义选择省份的事件处理函数$(".prov>span").click(function(){…})，该函数是$(".tab").click (function(){…})内部的闭包函数，函数体内容如下。

　　获取当前单击的 span 元素的文本，即省、直辖市、自治区或特别行政区的名称，保存在变量 provText 中，并将相应文本和向下小箭头图片一起替换掉选项卡的"请选择省份"内容。获取当前 span 元素的索引，保存在变量 provInd 中，通过该索引来获取相应省份的地市信息。

　　选择省份并获取地市信息之后，使用 trigger()方法触发"请选择地市"选项卡的 click 事件，跳转到"请选择地市"选项卡。

　　如果重新选择省份，则需要清除原来选择过的地市和区县信息，设置"请选择地市"选项卡的内容是"请选择地市"和向下小箭头图片，设置"请选择区县"选项卡的内容是"请选择区县"和向下小箭头图片，清除之前的"请选择区县"选项卡对应内容区的内容。

　　使用 city[provInd].city 遍历数组，将当前选中省份的所有地市以 span 元素连接在一起放在变量 contCity 中，将 contCity 内容作为内容区 city 的内容，获取内容区 city 的高度，将其增加 60 像素之后，设置为 divWhole 的高度。

　　在$(".tab").click(function(){…})函数内部最下方定义$(".prov>span").click(function(){…})函数，代码如下。

```
      $(".prov>span").click(function(){
1:         var provText=$(this).text();
2:         var provInd=$(this).index();
3:         $(".tab").eq(0).html(provText+"<img  src='images/down.png' />");
4:         $(".tab").eq(1).trigger('click');
5:         $(".tab").eq(1).html("请选择地市<img  src='images/down.png' />");
6:         $(".tab").eq(2).html("请选择区县<img  src='images/down.png' />");
7:         var contCity='';
8:         for(var i in city[provInd].city){
9:             contCity=contCity+"<span>"+city[provInd].city[i].name+"</span>";
10:        }
11:        $(".city").html(contCity);
12:        contHeight=$(".city").height();
13:        $("#divWhole").height(contHeight+60);
      })
```

脚本代码解释如下。

　　第 1 行，使用$(this).text()获取所选择省份的名称，将其保存在变量 provText 中。

　　第 2 行，使用 index()方法获取所选择省份在 34 个省、直辖市、自治区和特别行政区中的索引，将其保存在变量 provInd 中。

　　第 3 行，使用$(".tab").eq(0)获取索引为 0 的选项卡，即"请选择省份"选项卡，设置其内容为所选择省份的名称和向下小箭头图片。

　　第 4 行，使用$(".tab").eq(1)获取"请选择地市"选项卡，之后使用 trigger('click')方法触发该选项卡的 click 事件，也就是在完成省份的选择之后，立即通过该方法跳转到"请选择地市"选项卡下。

　　第 5 行，进入"请选择地市"选项卡之后，重新设置选项卡的内容为"请选择地市"加向下小箭头图片。也就是在改变省份之后，通过这行代码将"请选择地市"选项卡恢复为未选择状态。

　　第 6 行，重新选择省份之后，重新设置"请选择区县"选项卡的内容为"请选择区县"加上向下小箭头图片。

　　第 7 行~第 10 行，初始化变量 contCity 为空字符串，使用循环结构将当前选定省份中的地市逐一使用<span></span>标记定界之后连接到该变量中。第 8 行的 city[provInd].city 得到的是 city.json 数据中所选择省份下的所有地市，例如，若选择"河北省"，则 city[provInd].city 变为 city[2].city，得到的是图 4-16 中第 22 行"city"后面的数组。在第 9 行代码中，若 i 取值为 0，则 city[2].city[0].name 得到的是图 4-16 中第 24 行"name"的取值"石家庄市"。循环结束后，变量 contCity 中存放的是 "<span>石家庄市</span><span>唐山市</span><span>秦皇岛市</span>…"这样的结果。

第 11 行，使用代码$(".city").html(contCity)设置"请选择地市"选项卡内容区的内容为变量 contCity 的内容。

第 12 行和第 13 行，获取"请选择地市"选项卡内容区的高度，将其增加 60 像素之后设置为 divWhole 的高度。

4. 选择地市

选择地市是指单击"请选择地市"选项卡内容区中的地市名称，在函数$(".prov> span").click (function(){…})的第 7 行~第 10 行，已经将所有地市分别使用<span></span>定界。定义选择地市的事件处理函数 $(".city>span").click(function(){ … })，该函数是 $(".prov>span").click (function(){…})内部的闭包函数，函数体内容如下。

获取当前 span 元素的文本，即所选择的地市名称，保存在变量 cityText 中，之后用该文本和向下小箭头图片一起替换"请选择地市"选项卡的内容。获取当前 span 元素的索引，保存在变量 cityInd 中，通过该索引获取相应地市下面的区县。

完成上述操作之后，使用 trigger()方法触发"请选择区县"选项卡的 click 事件。重新选择地市之后，需要重新选择区县，因此要将之前选择的区县信息去掉，设置"请选择区县"选项卡的文本为"请选择区县"和向下小箭头图片。

遍历数组 city[provInd].city[cityInd]，将当前选中地市的所有区县以 span 元素内容的形式连接在一起放在变量 contArea 中，将 contArea 内容作为内容区 area 的内容，获取当前内容区 area 的高度，将其增加 60 像素之后设置为 divWhole 的高度。

在 $(".prov>span").click(function(){…}) 函数内部最下方定义函数 $(".city> span").click (function(){...})，代码如下。

```
          $(".city>span").click(function(){
1:            var cityText=$(this).text();
2:            $(".tab").eq(1).html(cityText+"<img  src='images/down.png' />");
3:            var cityInd=$(this).index();
4:            var contArea='';
5:            for(var i in city[provInd].city[cityInd].area){
6:                contArea=contArea+"<span>"+city[provInd].city[cityInd].area
[i]+"</span>";
7:            }
8:            $(".area").html(contArea);
9:            var contHeight=$(".area").height();
10:           $("#divWhole").height(contHeight+60);
11:           $(".tab").eq(2).trigger('click');
12:           $(".tab").eq(2).html("请选择区县<img  src='images/down.png' />");
          })
```

脚本代码解释如下。

第 1 行，使用\$(this).text()获取所选择的地市名称，将其保存在变量 cityText 中。

第 2 行，使用\$(".tab").eq(1)获取索引为 1 的选项卡，即"请选择地市"选项卡，设置其内容为选择的地市名称和向下小箭头图片。

第 3 行，使用 index()方法获取所选择地市的索引，将其保存在变量 cityInd 中。

第 4 行~第 7 行，初始化变量 contArea 为空字符串，使用循环结构将当前选择地市下面的所有区县逐一使用<span></span>标记定界之后连接到该变量中。若选择了"河北省石家庄市"，则第 5 行的代码 city[provInd].city[cityInd].area 变为 city[2].city[0].area，得到的是图 4-16 中第 25 行"area"后面的数组；若循环变量 i 取值为 0，则第 6 行代码 city[2].city[0].area[0]得到图 4-16 中第 25 行中的"长安区"；循环结束后，变量 contArea 的内容为"<span>长安区</span><span>桥西区</span><span>新华区</span>…"。

第 8 行，使用代码\$(".area").html(contArea)设置"请选择区县"选项卡内容区的内容为变量 contArea 的内容。

第 9 行和第 10 行，获取"请选择区县"选项卡内容区的高度，将其增加 60 像素之后设置为 divWhole 的高度。

第 11 行，使用\$(".tab").eq(2)获取"请选择区县"选项卡之后，使用 trigger('click')方法触发该选项卡的 click 事件。也就是在完成地市的选择之后，立即通过该方法跳转到"请选择区县"选项卡下。

第 12 行，进入"请选择区县"选项卡之后，重新设置该选项卡的内容为"请选择区县"加向下小箭头图片，也就是在改变地市之后，通过这行代码将"请选择区县"选项卡恢复为未选择状态。

5. 选择区县

选择区县是实现级联菜单的最后一步，是指单击"请选择区县"选项卡内容区中的区县名称，在函数\$(".city>span").click(function(){…})的第 4 行~第 7 行，已经将所有区县分别使用<span></span>定界。定义选择区县的事件处理函数\$(".area>span").click(function(){…})，该函数是\$(".city>span").click(function(){…})内部的闭包函数，函数体内容如下。

获取当前 span 元素文本，即所选择的区县名称，保存在变量 areaText 中，并用该文本和向下小箭头图片一起替换"请选择区县"选项卡的内容。

设置变量 selText 的取值为"省份名称/地市名称/区县名称"和向下小箭头图片，并将其作为 tabWhole 的内容，替换掉原有的内容"请选择省份、地市和区县"，效果如图 4-12 所示。

在\$(".city>span").click(function(){…})函数内部最下方定义函数\$(".area>span").click(function(){…})，代码如下。

```
        $(".area>span").click(function(){
1:          var areaText=$(this).text();
2:          $(".tab").eq(2).html(areaText+"<img src='images/down.png' />");
3:          var selProvCityArea=provText+"/"+cityText+"/"+areaText+"<img
src= 'images/down.png' />";
4:          $("#tabWhole").html(selProvCityArea);
        })
```

脚本代码解释如下。

第 1 行，使用\$(this).text()获取所选择的区县名称，将其保存在变量 areaText 中。

第 2 行，使用$(".tab").eq(2)获取到索引为 2 的选项卡，即"请选择区县"选项卡，设置其内容为选择的区县名称和向下小箭头图片。

第 3 行和第 4 行，将选定的省市区名称和向下小箭头图片连接后保存在变量 selProvCityArea 中，将该变量作为 tabWhole 所指选项卡的内容。

6. 省市区级联菜单的完整脚本代码

省市区级联菜单的完整脚本代码如下。

```
var city;
$.ajaxSettings.async = false;

$.getJSON("city.json",function(data){
    city=data;
})
$(function(){
1:    var contProv='';
2:    for(var i=0;i<city.length;i++){
3:        contProv=contProv+"<span>"+city[i].name+"</span>";
4:    }
5:    $(".tab").click(function(){
6:        var index=$(this).index();
7:        $(".tab").removeClass("tabSel");
8:        $(this).addClass("tabSel");
9:        $(".cont").css("display","none");
10:       $(".cont").eq(index).css("display","block");
11:       if(index==0){
12:           $(".prov").html(contProv);
13:           var contHeight=$(".prov").height();
14:           $("#divWhole").height(contHeight+60);
15:       }
16:       else if(index==1){
17:           var contHeight=$(".city").height();
18:           $("#divWhole").height(contHeight+60);
19:       }
20:       else{
21:           var contHeight=$(".area").height();
22:           $("#divWhole").height(contHeight+60);
23:       }
24:       $(".prov>span").click(function(){
25:           var provText=$(this).text();
26:           var provInd=$(this).index();
27:           $(".tab").eq(0).html(provText+"<img  src='images/down.png' />");
28:           $(".tab").eq(1).trigger('click');
29:           $(".tab").eq(1).html("请选择地市<img  src='images/down.png' />");
30:           $(".tab").eq(2).html("请选择区县<img  src='images/down.png' />");
31:           var contCity='';
32:           for(var i in city[provInd].city){
33:               contCity=contCity+"<span>"+city[provInd].city[i].name+"</span>";
34:           }
35:           $(".city").html(contCity);
```

```
36:              contHeight=$(".city").height();
37:              $("#divWhole").height(contHeight+60);
38:              //选择地市
39:              $(".city>span").click(function(){
40:                  var cityText=$(this).text();
41:                  $(".tab").eq(1).html(cityText+"<img  src='images/down.png' />");
42:                  var cityInd=$(this).index();
43:                  var contArea='';
44:                  for(var i in city[provInd].city[cityInd].area){
45:                      contArea=contArea+"<span>"+city[provInd].city[cityInd].area
[i]+ "</span>";
46:                  }
47:                  $(".area").html(contArea);
48:                  var contHeight=$(".area").height();
49:                  $("#divWhole").height(contHeight+60);
50:                  $(".tab").eq(2).trigger('click');
51:                  $(".tab").eq(2).html("请选择区县<img  src='images/down.png' />");
52:                  //选择区县
53:                  $(".area>span").click(function(){
54:                      var areaText=$(this).text();
55:                      $(".tab").eq(2).html(areaText+"<img src='images/down.png' />");
56:                      var selProvCityArea=provText+"/"+cityText+"/"+areaText+"<img
src= 'images/down.png' />";
57:                      $("#tabWhole").html(selProvCityArea);
58:                  })
59:              })
60:          })
61:      })
})
```

脚本代码说明如下。

第 5 行，$(".tab").click(function(){的结束符 1 在第 61 行。

第 24 行，$(".prov>span").click(function(){的结束符在第 60 行。

第 39 行，$(".city>span").click(function(){的结束符在第 59 行。

第 53 行，$(".area>span").click(function(){的结束符在第 58 行。

【思考问题】

若去掉第 16 行~第 23 行设置 divWhole 高度的代码会如何？

【问题解析】

第 16 行~第 23 行代码用于判断用户是否单击"请选择地市"或者"请选择区县"选项卡，根据选项卡对应内容区的高度设置 divWhole 的高度。若去掉这部分代码，则用户选择"河北省唐山市"之后，重新单击"河北省"选项卡，再单击"唐山市"选项卡之后，divWhole 的高度将保留"河北省"选项卡内容区的高度，而无法自动适应"唐山市"选项卡内容区的高度，也就是较少的内容占据了较大的高度，影响页面美观，如图 4-17 所示。

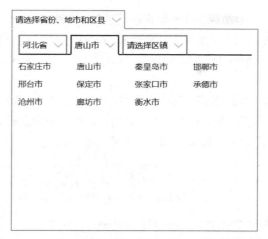

图 4-17　divWhole 高度无法适应选项卡内容区高度的情况 1

再如，若用户选择了"山东省威海市文登区"，因为"威海市"下面只有 4 个区县，内容高度很小，用户重新单击"威海市"选项卡之后，divWhole 无法重新适应该选项卡内容区的高度，原有的高度范围不足以容纳该选项卡下的内容，即内容高度超出了 divWhole 的高度，影响页面美观，如图 4-18 所示。

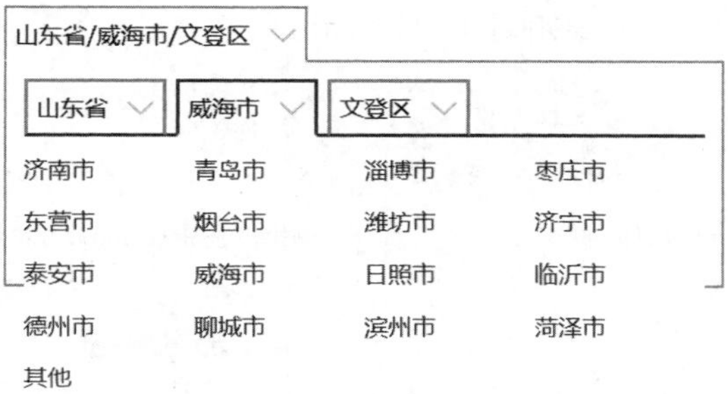

图 4-18　divWhole 高度无法适应选项卡内容区高度的情况 2

【相关知识】trigger()方法

trigger()方法通过代码的方式而不是用户操作的方式触发被选中元素指定的事件以及事件的默认行为。

在省市区级联菜单中，用户选择省、直辖市、自治区或特别行政区的名称之后，需要自动跳转到"请选择地市"选项卡下；选择地市名称之后，需要自动跳转到"请选择区县"选项卡下。所谓的自动跳转到某个选项卡下，实际上相当于完成了相应选项卡的单击操作，此时使用 trigger()方法直接触发相应选项卡的 click 事件无疑是最佳方案。

格式：$(selector).trigger(event, param1, param2,...)

参数说明如下。

event：规定指定元素上要触发的事件，可以是自定义事件或者任何标准事件，如 focus、click 等。

param1, param2：规定传递到事件处理程序的额外参数。

该方法与 triggerHandler()方法类似，不同的是 triggerHandler()不触发事件的默认行为。

【**示例 4-3**】对比使用 trigger()和 triggerHandler()方法，观察结果。

具体要求如下。

页面共有 3 个段落，第一个段落的内容是一段说明性的文本，第二个段落的内容是一个文本框，文本框中有默认值，第三个段落的内容是两个 button 元素，按钮上的文字分别是"trigger()"和"triggerHandler()"，页面初始运行效果如图 4-19 所示。

图 4-19 "trigger.html"页面初始运行效果

用户单击"trigger()"按钮时，会选中文本框的内容，且在文本框后面显示文字"文本已选中！"，效果如图 4-20 所示。用户单击"triggerHandler()"按钮时，不会选中文本框的内容，只在文本框后面显示文字"文本已选中！"，效果如图 4-21 所示。

图 4-20 单击"trigger()"按钮后的效果

图 4-21 单击"triggerHandler()"按钮后的效果

创建文件"trigger.html"，代码如下。

```
<!DOCTYPE html>
<html>
    <head>
        <meta charset="utf-8">
        <title>trigger</title>
        <style type="text/css">
            button{border: 1px solid #aaa; border-radius: 5px; background: #ddd;}
        </style>
        <script src="../jquery-1.11.3.min.js"></script>
        <script>
        $(function(){
1:          $("input").select(function(){
2:              $(this).after("文本已选中! ");
3:              $(this).off('select');
4:          });
```

```
5:              $("button:eq(0)").click(function(){
6:                  $("input").trigger("select");
7:              });
8:              $("button").eq(1).click(function(){
9:                  $("input").triggerHandler("select");
10:             });
        });
        </script>
    </head>
    <body>
        <p>单击每个按钮查看 trigger() 和 triggerHandler()的不同。</p>
        <p><input type="text" value="文本框的内容"></p>
        <p><button>trigger()</button>
        <button>triggerHandler()</button></p>
    </body>
</html>
```

脚本代码解释如下。

第 1 行~第 4 行，定义文本框元素的 select 事件函数，当用户选择文本框的内容之后，使用 after()方法在文本框后面显示文本"文本已选中！"。

第 5 行~第 7 行，定义"trigger()"按钮的 click 事件函数，单击该按钮之后，使用 trigger() 方法触发文本框元素的 select 事件，触发 select 事件的同时会触发该事件的默认行为，即选中文本框中的文本。

在 jQuery 中使用 trigger()方法触发表单元素的 select 事件时，会自动重复触发多次，因此在 $("input").select(function(){})函数内部增加了第 3 行代码$(this).off('select')用于注销 select 事件，避免重复触发。

第 8 行~第 10 行，定义"triggerHandler()"按钮的 click 事件函数，单击该按钮之后，使用 triggerHandler()方法触发文本框元素的 select 事件，触发该事件时并不触发事件的默认行为，即不会选中文本框中的文本，只执行事件对应的函数。

小结

本项目首先应用闭包设计了一个比较简单的年月日级联菜单，通过这个级联菜单的实现过程帮助读者理解级联菜单的设计思路，在该菜单中使用下拉列表框选择年份、月份、日期，在年月日级联菜单实现的过程中讲解了在 JavaScript 和 jQuery 中操作 select 和 option 元素的方法以及在 jQuery 中插入 DOM 元素的方法。之后应用闭包和访问 JSON 数据的方式完成了省市区级联菜单，并引入了对自动触发事件知识的讲解。

习题

一、选择题

1. 假设使用变量 sel 表示一个下拉列表框元素，下面哪个选项用于获取列表项数？（　　　）

   A. sel.length   B. sel.option.length

C. sel.Options.length   D. sel.options.length

2. 假设使用变量 sel 表示一个下拉列表框元素，sel.options.length=1;的作用是什么？（   ）

   A. 获取到该下拉列表框中第一个列表项的内容

   B. 获取到下拉列表框的长度为 1

   C. 删除下拉列表框中的列表项，只保留第一个列表项

   D. 该用法是错误的，应该是 sel.option.length=1

3. 假设使用变量 sel 表示一个下拉列表框元素，要获取第三个列表项的值，需要使用哪个选项？（   ）

   A. sel.options[3].value   B. sel[3].value

   C. sel.options[3].innerText   D. sel[3].innerText

4. 下面描述中正确的有哪些？（   ）

   A. sel.selectedIndex，获取当前下拉列表框中被选中选项的索引

   B. sel.selectedIndex=4，表示设置索引为 4 的选项被选中

   C. sel.value，获取当前被选中选项的值

   D. sel.options.value，获取当前被选中选项的值

5. 在年月日级联菜单中选择了年份之后，需要实现下面哪些功能？（   ）

   A. 获取所选择年份选项的值

   B. 设置月份下拉列表框中选中第一个选项"--请选择月份--"

   C. 设置日期下拉列表框中选中第一个选项"--请选择日期--"

   D. 设置日期下拉列表框中只保留第一个选项"--请选择日期--"

6. 读取 JSON 数据需要使用下面哪个方法？（   ）

   A. getJSON()   B. $.GETJSON()   C. $.getJSON()   D. $.getJson()

7. 下面哪个写法能够在类名为 div1 的元素内部开始添加一个段落元素？（   ）

   A. $(".div1").append("<p>...</p>")   B. $(".div1").prepend("<p>...</p>")

   C. $("<p>...</p>").appendTo(".div1")   D. $("<p>...</p>").prependTo(".div1")

8. 下面哪些方法能够改变 DOM 树形结构？（   ）

   A. html()   B. before()   C. text()   D. css()

二、简答题

1. 在年月日级联菜单中的 month.change(function(){})和 day.change(function(){})前面增加 month.off("change")和 day.off("change")的作用是什么？

2. 在省市区级联菜单中使用 trigger()方法的作用是什么？

项目5
实现 jQuery 动画

05

【情景导入】

小明最近正在参与一个学习网站的制作，为了实现较好的页面布局，也为了吸引用户使用该网站，需要使用树形列表、折叠框等形式展示各种学习资源，另外还需要制作一个返回页面顶部的滚动动画，帮助用户快速返回页面顶部。

【知识点及项目目标】

- 掌握使用 css()方法制作简单动画的方法。
- 掌握显示与隐藏动画的制作方法。
- 掌握淡入淡出动画的制作方法。
- 掌握上卷下拉动画的制作方法。
- 掌握 jQuery 中的队列控制方法。
- 掌握使用 animate()制作动画的方法。
- 掌握控制动画的几种方法，实现动画的停止、关闭和延迟效果。

动画能够使页面更加生动，使页面元素的展示方式更加灵活。页面中的动画主要包括位置变化、形状变化和显示变化等几种形式。位置变化主要通过修改元素的坐标值来控制，形状变化是指形状的大小变化，通过宽度和高度的变化进行控制，显示变化主要通过显示和隐藏属性或者透明度变化进行控制。

【素养要点】

遵守规矩　不可越矩而行

任务 5.1　使用 css()制作动画——实现文本动画效果

使用 jQuery 中的 css()方法结合事件函数的定义，可以实现一些简单的变换动画。

5-1　微课

使用 css()实现
动画

【任务描述】

页面中有 3 个段落，段落内容任意，段落内容使用默认样式效果。当鼠标指针指向段落时，将段落背景色改为黄色，文本颜色改为红色；鼠标指针离开段落时，将背景色改为白色，文本颜色改为蓝色。单击段落时，将段落字号放大为原来的 1.2 倍。效果如图 5-1 所示。

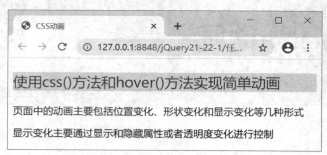

图 5-1　使用 css() 实现的简单动画效果

图 5-1 中的第一个段落为字号放大、黄色背景、红色文本，是鼠标指针指向且单击两次之后的效果。第二个段落为蓝色文本，是鼠标指针指向又离开之后的效果。第三个段落没有触发过任何事件，是默认的文本样式。

【任务实现】

在鼠标指针指向段落时，使用 css() 方法改变段落的背景色和文本颜色；单击段落时，使用 css() 方法修改字号。

【**示例 5-1**】创建页面文件"使用 css() 实现的动画.html"，实现图 5-1 所示的动画效果。

页面代码如下。

```
<!DOCTYPE html>
<html>
    <head>
        <meta charset="utf-8">
        <title></title>
        <script type="text/javascript" src="../jquery-1.11.3.min.js"></script>
        <script type="text/javascript">
            $(function(){
1:              $("p").hover(function(){
2:                  $(this).css({background:'#ff0', color:'#f00'})
3:              },
4:              function(){
5:                  $(this).css({background:'#fff', color:'#00f'})
6:              })
7:              $("p").click(function(){
8:                  $(this).css({fontSize: function(index, value){
9:                      return parseFloat(value) * 1.2;
10:                 }})
11:             })
            })
        </script>
    </head>
    <body>
```

```
        <p>使用 css()方法和 hover()方法实现简单动画</p>
        <p>页面中的动画主要包括位置变化、形状变化和显示变化等几种形式</p>
        <p>显示变化主要通过显示和隐藏属性或者透明度变化进行控制</p>
    </body>
</html>
```

脚本代码解释如下。

第 1 行～第 6 行，使用 hover()方法定义当鼠标指针指向和离开段落时的两个函数。鼠标指针指向段落时，段落背景色改为黄色，文本颜色改为红色；离开时背景色改为白色，文本颜色改为蓝色。

第 7 行～第 11 行，定义单击段落时调整文本字号，css()方法中的参数 function(index,value){} 是一个返回设置值的函数，该函数可以接收元素的索引和元素旧的样式属性值作为参数，如果属性值的单位是 px 之外的单位，则属性值自动转换为以 px 为单位的值，例如，设置字号为 10pt，则 value 表示 13.3333px。

第 9 行，将字号原有的取值（也就是 function(index,value){}中的第 2 个参数 value）转为数字值。例如，若 value 为 13.3333px，则使用 parseFloat()得到的结果为 13.3333，在此基础上修改为原来的 1.2 倍之后，重新设置为字号样式属性的取值。

【相关知识】hover()方法

jQuery 中的 hover()方法用于模拟鼠标指针悬停事件。当鼠标指针移动到元素上时，触发指定的第一个函数；当鼠标指针移出这个元素时，触发指定的第二个函数。

> **注意**　hover()方法触发的是鼠标事件 mouseenter 和 mouseleave，而不是 mouseover 和 mouseout。

格式：$(selector).hover(handlerIn, handlerOut)
等同于下面的格式。

$(selector).mouseenter(handlerIn).mouseleave(handlerOut)

如果使用$(selector).hover(handlerInOut)，表示只指定一个函数，则 mouseenter 和 mouseleave 都执行它，相当于$(selector).on("mouseenter mouseleave", handlerInOut)。

【示例 5-2】页面中有一个段落，鼠标指针移入和移出时都将段落的字号变为原来的 1.2 倍。
创建页面文件"hover.html"，代码如下。

```
<!DOCTYPE html>
<html>
    <head>
        <meta charset="utf-8">
        <title></title>
        <script type="text/javascript" src="../jquery-1.11.3.min.js"></script>
        <script type="text/javascript">
            $(function(){
                $("p").hover(function(){
                    $(this).css({"font-size": function(index, value){
                        return parseFloat(value) * 1.2;
```

```
                    }})
                })
            })
    </script>
</head>
<body>
    <p>鼠标移入和移出时都将字号变为原来的 1.2 倍</p>
</body>
</html>
```

脚本代码解释如下。

只为 hover()指定一个函数，使用 css()方法中的 function(index,value){}将字号变为原来的 1.2 倍，当鼠标指针移入和移出时都要执行该函数。

任务 5.2　显示与隐藏动画制作——实现树形列表动画

【任务描述】

模拟文件夹的树形列表结构。页面初始运行效果如图 5-2 所示。

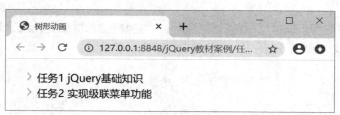

5-2　微课

实现树形文件夹
动画

图 5-2　树形列表页面初始运行效果

页面中有两个文件夹"任务 1 jQuery 基础知识"和"任务 2 实现级联菜单功能"，文件夹左侧的向右小箭头表示将文件夹折叠起来。单击文件夹，将折叠部分展开之后的效果如图 5-3 所示。

图 5-3　树形列表展开之后的效果

"任务 1 jQuery 基础知识"文件夹下没有子文件夹，只有 3 个文件；"任务 2 实现级联菜单功能"文件夹下有子文件夹"城市级联"和文件"年月日级联.html"，"城市级联"文件夹下有子文件夹"images"和文件"city.json""省市区级联.html"，"images"文件夹下有图片文件"close.png"和"down.png"。

【任务实现】

页面使用嵌套 ul 列表完成文件夹的树形列表结构设计。从图 5-2 和图 5-3 可以看出，只要是并列的项，就一定是属于同一个 ul 的 li，只要是作为文件夹的项，就一定是在 li 中嵌套的 ul 结构。最外层的 ul 包含两个列表项"任务 1 jQuery 基础知识"和"任务 2 实现级联菜单功能"；"任务 1 jQuery 基础知识"下面嵌套了一层 ul 结构，其中有 3 个列表项；"任务 2 实现级联菜单功能"下面有两个列表项"城市级联"和"年月日级联.html"，"城市级联"下面嵌套了 ul 结构，其中有 3 个列表项"images""city.json"和"省市区级联.html"，列表项"images"下面嵌套了 ul 结构，其中有两个列表项"close.png"和"down.png"。

初始状态，使用 jQuery 代码将指向所有包含 ul 子元素的列表项 li 的鼠标指针形状设置为手状，列表符号为表示折叠状态的向右小箭头，ul 子元素都是隐藏的，如图 5-2 所示。

单击包含 ul 子元素的列表项 li 时，判断当前单击的是否是该元素自身，若是，则根据其子元素的显示或隐藏状态更改其样式效果和子元素的显示或隐藏效果；若单击的是子元素，则直接返回，不做任何操作。这是因为在**单击子元素触发 click 事件时，会同时触发祖先元素的 click 事件，所以此处必须进行判断处理**。

对所有不包含 ul 子元素的列表项 li，设置鼠标指针形状为默认形状，列表符号为 none。

【**示例 5-3**】创建页面文件"树形动画.html"，使用显示与隐藏动画的相关方法实现树形列表功能。

页面代码如下。

```
<!DOCTYPE html>
<html>
    <head>
        <meta charset="utf-8">
        <title>树形动画</title>
        <script type="text/javascript" src="../jquery-1.11.3.min.js"></script>
        <script type="text/javascript">
1:          $(function() {
2:              $("li:has(ul)").click(function(event) {
3:                  if (this == event.target) {
4:                      if ($(this).children().is(":hidden")) {
5:                          $(this).css({
6:                                          cursor: 'pointer', "list-style-image":
'url(image/ down.png)'
7:                          });
8:                          $(this).children().show();
9:                      } else {
10:                         $(this).css({
11:                                         cursor: 'default', "list-style-image":
```

```
'url(image/ right.png)'
    12:                          });
    13:                              $(this).children().hide();
    14:                          }
    15:                      }
    16:                      return;
    17:                  }).css({
    18:                      cursor: 'pointer', 'list-style-image': 'url(image/right.png)'
    19:                  }).children().hide();
    20:                  $("li:not(:has(ul))").css({
    21:                      cursor: 'default', 'list-style': 'none'
    22:                  })
    23:              })
        </script>
    </head>
    <body>
    24:      <ul class="tree">
    25:          <li>任务 1 jQuery 基础知识
    26:              <ul>
    27:                  <li>示例 1-1 dom.html</li>
    28:                  <li>示例 1-2 error.html</li>
    29:                  <li>示例 1-3 ready.html</li>
    30:              </ul>
    31:          </li>
    32:          <li>任务 2 实现级联菜单功能
    33:              <ul>
    34:                  <li>城市级联
    35:                      <ul>
    36:                          <li>images
    37:                              <ul>
    38:                                  <li>close.png</li>
    39:                                  <li>down.png</li>
    40:                              </ul>
    41:                          </li>
    42:                          <li>city.json</li>
    43:                          <li>省市区级联.html</li>
    44:                      </ul>
    45:                  </li>
    46:                  <li>年月日级联.html</li>
    47:              </ul>
    48:          </li>
    49:      </ul>
    </body>
</html>
```

脚本代码解释如下。

第 2 行，使用$("li:has(ul)")获取到包含 ul 的 li 元素，:has()是 jQuery 中的伪类选择器，也可使用$("li").has("ul")，has()是 jQuery 中的过滤方法，此处获取的是第 25 行、第 32 行、第 34 行和第 36 行的 li 元素，为这些元素设置进行单击操作时需要实现的功能，function(event)中的参数 event 代表当前操作触发的事件。

第 3 行，用户单击某个元素时，除了触发该元素的 click 事件，还会同时触发其祖先元素的 click 事件。例如，单击第 34 行的"城市级联"，会同时触发第 34 行和第 32 行的 li 元素的 click 事件。再如，单击第 36 行的"images"，会同时触发第 32 行、第 34 行和第 36 行的 li 元素的 click 事件。因此必须精准找出 this 对应的元素，做法是使用 event.target 获取当前单击的元素，如果 this 是直接单击的元素，则执行第 4 行~第 16 行的代码，否则执行第 16 行的 return 结束 click 事件的函数执行。

第 4 行~第 8 行，使用$(this).children()获取所单击 li 元素中的 ul 元素，使用 is(":hidden")判断 ul 是否为隐藏状态，若为隐藏状态，则执行第 5 行~第 8 行的代码，若为显示状态，则执行第 9 行~第 14 行的代码。

第 5 行~第 8 行，设置指向当前 li 的鼠标指针形状为手状，列表符号为向下小箭头，即 down.png（表示内容是显示、展开的），第 8 行使用$(this).children().show()设置 ul 为显示状态。

第 9 行~第 14 行，设置指向 li 的鼠标指针形状为默认形状，列表符号为向右小箭头图片，即 right.png（表示内容是隐藏、折叠的），第 13 行使用$(this).children().hide()设置 ul 为隐藏状态。

第 17 行~第 19 行，使用 css()方法设置指向当前 li 的初始鼠标指针形状为手状，列表符号为向右小箭头，使用 children().hide()设置当前 li 的子元素 ul 为隐藏状态。

第 20 行~第 22 行，使用$("li:not(:has(ul))")获取不包含 ul 元素的 li 元素，设置没有列表符号。

【相关知识】

一、显示和隐藏的动画方法

在 jQuery 中实现元素显示和隐藏的方法有 show()、hide()和 toggle()。

1. show()方法

show()方法用于将隐藏的元素显示出来。

格式：`$(selector).show(speed, easing, callback)`

参数介绍如下。

5-3 微课

显隐动画方法与
应用

speed：可选，用于设置动画变化过程持续的时间，取值可以是 slow、normal、fast，或具体时间（以 ms 为单位），其中 slow 表示 600ms，normal 表示 400ms，fast 表示 200ms，也可以自行定义动画持续的时间。如果没有定义该参数，则元素由隐藏状态直接变为显示状态，也就是没有动画变化过程。如果定义了该参数，则元素的宽度、高度、透明度、边距和填充等样式属性，会在指定的时间内逐渐变化到完整显示，例如，元素的宽度为 300 像素，在执行 show(1000)时，元素的宽度将在 1s（1000ms）内从 0 变化为 300 像素。

easing：可选，用于规定在动画的不同时刻元素的移动速度。默认值为 "swing"，表示元素在动画开头/结尾移动慢，在动画中间时刻移动快；"linear" 表示匀速移动。

callback：可选，回调函数，表示在动画完成时要执行的函数，用于在函数内部定义动画完成之后要执行的功能，该参数可以省略。

2. hide()方法

hide()方法用于将显示的元素隐藏起来，元素隐藏之后不占用空间，相当于设置了元素的

display:none;。

格式: $(selector).hide(speed, easing, callback)

> **注意** 与 hide()方法匹配的一定是元素的 display:none;，但是该方法在将 display 的取值变为 none 之前能有效记忆其原来的取值，无论原来的取值是 block 还是 inline-block，动画隐藏之后再使用 show()方法显示时，display 都能准确恢复原来的取值，将元素恢复为独立的块或者行内块。

3. toggle()方法

toggle()方法用于使元素在显示与隐藏状态之间自动切换。

格式: $(selector).toggle(speed, easing, callback)

二、显示与隐藏动画的基本应用案例

下面从简单的显示与隐藏动画、有动画效果的显示与隐藏动画、应用动画的回调函数 3 个方面应用显示和隐藏动画的方法。

1. 简单的显示与隐藏动画

简单的显示与隐藏动画是指在 show()、hide()或 toggle()方法内部没有使用任何参数，此时元素的显示与隐藏状态之间是直接切换的，不带有任何动画效果。

【示例 5-4】实现简单的显示与隐藏动画。

具体要求如下。

使用循环结构在页面中添加 5 个 div，div 的样式要求为：宽度为 100 像素，高度为 100 像素，背景色为绿色，边距为 2 像素，行内块布局，内容为序号 1、2、3、4、5，内容在水平和垂直方向都居中。动画效果要求为：单击第 2 个~第 5 个 div 时，完成自身的隐藏；单击第 1 个 div 时，完成后面 4 个 div 的显示。

创建页面文件"简单的显隐动画.html"，代码如下。

```
    <!DOCTYPE html>
    <html>
        <head>
            <meta charset="utf-8">
            <title>简单的显隐动画</title>
            <script type="text/javascript" src="../jquery-1.11.3.min.js"></script>
            <script type="text/javascript">
                $(function(){
1:                  for(var i=0; i<5;i++){
2:                      $("<div>" + ( i + 1 )+ "</div>").css({
3:                          width: '100px', height: '100px', background: '#0f0', margin:
'2px', display: 'inline-block', textAlign:'center', lineHeight:'100px'
4:                          }).appendTo("body");
5:                  }
6:                  $("div:not(:eq(0))").click(function(){
7:                      $(this).hide();
8:                  })
```

```
9:                $("div:eq(0)").click(function(){
10:                    $("div:not(:eq(0))").show();
11:                })
            })
        </script>
    </head>
    <body>
    </body>
</html>
```

脚本代码解释如下。

第 2 行 ~ 第 4 行，使用$("<div>" + (i + 1)+ "</div>")创建一个新的 div 元素，div 的内容是循环变量 i 的取值加 1，使用 css()方法设置该元素的样式，之后使用 appendTo("body")方法将其添加为 body 的子元素。

第 6 行 ~ 第 8 行，使用$("div:not(:eq(0))")选择索引不为 0 的 div（也就是第 2 个 ~ 第 5 个 div），并设置单击它们之后隐藏元素。其中，:not()是 jQuery 中的伪类选择器，其作用是去除所有与给定选择器匹配的元素，例如，$("p:not(div>p)")表示选择不是 div 子元素的所有段落。

第 9 行 ~ 第 11 行，设置单击第 1 个 div 时，同时显示后面 4 个 div。

2. 有动画效果的显示与隐藏动画

要实现有动画效果的显示与隐藏动画，必须设置动画执行的持续时间。

【示例 5-5】实现有动画效果的显示与隐藏动画。

具体要求如下。

页面顶部有 3 个按钮，类名分别为 show、hide 和 toggle，中间有一个 div，单击 3 个按钮时分别显示 div、隐藏 div、切换 div 的显示与隐藏状态。为了方便读者观察参与动画变化过程的样式属性，对 div 而言，除了定义其宽度、高度之外，还定义了 30 像素的边距和 10 像素的边框，以及位于 div 下方的文本"盒子下面的内容"。当 div 隐藏之后，该文本与上面的按钮上下相邻，用于说明使用 hide()方法隐藏之后的 div 是不占用空间的。

单击"显示"按钮显示 div 时，动画持续时间为 5s；单击"隐藏"按钮隐藏 div 时，动画持续时间为 5s；单击"切换"按钮时，无论是显示 div 还是隐藏 div，动画持续时间都为 1s。

页面初始效果如图 5-4 所示。

图 5-4 有动画效果的显示与隐藏动画页面初始效果

创建页面文件"有动画效果的显示与隐藏动画.html"，代码如下。

```html
<!DOCTYPE html>
<html>
    <head>
        <meta charset="utf-8">
        <title>有动画效果的显隐动画</title>
        <style>
            .box {width: 400px; height: 100px; background: #aa0; border: 10px solid
#00f; margin: 30px; }
            p{margin: 0;}
        </style>
        <script src="../jquery-1.11.3.min.js"></script>
        <script>
            $(function() {
                $(".hide").click(function() {
                    $(".box").hide(5000);
                })
                $(".show").click(function() {
                    $(".box").show(5000)
                });
                $(".toggle").click(function() {
                    $(".box").toggle(1000);
                })
            })
        </script>
    </head>
    <body>
        <button class="show">显示</button>
        <button class="hide">隐藏</button>
        <button class="toggle">切换</button>
        <div class="box"></div>
        <p>盒子下面的内容</p>
    </body>
</html>
```

单击"隐藏"按钮之后，在隐藏动画执行的过程中截取的效果如图 5-5 所示。

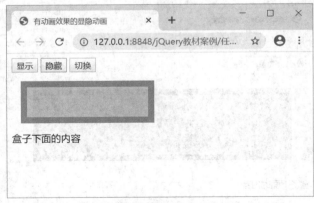

图 5-5　隐藏动画执行过程中的效果

对比图 5-4 和图 5-5，在动画执行过程中，div 的宽度、高度、边距和透明度都在发生变化，但是 10 像素的边框一直没有改变，因此在动画执行的过程中，元素的边框是没有参与变化的。

3. 应用动画的回调函数

在示例 5-5 中，如果在单击"显示"按钮显示 div 之后，要修改 div 的边框颜色为红色，则下面的代码是有问题的。

```
$(".show").click(function() {
    $(".box").show(5000) .css("border-color", "#f00");
});
```

虽然代码中先使用 show()，再使用 css()，但是因为动画的执行需要 5s 才能完成，所以实际执行时是先执行 css()，再执行 show()，也就是先将边框颜色修改为红色之后，再执行显示动画。

同理，如果要在执行显示动画之后弹出消息框提示用户，则下面的代码也是有问题的。

```
$(".show").click(function() {
    $(".box").show(5000) .alert("动画执行完毕");
});
```

上面的代码执行时，先弹出消息框，再执行显示动画

要解决上述问题，确保在动画执行完成之后再执行指定的操作，必须使用动画方法中的回调函数，在回调函数中执行指定的操作。

【示例 5-6】修改示例 5-4，在显示动画执行完成之后，设置 div 的边框颜色为红色。在切换动画执行完成之后，弹出消息框显示"动画执行完毕"。

修改的页面文件名称为"增加回调函数的动画.html"，脚本代码如下。

```
$(function() {
    $(".hide").click(function() {
        $(".box").hide(5000);
    })
    $(".show").click(function() {
        $(".box").show(5000, function(){
            $(".box").css("border-color", "#f00");
        });
    });
    $(".toggle").click(function() {
        $(".box").toggle(1000, function(){
            alert("动画执行完毕");
        });
    })
})
```

【素养提示】

动画中的回调函数一定要在动画完成之后执行，做任何事情都要遵守规矩，不可越矩而行。

任务 5.3 淡入淡出动画

【任务描述】

在页面中设计"淡入""淡出""到""切换"4 个按钮和一个背景色为橘色的

5-4 微课

淡入淡出动画

div，单击"淡出"按钮时，div 的透明度在 3s 内逐渐变为 0，之后 div 彻底隐藏不占空间；单击"淡入"按钮时，div 的透明度在 3s 内逐渐变为 1；单击"到"按钮时，div 的透明度在 3s 内变化到 0.5，之后再执行淡入淡出动画时，透明度最大取值将是 0.5 而不是 1；单击"切换"按钮时，动画在淡入动画和淡出动画之间切换。

页面初始时的运行效果如图 5-6 所示。

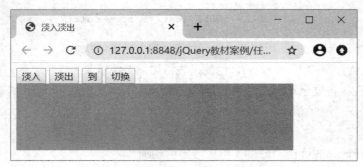

图 5-6　淡入淡出动画初始运行效果

【任务实现】

使用 jQuery 提供的淡入淡出动画方法实现图 5-6 所示的淡入淡出动画效果。

【示例 5-7】实现淡入淡出动画效果。

创建文件"淡入淡出动画.html"，代码如下。

```
<!DOCTYPE html>
<html>
    <head>
        <meta charset="utf-8">
        <title>淡入淡出</title>
        <style>
            .box {width: 400px; height: 100px; background: orange;}
        </style>
        <script src="../jquery-1.11.3.min.js"></script>
        <script>
            $(function() {
                $(".in").click(function() {
                    $(".box").fadeIn(3000)
                });
                $(".out").click(function() {
                    $(".box").fadeOut(3000);
                })
                $(".to").click(function() {
                    $(".box").fadeTo(3000, 0.5);
                })
                $(".toggle").click(function() {
                    $(".box").fadeToggle();
                })
            })
```

```
            </script>
        </head>
        <body>
            <button class="in">淡入</button>
            <button class="out">淡出</button>
            <button class="to">到</button>
            <button class="toggle">切换</button>
            <div class="box"></div>
        </body>
</html>
```

修改代码并观察运行效果。

将$(".box").fadeTo(3000, 0.5)中的透明度 0.5 改为 0，即改为$(".box").fadeTo(3000, 0)。在 div 的下方任意增加一个段落，单击"到"按钮之后，当透明度变为 0 时，div 并没有彻底隐藏，如图 5-7 所示。

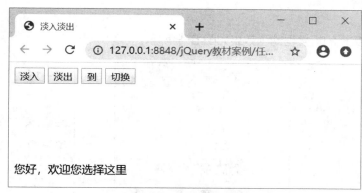

图 5-7　fadeTo()将透明度修改为 0 之后的运行效果

【相关知识】淡入淡出的动画方法

jQuery 拥有 4 种淡入淡出的动画方法。

1. fadeIn()

fadeIn()方法用于淡入已隐藏的元素。

格式: `$(selector).fadeIn(speed, callback)`

动画执行时，先让隐藏的元素显示出来占据空间，之后逐渐完成透明度的变化。

2. fadeOut()

fadeOut()方法用于淡出显示的元素，淡出之后的元素不占据空间。

格式: `$(selector).fadeOut(speed, callback)`

动画执行时，先完成透明度的变化，之后隐藏元素。

3. fadeToggle()

fadeToggle()用于在 fadeIn()与 fadeOut()方法之间切换。

格式: `$(selector).fadeToggle(speed, callback)`

4. fadeTo()

fadeTo()方法用于将元素透明度渐变为给定的透明度（介于 0~1），将透明度修改为指定值。无论元素初始状态是显示状态还是隐藏状态，都将元素显示出来并修改其透明度。

格式：`$(selector).fadeTo(speed, opacity, callback)`

> **注意** 对于同一个动画元素来说，一旦使用该方法修改过透明度，该透明度就成为其他 3 个方法切换透明度时的最大值；使用该方法将透明度修改为 0 时，并不会彻底隐藏元素。

任务 5.4　使用上卷下拉实现折叠框动画

5-5　微课

上卷下拉动画

【任务描述】

使用上卷下拉实现的折叠框动画效果如图 5-8 所示。

（a）初始运行效果　　（b）单击"第一章"时的运行效果　　（c）单击"第三章"时的运行效果

图 5-8　折叠框动画效果

图 5-8（a）是折叠框的初始运行效果；单击"第一章"时，向下拉开第一章中的节标题，效果如图 5-8（b）所示；再单击"第三章"时，向下拉开第三章中的节标题，同时将之前向下拉开的第一章的节标题向上卷起，如图 5-8（c）所示。

【任务实现】

图 5-8 所示的运行效果需要使用上卷下拉动画方法实现。

【示例 5-8】实现上卷下拉折叠框动画效果。

具体要求如下。

页面共包含上下排列的 3 个独立的块，每个块使用一个 div 实现，div 内部使用 h1 定义章标题，4 个节标题分别使用 p 定义之后放在一个 div 内部。

创建页面文件"折叠框动画.html"，代码如下。

```
<!DOCTYPE html>
<html>
    <head>
```

```html
        <meta charset="utf-8">
        <title>折叠</title>
        <style>
            .con{width:150px;}
            .con>h1{margin:0px; font-size:1rem; padding:5px; background:#dde; cursor:
pointer;}
            .con>div>p{margin:0; padding-left:20px; font-size:.8rem; line-height:
20px;}
            .con>.list{display:none;}
        </style>
        <script src="../jquery-1.11.3.min.js"></script>
        <script>
            $(function(){
                $("h1").click(function(){
                    $(this).next().slideToggle(2000).parent().siblings().children
(".list").slideUp(2000)
                })
            })
        </script>
    </head>
    <body>
        <div class="con">
            <h1>第一章</h1>
            <div class="list">
                <p>第一节</p> <p>第二节</p> <p>第三节</p> <p>第四节</p>
            </div>
        </div>
        <div class="con">
            <h1>第二章</h1>
            <div class="list">
                <p>第一节</p> <p>第二节</p> <p>第三节</p> <p>第四节</p>
            </div>
        </div>
        <div class="con">
            <h1>第三章</h1>
            <div class="list">
                <p>第一节</p> <p>第二节</p> <p>第三节</p> <p>第四节</p>
            </div>
        </div>
    </body>
</html>
```

脚本代码解释如下。

单击 h1 元素之后，通过$(this).next()获取到的是类名为 list 的 div，再使用 slideToggle(2000)实现 div 的上卷和下拉状态切换，因此每次单击某个章标题，都可以上卷或下拉其包含的节标题；之后通过 parent()获取的结果是类名为 con 的父元素 div，再通过 siblings()获取到父元素的所有兄弟元素，也就是另外两个类名为 con 的 div；再通过 children(".list")得到兄弟元素中类名为 list 的子元素，使用 slideUp(2000)设置 div 向上卷起，由此完成在下拉当前章所含节标题的同时上卷其他章所含的节标题。

143

【相关知识】上卷下拉动画方法

上卷下拉动画也称为滑动动画，jQuery 拥有下面 3 种滑动动画方法。

1. slideDown ()

该方法用于以逐渐改变高度（包括 height、垂直方向填充和垂直方向的边距）的滑动方式显示隐藏的被选中元素。

格式：$(selector).slideDown(speed, callback)

2. slideUp()

该方法用于以逐渐改变高度的滑动方式隐藏显示的被选中元素。

格式：$(selector).slideUp(speed, callback)

3. slideToggle()

该方法用于在 slideDown()与 slideUp ()方法之间切换。

格式：$(selector).slideToggle(speed, callback)

任务 5.5　使用上卷下拉实现百叶窗动画

【任务描述】

百叶窗动画效果是指垂直方向并列的多个横条同时下拉展开或者同时上卷收回的动画效果。百叶窗展开动画效果如图 5-9 所示。

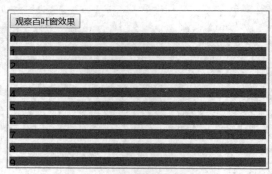

图 5-9　百叶窗展开动画效果

页面初始时只显示"观察百叶窗效果"按钮，单击该按钮之后，可以展开或者收回百叶窗。

【任务实现】

图 5-9 所示的动画效果需要使用上卷下拉动画方法实现。

【示例 5-9】使用上卷下拉动画方法实现百叶窗动画效果。

具体要求如下。

在页面中设计一个 button 元素"观察百叶窗效果"，页面加载完成之后，使用循环结构生成 10 个 div，单击"观察百叶窗效果"按钮时，在上卷和下拉动画之间切换。

创建页面文件"上卷下拉实现百叶窗.html"，代码如下。

```
<!DOCTYPE html>
<html>
    <head>
        <meta charset="utf-8">
        <title>百叶窗效果</title>
        <style type="text/css">
            div{width: 400px; height: 40px; padding: 0; margin: 20px 0; background:
#AA6666; display: none;}
        </style>
        <script src="../jquery-1.11.3.min.js"></script>
    </head>
    <body>
        <button>观察百叶窗效果</button>
        <script>
            $(function(){
1:              for(var i = 0; i < 10; i++){
2:                  $("<div>" + i + "</div>").appendTo("body");
3:              }
4:              $("button").click(function(){
5:                  $("div").each(function(){
6:                      $(this).slideToggle(5000)
7:                  })
8:              })
            })
        </script>
    </body>
</html>
```

脚本代码解释如下。

第 1 行～第 3 行，使用循环结构为 body 元素添加 div 子元素，在 div 中显示序号 0～9。

第 4 行～第 8 行，定义 button 元素的 click 事件函数，对 10 个 div 进行遍历，对每个 div 都使用 slideToggle()设计动画。

其中第 5 行～第 7 行可以直接简化为$("div").slideToggle(5000)。

5-6 微课

阶梯式动画

任务 5.6 阶梯式上卷下拉动画

【任务描述】

阶梯式上卷下拉动画是指垂直方向排列的多个横条在下拉时，从第一个开始逐个向下展开，上卷时，从最后一个开始逐个向上收回的效果，页面运行效果如图 5-10 所示。

图 5-10 所示为正在展开序号为 3 的横条的效果。

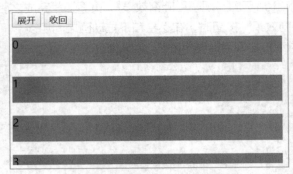

图 5-10　序号为 3 的 div 正在展开

【任务实现】

图 5-10 所示的动画效果需要使用 jQuery 中的上卷下拉动画方法和队列实现。

【示例 5-10】使用上卷下拉动画方法和队列实现阶梯式的上卷下拉动画。

具体要求如下。

在页面中设计一个"展开"按钮和一个"收回"按钮，按钮下面有两个空白段落，分别用于在动画执行过程中存放下拉和上卷时的动画队列；使用循环结构向页面添加 10 个 div，单击"展开"按钮时，从序号为 0 的 div 开始逐个展开，即第 1 个 div 完全展开之后，再展开第 2 个 div，以此类推；单击"收回"按钮时，从序号为 9 的 div 开始逐个收回。

创建页面文件"逐个下拉和上卷 div.html"，代码如下。

```
<!DOCTYPE html>
<html>
    <head>
        <meta charset="utf-8">
        <title>逐个下拉 div</title>
        <style type="text/css">
            div{width: 400px; height: 40px; padding: 0; margin: 0 0 20px; background:
#AA6666; display: none;}
        </style>
        <script src="../jquery-1.11.3.min.js"></script>
    </head>
<body>
    <button>展开</button>
    <button>收回</button>
    <p id="p1"></p>
    <p id="p2"></p>
    <script>
1:          $(function(){
2:          for(var i = 0; i < 10; i++){
3:              $("<div>" + i + "</div>").appendTo("body");
4:          }
5:          $("button:eq(0)").click(function(){
6:              var a = 0;
```

```
7:                        for(var i = 0; i < 10; i++){
8:                            $("#p1").queue("queue_down", function () {
9:                                $("div").eq(a++).slideDown(500 , DoNext);
10:                           });
11:                       }
12:                       function DoNext(){
13:                           $("#p1").dequeue("queue_down");
14:                       }
15:                       DoNext();
16:                   })
17:                   $("button:eq(1)").click(function(){
18:                       var a = 9;
19:                       for(var i = 0; i < 10; i++){
20:                           $("#p2").queue("queue_up",function () {
21:                               $("div").eq(a--).slideUp(500 , DoPrev);
22:                           });
23:                       }
24:                       function DoPrev(){
25:                           $("#p2").dequeue("queue_up");
26:                       }
27:                       DoPrev();
28:                   })
29:               })
        </script>
    </body>
</html>
```

脚本代码解释如下。

第 5 行~第 16 行，定义"展开"按钮的 click 事件函数。

第 6 行，变量 a 用于表示下拉 div 的索引，设置变量 a 的初始值为 0，表示下拉动画从第一个 div 开始。

第 8 行~第 10 行，在 id 为 p1 的段落上定义名称为 queue_down 的队列，队列中是一个个方法，每个方法执行一个 div 的下拉动画，下拉动画执行完成之后要执行的回调函数是 DoNext()。

第 12 行~第 14 行，定义函数 DoNext()，该函数每执行一次，从段落 p1 的队列 queue_down 中按照先进先出的原则提取一个方法并执行。

第 15 行，使用 DoNext()从 p1 的队列 queue_down 中取出第一个方法$("div").eq(0).slideDown()，以此作为队列中方法执行的入口，在每个 slideDown()执行完成之后执行回调函数时，再从队列 queue_down 中取出下一个动画方法，直到动画方法执行完毕。

第 17 行~第 28 行，定义"收回"按钮的 click 事件函数。

第 18 行，变量 a 用于表示上卷 div 的索引，设置变量 a 的初始值为 9，表示上卷动画从最后一个 div 开始。

第 20 行~第 22 行，在 id 为 p2 的段落上定义名称为 queue_up 的队列，队列中是一个个方法，每个方法执行一个 div 的上卷动画，上卷动画执行完成之后要执行的回调函数是 DoPrev()。

第 24 行~第 26 行，定义函数 DoPrev()，该函数每执行一次，从段落 p2 的队列 queue_up 中按照先进先出的原则提取一个方法并执行。

第 27 行，使用 DoPrev() 初始执行第一个方法。

1. 队列内容说明

段落 p1 中队列 queue_down 的内容如表 5-1 所示。

表 5-1　段落 p1 中队列 queue_down 的内容

队列内容序号	队列中的内容	DoNext()函数的内容
1	$("div").eq(0).slideDown(500 , DoNext) })	
2	$("div").eq(1).slideDown(500 , DoNext) })	
3	$("div").eq(2).slideDown(500 , DoNext) })	function DoNext (){
4	$("div").eq(3).slideDown(500 , DoNext) })	$("#p1").
5	$("div").eq(4).slideDown(500 , DoNext) })	dequeue("queue_down");
6	$("div").eq(5).slideDown(500 , DoNext) })	}
7	$("div").eq(6).slideDown(500 , DoNext) })	DoNext ()函数负责从 queue_down
8	$("div").eq(7).slideDown(500 , DoNext) })	中取出第一个 sildeDown()动画方法
9	$("div").eq(8).slideDown(500 , DoNext) })	并执行
10	$("div").eq(9).slideDown(500 , DoNext) })	

2. 回调函数的写法问题

第 9 行中的回调函数"DoNext"不要写为"DoNext()"，同样第 21 行中的回调函数"DoPrev"不要写为"DoPrev()"，也就是都不能加上圆括号，原因说明如下。

给回调函数加上圆括号之后，如下面代码所示。

```
$("div").eq(a++).slideDown(500, DoNext() )
```

可以改写为如下代码。

```
$("div").eq(a++).slideDown(500);
DoNext()
```

也就是说，DoNext()函数和 sildeDown()并列成为 queue_down 队列中的内容，它们是并列执行的，而不是等到动画执行完毕再执行 DoNext()。带上圆括号的函数 DoNext()已经脱离了slideDown()的回调函数身份，成为直接调用的函数，因此其实现的效果不再是逐个下拉展开 div而是同时下拉展开每个 div。

3. 队列代码的改写

可以使用如下简化代码改写对队列的操作。

```
     $("button:eq(0)").click(function(){
1:       var a = 0;
2:       for(var i = 0; i < 10; i++){
3:           $("#p1").queue("queue_down",function () {
4:               $("div").eq(a++).slideDown(500 , function(){
5:                   $("#p1").dequeue("queue_down");
6:               });
7:           });
8:       }
9:       $("#p1").dequeue("queue_down");
     })
```

脚本代码解释如下。

第 4 行~第 5 行，将原来代码中 DoNext() 函数的内容直接写入 slideDown() 的回调函数的位置。

第 9 行，直接执行代码 $("#p1").dequeue("queue_down")，从队列 queue_down 中取出 $("div").eq(0) 的 slideDown() 动画方法并执行。

【思考问题】

如果对示例 5-9 和示例 5-10 中的 10 个 div 使用如下代码设置展开效果，则运行时的效果是与示例 5-9 实现的百叶窗动画效果相同还是与示例 5-10 实现的逐个展开的效果相同，为什么？

```
$("button").click(function(){
    var ele=$("div").eq(0);
    ele.slideDown(5000).next().slideDown(5000).next().slideDown(5000).next().
    slideDown(5000).next(). slideDown(5000).next().slideDown(5000).next().
    slideDown(5000).next().slideDown(5000).next().slideDown(5000).next().
    slideDown(5000)
})
```

【问题解析】

上述代码的执行并不是执行完第一个 div 的下拉动画方法之后再获取第二个 div 并执行其下拉动画方法，即并不是逐个执行动画方法的。这是因为动画方法需要时间来完成，无论动画方法及与其并列的非动画方法的函数在代码顺序方面如何设置，在执行时都要先执行非动画方法的函数，所以上述代码在执行时，先获取到一串 div 并分别为其添加下拉动画方法，之后同时执行这些 div 的下拉动画方法，运行效果与示例 5-9 实现的百叶窗动画效果相同。

【相关知识】jQuery 中的队列控制方法

在 jQuery 核心中有一组队列控制方法，这组方法由 queue()、dequeue() 和 clearQueue() 这 3 个方法组成，它们对需要连续按顺序执行的函数的控制非常方便，主要应用于动画方法、AJAX 以及其他要按时间顺序执行的事件，3 个方法中较为常用的是 queue() 和 dequeue()。

queue() 和 dequeue() 的说明如下。

- 用 queue() 把函数加入队列，可以逐个加入，也可以一次性加入一个函数数组。
- 用 dequeue() 将函数队列中的第一个函数移除并执行，每执行一次 dequeue() 方法，队列中的函数就减少一个，因此，每次执行 dequeue() 得到的函数都是不同的。

queue() 方法有如下两种用法。

第一种用法如下。

```
jQueryObject.queue( [ queueName ] [, newQueue ] )
```

如果没有指定任何参数或只指定了 queueName 参数，则表示获取指定名称的函数队列。如果指定了 newQueue 参数，则表示使用新的队列 newQueue 替换当前队列中的所有内容。

第二种用法如下。

```
jQueryObject.queue( [ queueName ,] function )
```

将指定的函数添加到指定的队列末尾，示例 5-10 中使用的是第二种用法。

> **注意** queue()方法的所有设置操作只针对当前 jQuery 对象所匹配的每一个元素，所有读取操作只针对第一个匹配的元素。

参数说明如下。

- queueName：可选，字符串类型，用于指定队列名称，默认为"fx"。
- newQueue：可选，数组类型，表示用于替换当前队列内容的新队列。
- function：表示将会追加到队列末尾的函数。

任务 5.7 animate()——实现返回页面顶部的滚动动画

【任务描述】

前面介绍的显示与隐藏动画方法、淡入淡出动画方法和上卷下拉动画方法，修改的元素的效果都是固定的，如宽度变化、高度变化、透明度变化、显示元素或者隐藏元素等，这些动画方法能够实现的动画效果都比较简单。在 jQuery 中功能更强大的动画方法是 animate()。使用 animate()可以修改元素的很多样式属性取值，从而得到动画。

本任务要实现的返回页面顶部的滚动动画运行效果如图 5-11 所示。

5-7 微课

animate()和 stop()
方法

图 5-11 返回页面顶部的滚动动画运行效果

【任务实现】

返回顶部的滚动动画实际上是指逐渐减小元素纵坐标 top 取值，需要使用 animate()动画方法实现。

【示例 5-11】使用 animate()动画方法实现返回页面顶部的滚动动画。

具体要求如下。

页面中有一个宽度为 400 像素，高度为 1000 像素的 div 和一个回到顶部超链接（图片超链接），当向上卷入的页面高度超过 100 像素时，回到顶部超链接淡入并显示在距离窗口下边框 100 像素、右边框 80 像素的位置，向上卷入的页面高度不超过 100 像素时，回到顶部超链接不显示。单击回到顶部超链接时，使用 animate()实现动画，在 1s 内返回页面顶部。

创建页面文件"使用 animate()实现返回顶部的滚动动画.html"，代码如下。

```
<!DOCTYPE html>
<html>
    <head>
        <meta charset="UTF-8">
        <title>返回页面顶部动画</title>
        <style>
            #box {width: 400px; height: 1000px; margin: 0 auto; background: #ddd; border:
1px solid #aaa;}
            a#back-to-top {display: none; position: fixed; bottom: 100px; right:
80px; }
        </style>
    </head>
    <body>
        <a id="top"></a>
        <div id="box"></div>
        <a id="back-to-top"  href="#top"><img src="image/top.png" /></a>
        <script src="../jquery-1.11.3.min.js"></script>
        <script>
            $(function () {
1:              $(window).scroll(function () {
2:                  if ($(window).scrollTop() > 100) {
3:                      $("a#back-to-top").fadeIn(1500);
4:                  }
5:                  else {
6:                      $("a#back-to-top").fadeOut(1500);
7:                  }
8:              });
9:              $("#back-to-top").click(function () {
10:                 if ($('html').scrollTop()) {
11:                     $('html').animate({ scrollTop: 0 }, 1000);
12:                 }else{
13:                    $('body').animate({ scrollTop: 0 }, 1000);
14:                 }
15:             });
            });
        </script>
    </body>
</html>
```

在样式代码中使用 a#back-to-top{}定义回到顶部超链接为块元素，使用 fixed 定位方式，距离窗口下边框 100 像素，右边框 80 像素。

脚本代码解释如下。

第 1 行～第 8 行，定义纵向滚动条滚动时执行的函数。

第 2 行～第 7 行，使用$(window).scrollTop()获取向上卷入页面的高度，如果该高度超过 100

像素，则使用第 3 行代码设置回到顶部超链接在 1.5s 内淡入。如果向上卷入页面的高度小于 100 像素，则使用第 6 行代码设置回到顶部超链接在 1.5s 内淡出。在纵向滚动条滚动的过程中，回到顶部超链接根据向上卷入页面的实际高度自行淡入或者淡出。

第 9 行～第 15 行，定义单击回到顶部超链接时要执行的函数功能。

第 10 行和第 13 行，如果页面中使用<!DOCTYPE html>声明了文档类型，则需要使用 $('html').scrollTop()获取向上卷入页面的高度，否则需要使用$('body').scrollTop()，因此第 13 行代码用于兼容页面的文档版本类型。

第 11 行，使用$('html').animate({ scrollTop: 0 }, 1000)设置纵向滚动条在 1s 内回到页面顶部。

第 10 行～第 14 行，分支结构可以直接使用$('body,html').animate({scrollTop:0},1000)取代。无论页面中是否声明了文档类型，body 和 html 元素中总有一个能应用 animate()。

【相关知识】

一、animate()方法

animate()方法通过 CSS 样式将元素从一个状态改变为另一个状态，通过 CSS 属性值的逐渐变化实现动画效果。

> **注意** 只有数字值可用于创建动画，如"width:300px"。字符串值无法用于创建动画，如"color:red"。

格式：$(selector).animate({styles},speed, easing, callback)
参数说明如下。

{styles}：必选，规定产生动画效果的一个或多个 CSS 样式属性，格式为{样式属性: 取值, 样式属性: 取值,...}，样式属性及取值说明如下。

- 属性名称可以使用引号定界，此时所有属性名称可以采用 CSS 中样式属性名称的格式，如 $("p").animate({'font-size': "3em", 'line-height': '100px'})，属性名称和取值的引号可以是单引号或者双引号。
- 属性名称可以不使用引号定界，但对于复合属性名称，需去掉连接符且第二个单词首字母大写，如$("p").animate({fontSize: "3em", lineHeight: '100px'})。
- 修改属性取值时，可以使用"+=" 或 "-=" 来创建以当前样式属性取值为基础进行增量或减量的相对动画，如{left: "+=30"}。

speed：可选，规定动画执行的速度，可以是以 ms 为单位的时间、'slow'或者'fast'。

easing：可选，规定在动画的不同时刻元素的移动速度，常用取值是 swing 和 linear，默认值是 swing。

callback：可选，规定 animate()执行完之后要执行的函数。

二、停止动画——stop()方法

在 jQuery 中，使用 stop()方法停止当前匹配元素上正在运行的动画。

停止动画不是将页面恢复到该动画执行前的状态，而是当前动画执行到什么状态就停留在什么状态。例如，执行元素高度从 100 像素变化到 200 像素的过渡动画，当高度为 150 像素时停止了该动画，当前高度仍然为 150 像素。如果该动画设置了执行完毕后的回调函数，则不会执行该回调函数。

格式：`$(selector).stop(stopAll, goToEnd)`

参数说明如下。

stopAll：可选，表示是否要清空未执行完的动画队列。如果该参数值为 true，则停止所有后续动画或事件；如果该参数值为 false，则只停止匹配元素当前执行的动画，后续动画不受影响，该参数默认值为 false。

如果使用 stop(false)方法，则立即停止当前正在执行的动画。如果接下来还有等待执行的动画，则以停止时的动画状态开始接下来的动画。

goToEnd：可选，表示是否直接将正在执行的动画跳转到当前动画的末尾，规定是否允许完成当前动画。若取值为 true，则要完成动画；若取值为 false，则不完成动画，默认取值为 false。该参数只能在设置了 stopAll 参数时使用。

【示例 5-12】使用 stop()方法停止动画。

具体要求如下。

页面中有两个按钮，分别是"启动动画"按钮和"停止动画"按钮，按钮下方有一个初始宽度、高度都是 40 像素的 div。单击"启动动画"按钮时，连续启动 div 的宽度变化动画和高度变化动画，每个动画的执行时间都是 1000ms；单击"停止动画"按钮时，根据给定 stop()方法中的参数决定动画的停止方式。

页面初始运行效果如图 5-12 所示。

图 5-12　使用 stop()停止动画的页面初始运行效果

创建页面文件"使用 stop()停止动画.html"，代码如下。

```
<!DOCTYPE html>
<html>
    <head>
        <meta charset="utf-8">
        <title>使用 stop()停止动画</title>
```

```
            <style type="text/css">
                div{width: 40px; height: 40px; padding: 0; margin: 20px 0; background:
#AA6666;}
            </style>
            <script src="../jquery-1.11.3.min.js"></script>
        </head>
        <body>
            <button>启动动画</button><button>停止动画</button>
            <div></div>
            <script>
                $(function(){
                    $("button:eq(0)").click(function(){
                        $("div").animate({width:'200px'},1000)
                        $("div").animate({height:'200px'},1000)
                    })
                    $("button:eq(1)").click(function(){
                        $("div").stop(true)
                    })
                })
            </script>
        </body>
    </html>
```

运行效果说明。

给定的停止动画的代码是$("div").stop(true)，表示在执行宽度变化的动画时，若单击了"停止动画"按钮，则停止所有动画，修改 stop()参数的情况如下。

第一，改为$("div").stop(false)或者$("div").stop()，则宽度变化的动画被强行停止之后，会接着执行高度变化的动画。

第二，改为$("div").stop(true, true)，若宽度变化的动画被强行停止，则直接将宽度设置为动画规定的终值 200 像素，高度变化的动画不执行。

第三，改为$("div").stop(true, false)，其实现的效果与$("div").stop(true)实现的效果相同。

第四，改为$("div").stop(false, false)，其实现的效果与$("div").stop(false)实现的效果相同。

第五，改为$("div").stop(false, true)，若宽度变化的动画被强行停止，则直接将宽度设置为动画规定的终值 200 像素，之后接着执行高度变化的动画。

> **注意** 在观察运行效果的过程中，最好在执行第一个动画（也就是宽度变化的动画）的过程中单击"停止动画"按钮，这样能够有效观察 stopAll 和 goToEnd 这两个参数的作用。

三、关闭和延迟动画

除了停止动画的方法之外，jQuery 还提供了关闭和延迟动画的属性和方法。

1．关闭动画——off 属性

off 属性的取值为 true 时，在其后定义的所有动画都将被关闭，将元素的各种样式属性值直接设置为动画所定义的最终状态。

> **注意**　该属性若要生效，则必须在所有动画开始之前使用，使用方法如下。
>
> jQuery.fx.off = true;
>
> jQuery.fx.off 属性用于对所有动画进行全局禁用或启动。

2．延迟动画——delay()方法

delay()方法用于设置动画队列中下一个动画启动的延迟时间。

格式：`$(selector).delay(speed,queueName)`

参数 queueName 用于规定动画队列的名称，默认为 fx。

例如：

```
$("div").animate({width: '200px'}, 1000)
$("div").delay(5000)
$("div").animate({height: '200px'}, 1000)
```

上面的代码表示，在执行完成宽度变化的动画之后要延迟 5s 再执行高度变化的动画。

小结

本项目设计了 7 个独立的小动画（任务），分别为使用 css()方法实现文本的简单动画，使用显示与隐藏动画方法实现树形列表动画，实现简单的淡入淡出动画，使用上卷下拉方法实现折叠框动画、百叶窗动画和阶梯式上卷下拉动画等，使用 animate()方法实现返回顶部的滚动动画以及对动画进行各种控制等，在动画实现的过程中穿插讲解各种动画方法及队列控制方法等相关知识点。

习题

一、选择题

1. 关于淡入淡出动画，下列说法正确的有哪些？（　　　　）
    A. 改变的主要是元素的透明度
    B. fadeOut()在元素从淡出到透明度为 0 时会将元素隐藏，不占据空间
    C. 元素的高度也会跟随变化
    D. 使用 fadeTo()将透明度变为 0 之后，元素不隐藏，继续占用空间

2. 在淡入淡出动画中，哪个方法有 3 个参数？（　　　　）
    A. fadeIn()　　　　　B. fadeOut()　　　　　C. fadeTo()　　　　D. fadeToggle()

3. 若对同一个元素通过 3 个按钮分别设置了 fadeIn()、fadeTo()、fadeOut()，则下面说法正确的是（　　　　）。
    A. 无论何时执行 fadeIn()设置的动画，透明度都会从 0 变为 1
    B. 无论何时执行 fadeOut()设置的动画，透明度都会从 1 变为 0
    C. 若通过 fadeTo()修改透明度为 0.5，则再执行 fadeIn()时，透明度从 0 变为 0.5
    D. 若通过 fadeTo()修改透明度为 0.5，则再执行 fadeOut()时，透明度从 1 变为 0.5

155

4. 关于显示与隐藏动画执行过程中改变的样式属性，下列说法正确的是（　　　）。

  A. 只改变宽度、高度   B. 改变宽度、高度和填充

  C. 改变宽度、高度、填充和边距   D. 改变宽度、高度、填充、边框、边距

5. 关于上卷下拉动画，下面说法正确的是（　　　）。

  A. 该动画只改变元素的高度

  B. 动画同时改变高度和上下填充

  C. 动画同时改变高度、上下填充和上下边距

  D. 动画同时改变高度、上下填充、上下边框和上下边距

6. 下列关于动画的描述中，正确的有哪些？（　　　）

  A. 动画回调函数会优先于动画执行

  B. 与动画方法并列的 css()方法，在代码中无论是在动画方法的前面还是后面，都会优先于动画方法执行

  C. 使用 animate()能够改变文本的颜色

  D. animate()只能改变取值为数字值的样式属性

二、简答题

1. 队列控制方法通常用于控制什么？如何控制？向队列中添加函数和从队列中提取函数的方法分别是什么？

2. 如果页面中有 5 个并列的段落元素，初始状态都为隐藏，则下面的代码能否实现 5 个段落元素逐个显示？为什么？

$("p:eq(0)").show(1000).next().show(1000).next().show(1000).next().show(1000).next().show(1000)

三、操作题

实现一个围绕圆心收缩的圆圈，要求如下。

给定一个 div，初始宽度和高度都为 50 像素，背景色为#eef，圆形效果，上边距为 200 像素，左右边距为 auto，下边距为 0。

当单击该 div 时，以原来的圆心为中心点，在 2s 内将整个 div 的宽度和高度扩大到 400 像素，上边距缩小为 25 像素，由圆形变为正方形；保持改变后的状态 1s 之后，再将 div 的样式恢复为初始效果。

项目6
图像轮播

06

【情景导入】

小明为某个网站做了一个轮播图，制作完成后，项目经理从用户友好性的角度提出了意见和建议：轮播图不能只限于让图片轮播，当用户需要停止或者向前切换图片时，要能够满足用户的需求，而且最好能够提供索引信息，方便用户观察当前正在显示的是哪一幅图片。按照项目经理的要求，小明进行了深度修改，发现轮播图的实现有很多要学习的内容和技巧。

【知识点及项目目标】

- 掌握索引切换轮播中索引的变化规律。
- 掌握滚动轮播中定位的应用及坐标的变化规律。
- 掌握手动控制滚动轮播中 is(":animated")函数的重要作用。
- 理解滚动轮播中循环定时器的间隔时间设置与动画间隔时间设置的关系要求。

图像轮播有多种轮播方式，无论是哪种轮播方式，对参与轮播的图片的命名要求都基本一致，就是图片文件的名称需要由统一的字符串和数字索引组成，如 img01.jpg、img02.jpg、img03.jpg等，也可以是只有数字索引的形式，这样的命名方式方便在自动循环轮播过程中由当前图片得到下一幅图片。

【素养要点】

厚植爱国情怀

任务 6.1　索引切换轮播

【任务描述】

有 6 幅图片参与索引切换轮播，图片文件名称分别为 lunbotu01.jpg ～ lunbotu06.jpg。在轮播过程中，当鼠标指针指向图片 div 时，停止轮播；当鼠标指针离开图片 div 时，继续轮播。鼠标指针指向图片 div 时，能够在图片 div 两侧显示向左箭头和向右箭头，单击向左箭头，轮播的图片向后退；单击向右箭头，轮播的图片向前进。无论是后退还是前进，当鼠标指针离开图片 div 时，都顺着当前的索引继续轮播。图片内部靠下位置设置索引，随着图片的轮播，索引的状态也在变化。

鼠标指针指向图片时的运行效果如图 6-1 所示。

图 6-1 是轮播显示 lunbotu03.jpg 时，将鼠标指针指向图片的效果，此时在图片两侧显示了白色的向左箭头和向右箭头，下面的索引 3 显示为红底白字，其他 5 个索引则显示为白底红字。

图 6-1　轮播显示第 3 幅图片时鼠标指针指向的效果

【任务实现】

任务实现分为实现简单的索引切换轮播功能和扩展索引切换轮播功能两个部分。

一、实现简单的索引切换轮播功能

简单的索引切换轮播是指不添加任何控制功能，轮播开始之后，只能不停地进行下去的轮播。

在页面中设置一个类名为 divImg 的 div，水平居中，宽度和高度由要显示图片的宽度和高度确定；在 divImg 中添加一个图片元素，初始时显示的图片是参与轮播的第 1 幅图片 lunbotu01.jpg。

索引切换轮播功能的实现步骤包括如下 3 步。

第一步，定义全局变量 i，并设置初始值为第 1 幅图片的索引。

第二步，定义函数 imgSwitch()，函数功能如下。

- 为全局变量 i 增值。
- 判断 i 的值是否超过最后一幅图片的索引 6，若超过，则将 i 值修改为 1，回到第 1 幅图片。
- 设置索引为 i 的图片作为图片区域中的内容。

第三步，在函数外面使用循环定时器设置每间隔 1s 调用一次 imgSwitch()函数。

【示例 6-1】创建页面文件"简单的索引切换轮播.html"，实现简单的索引切换轮播功能。页面代码如下。

```
<!DOCTYPE html>
<html>
    <head>
        <meta charset="utf-8">
        <title>简单的索引切换轮播</title>
        <style type="text/css">
            .divImg{width: 730px; height: 454px; padding: 0; margin: 10px auto; }
        </style>
    </head>
```

```
<body>
    <div class="divImg">
        <img src="images/lunbotu01.jpg" >
    </div>
    <script type="text/javascript" src="../jquery-1.11.3.min.js"></script>
    <script type="text/javascript">
        var i = 1;
        function imgSwitch(){
            i++;
            if ( i == 7 ){ i = 1; }
            $(".divImg>img").attr("src","images/lunbotu0" + i + ".jpg");
        }
        setInterval(imgSwitch, 1000);
    </script>
</body>
</html>
```

 注意 函数 imgSwitch()内部一定要先执行索引变量 i 的增值，再进行判断。

二、扩展索引切换轮播功能

对索引切换轮播功能的扩展包括停止和重启轮播、跟随轮播图变化的数字索引、单击数字索引切换图片、后退和前进功能等，下面的功能都在简单的索引切换轮播页面代码的基础上实现。

6-2　微课

停止和重启索引
切换轮播

1. 停止和重启轮播

鼠标指针指向 div 时，通过结束循环定时器停止索引切换轮播过程。

鼠标指针离开 div 时，通过重启循环定时器重启索引切换轮播过程。

功能分析：循环定时器返回的标识在鼠标指针指向和离开 div 时执行的函数中都要使用，因此需要将其定义为一个全局变量。

增加的代码如下。

```
1:         var timer = setInterval(imgSwitch, 1000)
2:         $(".divImg").mouseover(function(){
3:             clearInterval(timer);
4:         })
5:         $(".divImg").mouseout(function(){
6:             timer = setInterval(imgSwitch, 1000)
7:         })
```

脚本代码解释如下。

第 1 行，将循环定时器返回的标识保存到全局变量 timer 中。

第 2 行～第 4 行，为 divImg 的鼠标指针指向（mouseover）事件注册函数，函数功能是清除 timer 标识，结束当前的循环定时器。

第 5 行～第 7 行，为 divImg 的鼠标指针离开（mouseout）事件注册函数，重启循环定时器，将返回的标识保存在变量 timer 中。

【思考问题】

使用上面的代码控制轮播过程的停止和重启之后，**页面刚开始运行时，若将鼠标指针先指向 divImg，则等轮播开始之后再离开**，则存在循环定时器叠加的问题，当鼠标再次指向轮播图时，无法停止轮播过程，这是为什么？要如何解决？。

【问题解析】

初始时使用 timer = setInterval(imgSwitch, 1000)调用函数，说明程序运行 1s 之后才开始调用函数 imgSwitch()。若在 1s 之内（imgSwitch()函数还未调用时）将鼠标指针指向了 divImg，则此时因为轮播没有开始，不存在循环定时器标识 timer，所以执行代码 clearInterval(timer)是无效的；1s 之后，会自动通过循环定时器启用轮播，生成的循环定时器标识（假设该标识是 01）保存在 timer 中。轮播开始后将鼠标指针离开 divImg 时，会因为触发 mouseout 事件而再次执行代码 timer = setInterval(imgSwitch, 1000)，假设这次生成的循环定时器标识为 02，之前生成的循环定时器标识的 01 被当前生成的 02 覆盖，这样的结果是轮播过程存在着叠加的两个循环定时器交叉控制图片切换，图片切换的时间明显变短，切换速度明显变快。当鼠标指针再次指向 divImg 时，只能覆盖第二次生成的循环定时器标识 02，第一次生成的循环定时器标识 01 因为已经被 02 覆盖掉，将无法通过 clearInterval(timer)覆盖，轮播过程仍旧会继续进行。

【解决方案】

解决上述问题需要修改完善两个函数的代码。

第一，修改停止轮播的函数，在停止循环定时器之后设置 timer = null。

第二，修改重启轮播的函数，在重新使用循环定时器启用轮播之前，先判断 timer 是否是 null，若 timer 是 null 就重新启用，若 timer 不是 null 则不启用。

修改后的代码如下。

```
var timer = setInterval(imgSwitch, 1000)
$(".divImg").mouseover(function(){
    clearInterval(timer);
    timer = null;
})
$(".divImg").mouseout(function(){
    if( timer == null ){
        timer=setInterval(imgSwitch,1000);
    }
})
```

2. 跟随轮播图变化的数字索引

在轮播图中添加跟随轮播图变化的数字索引，需要先添加表示数字索引的元素并设计样式，再实现脚本功能。

（1）需要添加的元素及样式要求

需要在 divImg 内部靠下的位置添加一个采用绝对定位的 div，id 为 divInd，div 的具体样式要求为：宽度为 190 像素，高度为 28 像素，z 轴取值为 3（div 靠前），纵坐标 bottom 为 20 像素，横坐标 left 为 200 像素；在 div 内部使用横向排列的块元素 span 添加索引，通过设置 float:left 将 span 设置为横向排列的块元素，宽度和高度都是 25 像素，填充是 0，边距是 1 像素，边框为 1 像素实线，颜色为#a0a，圆形效果，字号为 12pt，使用 text-align:center 设置文本水平居中，使用 line-height:25px 设置文本垂直居中，字体加粗，初始时为白底红字，即背景色为白色，前景色为红色；当前正在显示的图片的索引则使用子对象选择器#divInd>span.show{}设置为红底白字效果。

6-3 微课

添加数字索引

样式代码如下。

```
#divInd{width: 190px; height: 28px; position: absolute; z-index: 3; bottom:
20px; left: 200px;}
#divInd>span{
    float: left; width: 25px; height: 25px; padding: 0; margin: 1px;
    border: 1px solid #a0a; border-radius: 50%; color: #f00; background: #fff;
    font-size: 12pt; text-align: center; line-height: 25px; font-weight: bold;
}
#divInd>span.show{color: #fff; background: #f00;}
```

注意 因为 divImg 添加了一个绝对定位的子元素 divInd，所以 divImg 必须设置为相对定位。

在原来的图片元素<img src="images/lunbotu01.jpg" >后面添加如下页面元素代码。

```
<div id="divInd"><span class="show">1</span><span>2</span><span>3</span>
<span>4</span><span>5</span><span>6</span></div>
```

注意 初始时内容为 1 的 span 元素引用类名 show，显示为红底白字，其余 5 个 span 元素默认为白底红字效果。

（2）脚本代码的修改要求

在 imgSwitch()函数体原有内容的最后添加如下代码。

```
$("#divInd>span").removeClass('show');
$("#divInd>span").eq(i - 1).addClass('show');
```

先使用$("#divInd>span").removeClass("show")为所有 span 元素移除类名 show，再使用$("#divInd>span").eq(i-1).addClass('show')对索引为 i-1，内容为 i 的 span 元素添加类名 show。若正在显示的图片是 lunbotu03.jpg，则函数 imgSwitch()中的变量 i 取值是图片的索引 3，该图片对应的 span 元素的文本是数字 3，但是 span 元素的索引是数字 2。

3．单击数字索引切换图片

为数字索引元素添加样式属性 cursor: pointer，设置鼠标指针形状为手状。

功能说明：单击 span 元素，将指定索引对应的图片切换为 divImg 可视区域中显示的图片，之后以该索引为起点计算接下来要显示的图片。

定义 span 元素的 click 事件函数，功能如下。

- 获取所单击 span 元素的数字内容，该数字内容需要保存在全局变量 i 中，以保证显示指定图片之后能够以该图片作为起点继续进行轮播。

- 将变量 i 作为要显示图片的索引，设置 img 元素的 src 属性取值。
- 为所有 span 元素移除类名 show。
- 为当前所单击的 span 元素添加类名 show。

脚本代码如下。

```
1:          $("#divInd>span").click(function(){
2:              i = $(this).text();
3:              $(".divImg>img").attr("src","images/lunbotu0" + i + ".jpg");
4:              $("#divInd>span").removeClass('show')
5:              $(this).addClass('show')
6:          })
```

脚本代码解释如下。

第 2 行，使用 text()方法获取当前单击的<span></span>之间的文本内容，也就是图片的索引。

第 5 行，对当前 span 元素添加类名 show，也可使用代码$("#divInd>span").eq(i-1).AddClass('show')。

4. 后退和前进功能

鼠标指针指向图片 div 时，能够在两侧显示向左和向右箭头，单击向左箭头，轮播的图片后退；单击向右箭头，轮播的图片前进。无论是后退还是前进，当鼠标指针离开图片 div 时，都将顺着当前的索引继续执行函数 imgSwitch()。

6-4　微课

前进和后退功能

（1）元素添加及样式设计

在 "<div id="divInd">...</div>" 后面添加如下代码。

```
<div id="toLeft">&lt;</div>
<div id="toRight">&gt;</div>
```

上面代码中的特殊符号<表示 "<"，>表示 ">"。

向左、向右箭头都直接使用 div 元素创建，宽度为 30 像素，高度为 30 像素，需要设置为绝对定位，纵坐标大致设置在 divImg 垂直方向中间位置，根据 divImg 的高度 454 像素，确定纵坐标 top 取值为 200 像素，向左箭头的横坐标 left 取值为 20 像素，向右箭头的横坐标 right 取值为 20 像素，鼠标指针形状为手状，初始状态为隐藏状态，鼠标指针指向 divImg 可视区域时显示；向左箭头的内容是 "<"，向右箭头的内容是 ">"，字号为 2rem，效果为白色加粗。

样式代码如下。

```
#toLeft,#toRight{
    width:30px; height: 30px; position: absolute; top:200px;
    font-size:2rem; color: #fff; font-weight: bold; display: none;
cursor:pointer
}
#toLeft{left: 20px; }
#toRight{right:20px; }
.divImg:hover>#toLeft, .divImg:hover>#toRight{display: block;}
```

上面样式代码的最后一行使用选择器.divImg:hover>#toLeft 和.divImg:hover>#toRight 设置鼠标指针指向 divImg 可视区域时显示向左、向右两个箭头。

（2）脚本代码

单击向左箭头时，将表示图片索引的全局变量 i 的取值减去 1，i 如果变为 0，则恢复为最大索引 6，设置索引为 i 的图片为当前显示的图片；对表示索引的所有 span 元素移除类名 show，对索引为 i-1 的 span 元素引用类名 show。

单击向右箭头时，直接调用函数 imgSwitch() 即可。

脚本代码如下。

```
$("#toLeft").click(function(){
    i--;
    if(i == 0 ){i = 6;}
    $("img").prop("src","images/lunbotu0" + i + ".jpg");
    $("#divInd>span").removeClass('show')
    $("#divInd>span").eq(i - 1).addClass('show')
})
$("#toRight").click(function(){
    imgSwitch()
})
```

5. 完整的轮播控制代码

增加轮播控制之后的完整代码如下。

```html
<!DOCTYPE html>
<html>
    <head>
        <meta charset="utf-8">
        <title>索引切换轮播</title>
        <style type="text/css">
            .divImg{width: 730px; height: 454px; padding: 0; margin: 10px auto;
position: relative;}
            #divInd{width: 190px; height: 28px; position: absolute; z-index: 3; bottom:
20px; left: 200px;}
            #divInd>span{
                float: left; width: 25px; height: 25px; padding: 0; margin: 1px;
                border: 1px solid #a0a; border-radius: 50%; color: #f00; background: #fff;
                font-size: 12pt; text-align: center; line-height: 25px; font-weight: bold;
            }
            #divInd>span.show{color: #fff; background: #f00;}
            #toLeft,#toRight{ width:30px; height: 30px; position: absolute; top:220px;
                font-size:2rem; color: #fff; font-weight: bold; display: none;
cursor:pointer; }
            #toLeft{left: 20px; }
            #toRight{right:20px; }
            .divImg:hover>#toLeft,.divImg:hover>#toRight{display: block;}
        </style>
    </head>
    <body>
        <div class="divImg">
            <img src="images/lunbotu01.jpg" >
            <div id="divInd"><span class="show">1</span><span>2</span><span>3 </span>
<span>4</span><span>5</span><span>6</span></div>
            <div id="toLeft">&lt;</div>
            <div id="toRight">&gt;</div>
        </div>
        <script type="text/javascript" src="../jquery-1.11.3.min.js"></script>
```

```
                <script type="text/javascript">
                    var i = 1;
                    function imgSwitch(){
                        i++;
                        if ( i == 7 ){ i = 1; }
                        $(".divImg>img").attr("src","images/lunbotu0" + i + ".jpg");
                        $("#divInd>span").removeClass('show')
                        $("#divInd>span").eq(i-1).addClass('show')
                    }
                    var timer = setInterval(imgSwitch, 1000)
                    $(".divImg").mouseover(function(){
                        clearInterval(timer);
                        timer = null;
                    })
                    $(".divImg").mouseout(function(){
                        if( timer == null ){
                            timer=setInterval(imgSwitch,1000);
                        }
                    })
                    $("#divInd>span").click(function(){
                        i = $(this).text();
                        $(".divImg>img").attr("src","images/lunbotu0" + i + ".jpg");
                        $("#divInd>span").removeClass('show')
                        $(this).addClass('show')
                    })
                    $("#toLeft").click(function(){
                        i--;
                        if(i == 0){i = 6;}
                        $("img").prop("src","images/lunbotu0"+i+".jpg");
                        $("#divInd>span").removeClass('show')
                        $("#divInd>span").eq(i-1).addClass('show')
                    })
                    $("#toRight").click(function(){
                        imgSwitch()
                    })
                </script>
            </body>
        </html>
```

任务 6.2　使用 animate() 实现无缝滚动轮播

【任务描述】

　　轮播内容以"大美中国"为主题，展示祖国的大好河山。共有 7 幅图片参与无缝滚动轮播，图片文件名称分别是 image01.jpeg～image07.jpeg，每幅图片的下面都有一行介绍文本，文本跟随图片进行轮播。在轮播过程中，当鼠标指针指向图片 div 时，停止滚动轮播过程；当鼠标指针离开图片 div 时，继续滚动轮播过程。鼠标指针指向图片 div 时，能够在图片 div 两侧显示向左和向右按钮，单击向左按钮，轮播的图片向后滚动；单击向右按钮，轮播的图片向前滚动。无论是向后还是向前，当鼠标指针离开图片 div 时，都将顺着当前的索引继续滚动。图片下面设置索引，随着图片的切换，索引也跟随变化。

无缝滚动轮播的运行效果如图 6-2 所示。

图 6-2　无缝滚动轮播运行效果

图 6-2 所示的效果是由第 7 幅图片向第 1 幅图片无缝滚动轮播的效果，左侧为第 7 幅图片的右半部分，右侧为第 1 幅图片的左半部分，下面的文字是第 1 幅图片的文字，索引是第 1 幅图片的索引 01。

【素养提示】

大美中国轮播图展示祖国大好河山，厚植爱国情怀。

【任务实现】

任务实现包含实现简单的无缝滚动轮播功能和扩展无缝滚动轮播功能两个部分。

一、实现简单的无缝滚动轮播功能

接下来从页面元素结构、样式、轮播原理及脚本实现几个方面对实现简单的无缝滚动轮播功能展开讲解，并对轮播过程中存在的几个典型问题给出解决方案。

【示例 6-2】创建页面文件"简单的无缝滚动轮播.html"，实现简单的无缝滚动轮播功能。

1. 无缝滚动轮播区域页面元素的结构及样式说明

页面元素代码如下。

6-5　微课

简单的无缝滚动
轮播

```
<body>
    <div class="divH">大美中国</div>
    <div class="divW">
        <ul>
            <li><img src="images/image01.jpeg"><p>黄山，天下奇山之一</p></li>
            <li><img src="images/image02.jpeg"><p>梅里雪山，云南第一高峰，盛产各种名贵
药材</p></li>
            <li><img src="images/image03.jpeg"><p>九寨沟，蕴藏了丰富、珍贵的动植物资源
</p></li>
            <li><img src="images/image04.jpeg"><p>三江源，孕育长江、黄河、澜沧江的摇篮
</p></li>
            <li><img  src="images/image05.jpeg"><p>塔里木河，中国第一大内陆河
</p></li>
            <li><img src="images/image06.jpeg"><p>泰山，"五岳"之首</p></li>
            <li><img  src="images/image07.jpeg"><p>长城，中国古代的军事防御工事
</p></li>
            <li><img src="images/image01.jpeg"><p>黄山，天下奇山之一</p></li>
        </ul>
    </div>
</body>
```

（1）在上面代码中，图片 image01.jpeg 在开始和最后各要出现一次。根据上面代码可知，轮播区域元素的结构为 div>ul>li>img+p，共有 4 个层次。

（2）轮播区域的上方是显示"大美中国"标题的 div，类名为 divH，宽度与图片宽度相同，即640 像素，高度为 50 像素，边距为 10 像素，字号为 16pt，文本水平居中，文本行高为 50 像素，字间距为 10 像素，文本红色加粗。

（3）轮播区域最外层的 div，类名为 divW，用于设置轮播图的显示区域，宽度与图片宽度相同，高度为 470 像素，比图片高度多出 45 像素，用于显示图片下方的文字；超出显示区域之外的所有内容必须使用 overflow:hidden 设置为隐藏状态。另外，因为内部的 ul 元素需要绝对定位，所以divW 必须设置为相对定位。

（4）divW 内部使用了无序列表 ul 中的列表项元素 li 来摆放参与轮播的所有图片。ul 的填充和边距都需要设置为 0，高度与 divW 高度相同，宽度比参与滚动轮播的图片总宽度多出一幅图片的宽度，若每幅图片的宽度为 640 像素，有 7 幅图片参与滚动轮播，则 ul 的宽度需要设置为 8 幅图片的宽度，即 5120 像素，这是因为第 1 幅图片要在最后再出现一次，即最后一幅图片和第 1 幅图片都是 image01.jpeg，当滚动轮播显示到最后一幅图片时，以"偷梁换柱"的方式将 ul 的横坐标值切换为第 1 幅图片的横坐标值，以确保第 1 幅图片能够与最后一幅图片无缝衔接起来。所谓滚动轮播，实际上是通过脚本代码改变 ul 的 left 坐标值实现的，因此 ul 必须设置为使用绝对定位，依据使用相对定位的父元素 divW 来设置 ul 的 left 坐标值。

（5）li 元素与图片同宽同高，每个 li 中添加一幅图片和这幅图片的文字介绍，样式设置中去掉列表符号和默认的填充、边距取值，设置为向左浮动，从而做到将所有图片像胶卷一样连在一起。

（6）初始时，设置 ul 的横坐标和纵坐标与第 1 幅图片的横坐标和纵坐标相同，都是 0，在 divW可视区域内显示第 1 幅图片，页面效果如图 6-3 所示。

divW可视区域内
显示第一幅图片

右侧7幅图片加上遮罩效果，表示为非可视区域，正常运行时是不显示的

图6-3　无缝滚动轮播初始时的运行效果

> **注意** divW 的可视区域内只有一幅图片，在图 6-3 中显示的是第 1 幅图片，后面 7 幅图片都在 divW 可视区域的右侧，通过设置 overflow:hidden 隐藏。

（7）图片的宽度设置为 640 像素，高度设置为 425 像素。与图片并列的段落元素，边距设置为 10 像素，字号为 12pt，文本行高为 30 像素，文本颜色为红色。

元素的样式代码如下。

```
.divH{width: 640px; height: 50px; margin: 10px; font-size: 16pt; text-align:
center;
        line-height: 50px; color: #f00; font-weight: bold; letter-spacing: 10px;
        }
        .divW{width: 640px; height: 470px; padding: 0; margin: 10px; position:
relative; overflow: hidden; }
        .divW>ul{width: 5120px; height: 470px; padding: 0; margin: 0; position:
absolute; left: 0px; top: 0; }
        .divW>ul>li{list-style: none; padding: 0; margin: 0; width: 640px; height:
425px; float: left;}
        .divW>ul>li>img{width: 640px; height: 425px;}
        .divW>ul>li>p{margin: 10px; font-size: 12pt; line-height: 30px; color: #f00;}
```

2．滚动轮播的实现原理

若初始时向后轮播，则 ul 的初始 left 坐标值设置为 0，此时第 1 幅图片位于 divW 的可视区域中，其他图片都位于 divW 可视区域的右侧，每向后轮播一幅图片，left 值就要在原来取值的基础上减去图片宽度。若第 2 幅图片位于 divW 可视区域中，则 left 坐标值为初始取值 0 减去图片宽度 640 像素，即−640 像素。若第 3 幅图片位于 divW 可视区域中，则 ul 的 left 坐标值为−640 像素再减去 640 像素，即−1280 像素，以此类推。若第 8 幅图片（最后的 image01.jpeg）位于 divW 可视区域中，则 ul 的 left 坐标值为−4480 像素，此时需要将 left 坐标值修改为 0，通过这种方式将第 1 幅图片切换到 divW 的可视区域中，实现无缝滚动轮播中的首尾无缝衔接。显示第 4 幅图片时的运行效果如图 6-4 所示。

divW的可视区域显示第4幅图片，此时ul的left坐标值为-1920像素

图6-4　无缝滚动轮播显示第 4 幅图片时的运行效果

在图 6-4 中，divW 可视区域中显示的是第 4 幅图片，此时 ul 的 left 坐标值为−1920 像素，第 1 幅图片、第 2 幅图片和第 3 幅图片位于 divW 可视区域的左侧，第 5 幅图片、第 6 幅图片、第 7 幅图

片和最后的第 1 幅图片都位于 divW 可视区域的右侧。

修改 ul 的 left 坐标值时，需要使用 jQuery 提供的动画方法 animate()完成，使用该动画方法设置在指定间隔时间内完成 ul 的 left 坐标值的变化，以获得滚动轮播的动画效果。

3．定义函数实现轮播

这里设定的函数名称为 lunbo()，函数内容如下。

通过判断 ul 的 offsetLeft 属性取值是否是−4480，判断当前 divW 可视区域显示的是否是最后一幅图片（是指尾部增加的第 1 幅图片），若是最后一幅图片，则将 ul 的 left 取值设置为 0，重新定位到开始的第 1 幅图片。

使用 animate()方法设置 ul 的 left 坐标值在原来的基础上减去图片宽度 640 像素，坐标值的变化过程在 1000ms 内完成，即$("ul").animate({left: "-=640px"}, 1000);。

在函数外面启动循环定时器，设置每间隔 3000ms 调用函数 lunbo()，循环定时器要返回循环定时器标识，将其存放在全局变量中，为后面停止轮播做准备。

代码如下。

```
function lunbo(){
    if($("ul")[0].offsetLeft == -4480){
        $("ul").css('left', 0);
    }
    $("ul").animate({left: "-=640px"}, 1000);
}
var timer = setInterval(lunbo, 3000);
```

【思考问题】

假设将循环定时器的间隔时间设置为 800ms，当滚动轮播进行到最后一幅图片（尾部名称是 image01.jpeg 的图片）时，运行效果如图 6-5 所示。

6-6　微课

定时器时间间隔
问题

图 6-5　循环定时器间隔时间小于 animate()设置的动画持续时间的运行效果

图 6-5 左侧显示的是最后一幅图片的右半部分，其后没有其他图片，显示为空白，当这幅图片向左滚动完毕后，整个 divW 可视区域都是空白的。

若循环定时器的间隔时间小于 animate()设置的动画持续时间，则当最后一幅图片向左滚动之后，无法正确定位到第 1 幅图片的位置，导致无缝滚动轮播失败。

请大家思考，为什么会出现这种情况？要如何避免？

【问题解析】

在 lunbo()函数开始添加代码 console.log($("ul")[0].offsetLeft)，该代码的作用是，每次使用 setInterval(lunbo, 800)重新调用 lunbo()函数时，都要输出当前 ul 元素的横坐标 left 取值，方便观察结果。

第一轮滚动过程的输出结果如图 6-6 所示。

图 6-6　循环定时器间隔时间小于 animate()设置的动画持续时间时输出的 ul 横坐标值

为了进行对比说明，将循环定时器间隔时间设置为 3000ms，在无缝滚动轮播正常进行时再次输出 ul 的 left 横坐标值，如图 6-7 所示。

在图 6-7 所示的输出结果中，每个数字都是图像宽度 640 像素的倍数，也就是每次循环调用 lunbo()函数时，都是在完成一幅图片的轮播动画之后进行的，这样使得 lunbo()函数中的 if($("ul")[0].offsetLeft == −4480)语句一定能够成立（−4480 是图 6-7 中控制台第 8 次输出的数字），所以跳转到第 1 幅图片坐标的$("ul").css('left',0)代码一定能够被执行，从而实现无缝滚动轮播的效果。

再看图 6-6 所示的输出结果，除了第一次的数字 0 之外，第二次的结果−620 中的数字 620 小于一幅图片的宽度 640，说明第 1 幅图片没有滚动完毕就开始第二次调用 lunbo()函数，第三次结果中的数字 1215 小于两幅图片的宽度 1280，说明第 2 幅图片没有滚动完毕就开始第三次调用 lunbo()函数，以此类推，导致的结果是循环调用 lunbo()函数时无法获取到−4480 这个坐标值，使得语句 if($("ul")[0].offsetLeft == -4480)永远不能成立，从而无法实现由最后一幅图片到第 1 幅图片的切换过程，导致无缝滚动轮播失败。

图 6-7 循环定时器间隔时间大于 animate()设置的动画持续时间时输出的 ul 横坐标值

【解决方案】

循环定时器的间隔时间必须大于 animate()设置的动画持续时间，按照当前给定的代码，至少要多出 5ms 的时间，这是因为 lunbo()函数中除了 animate()动画方法之外，还有前面的获取 ul 坐标的语句和条件判断语句，这些语句的执行都需要花费时间，这是大家在使用 jQuery 实现无缝滚动轮播时需要注意的时间设置问题。

4．完整的无缝滚动轮播代码

完整的无缝滚动轮播代码如下。

```html
<!DOCTYPE html>
<html>
    <head>
        <meta charset="utf-8">
        <title>简单的无缝滚动轮播</title>
        <style type="text/css">
            .divH{width: 640px; height: 50px; margin: 10px; font-size: 16pt; text-align:
center;
                line-height: 50px; color: #f00; font-weight: bold; letter-spacing: 10px;
                }
            .divW{width: 640px; height: 470px; padding: 0; margin: 10px; position:
relative; overflow: hidden; border: 1px solid #00f; }
            .divW>ul{width: 5120px; height: 470px; padding: 0; margin: 0; position:
absolute; left: 0; top: 0; }
            .divW>ul>li{list-style: none; padding: 0; margin: 0; width: 640px; height:
425px; float: left;}
            .divW>ul>li>img{width: 640px; height: 425px;}
```

```
            .divW>ul>li>p{margin: 10px; font-size: 12pt; line-height: 30px; color:
#f00;}
        </style>
    </head>
    <body>
        <div class="divH">大美中国</div>
        <div class="divW">
            <ul>
                <li><img src="images/image01.jpeg"><p>黄山，天下奇山之一</p></li>
                <li><img src="images/image02.jpeg"><p>梅里雪山，云南第一高峰，盛产各种名贵
药材</p></li>
                <li><img src="images/image03.jpeg"><p>九寨沟，蕴藏了丰富、珍贵的动植物资源
</p></li>
                <li><img src="images/image04.jpeg"><p>三江源，孕育长江、黄河、澜沧江的摇篮
</p></li>
                <li><img src="images/image05.jpeg"><p>塔里木河，中国第一大内陆河
</p></li>
                <li><img src="images/image06.jpeg"><p>泰山，"五岳"之首</p></li>
                <li><img src="images/image07.jpeg"><p>长城，中国古代的军事防御工事
</p></li>
                <li><img src="images/image01.jpeg"><p>黄山，天下奇山之一</p></li>
            </ul>
        <script type="text/javascript" src="../jquery-1.11.3.min.js"></script>
        <script type="text/javascript">
            function lunbo(){
                console.log($("ul")[0].offsetLeft);
                if($("ul")[0].offsetLef t== -4480){
                    $("ul").css('left', 0);
                }
                $("ul").animate({left: "-=640px"}, 1000);
            }
            var timer = setInterval(lunbo,3000);
        </script>
    </body>
</html>
```

二、扩展无缝滚动轮播功能

对无缝滚动轮播功能的扩展包括 3 个方面：停止和重启滚动轮播、跟随图片
变化的数字索引、后退和前进功能。扩展无缝滚动轮播功能在简单无缝滚动轮播
功能的基础上完成。

1. 停止和重启滚动轮播

鼠标指针指向 div 时，通过结束循环定时器停止滚动轮播过程。

鼠标指针离开 div 时，通过重启循环定时器重启滚动轮播过程。

该功能的实现过程与索引切换轮播的是一致的。

增加的代码如下。

6-7 微课

扩展无缝滚动
轮播

```
$(".divW").mouseover(function(){
    clearInterval(timer);
    timer = null;
}).mouseout(function(){
    if(timer == null){
        timer=setInterval(lunbo, 2000);
    }
})
```

2. 跟随图片变化的数字索引

要实现跟随图片变化的数字索引，需要在 divW 下方添加一个 id 为 divInd 的 div，div 的具体样式要求为：宽度为 620 像素，高度为 30 像素，右填充为 20 像素，边距为 0，字号为 10pt，字体加粗，文本向右对齐，文本行高为 30 像素，文本颜色为红色。

样式代码如下。

```
#divInd {
    width: 620px; height: 30px; padding-right: 20px; margin: 0;
    font-size: 10pt; font-weight: bold; text-align: right; line-height:
30px; color: #f00;
}
```

在原来的页面元素<div class="divW">...</div>后面添加的页面元素代码如下。

```
<div id="divInd">-- <span>01</span> --</div>
```

> **注意** 在 id 为 divInd 的 div 内部使用 span 元素添加索引，初始时显示第 1 幅图片，设置对应的索引为 "01"。

接下来完成脚本代码的修改。

在 lunbo()函数前面定义表示图片索引的全局变量 i，初始值为 1，表示当前正在显示的是第 1 幅图片，因为参与轮播的图片一共有 7 幅，所以 i 的取值范围为 1~7。

修改 lunbo()函数。

在函数体原有内容的最后使用 i++完成变量 i 的增值。之后，判断若 i 的值变为 8，，则将其重置为初始值 1；设置 divInd 内部 span 元素的文本内容为字符 "0" 连接变量 i 的取值，如 "01"。

修改后的 lunbo()函数代码如下。

```
var i=1;
function lunbo(){
    if($("ul")[0].offsetLeft == -4480){
        $("ul").css('left', 0);
    }
    $("ul").animate({left: "-=640px"}, 1000);
    i++;
    if(i == 8){i = 1;}
    $("#divInd>span").text("0" + i);
}
var timer = setInterval(lunbo, 3000);
```

3. 后退和前进功能

后退和前进功能分别使用向左箭头和向右箭头按钮实现，增加按钮后的页面运行效果如图 6-8 所示。

鼠标指针指向图片 div 时，能够在图片 div 两侧显示向左和向右按钮。单击向左按钮，轮播的图片向后滚动；单击向右按钮，轮播的图片向前滚动。无论是向后还是向前，当鼠标指针离开图片 div 时，都将顺着当前的索引继续执行 lunbo()函数。

（1）元素添加和样式设计

在<ul>…</ul>后面添加如下代码。

```
<button id="back">&lt;</button>
<button id="forward">&gt;</button>
```

在上面给定的元素代码中，向左、向右按钮都是 button 元素，样式要求为：宽度为 30 像素，高度为 30 像素，采用绝对定位，纵坐标大约在图片垂直方向中间的位置，根据 divW 中图片的高度为 425 像素，确定纵坐标 top 取值为 200 像素，向左按钮的横坐标 left 取值为 20 像素，向右按钮的横坐标 right 取值为 20 像素，鼠标指针形状为手状，初始状态为隐藏，当鼠标指针指向 divW 可视区域时显示；向左按钮的内容是"<"，向右按钮的内容是">",字号为 20pt，效果为红色加粗。

图 6-8　滚动轮播中的向左、向右按钮

样式代码如下。

```
#back,#forward{
    width: 30px; height: 30px; background: #fff; position: absolute; top:
200px; cursor: pointer;
    font-size: 20pt; color: #f00; font-weight: bold; line-height: 30px;
text-align: center;
    }
#back{left: 20px;}
#forward{right: 20px;}
.divW>button{ display: none;}
.divW:hover>button{display: block;}
```

在\<ul\>…\</ul\>后面添加如下代码。

```
<button id="back">&lt;</button>
<button id="forward">&gt;</button>
```

（2）脚本代码

单击向左按钮时，首先判断滚动轮播过程是否正在进行。如果滚动轮播过程正在进行，则不做任何操作；否则，若 ul 的横坐标 left 取值为 0（即正在显示的是第 1 幅图片），则将 left 坐标值设置为–4480 像素，重新定位到最后一幅图片。

使用 animate()方法设置 ul 的 left 坐标值在原来的基础上加上图像宽度 640 像素，坐标值的变化过程在 1000ms 内完成，即$("ul").animate({left: "+=640px"}, 1000);。

将表示图片元素索引的全局变量 i 的取值减去 1，i 如果变为 0，则恢复为最大索引 7；设置 divInd 内部 span 元素的文本内容为字符"0"连接变量 i 的取值。

单击向右按钮时，首先判断滚动轮播过程是否正在进行，如果滚动轮播过程正在进行，则不做任何操作；否则直接调用函数 lunbo()即可。

脚本代码如下。

```
$("#back").click(function(){
    if(!$("ul").is(":animated")){
        if($("ul")[0].offsetLeft == 0){
            $("ul").css('left', '-4480px');
        }
        $("ul").animate({left: "+=640px"}, 1000);
        i--;
        if(i == 0){i = 7;}
        $("#divInd>span").text("0" + i);
    }
})
$("#forward").click(function(){
    if ( ! $("ul").is(":animated")){
        lunbo();
    }
})
```

上面代码的判断语句 if(!$("ul").is(":animated"))使用 is(":animated")判断 ul 的动画是否正在进行，若是，则不允许人为控制滚动，若不是，则允许单击向左、向右按钮控制动画。

【思考问题】

如果去掉上面代码中的判断语句 if(!$("ul").is(":animated"))，结果会怎样？为什么？

【问题解析】

以单击向左按钮为例说明，假设去掉$("#back").click(function(){...})中的判断语句，根据代码$("ul").animate({left: "+=640px"},1000)的设置，向右滚动 640 像素需要 1000ms 才能够执行完毕，若单击向左按钮的速度太快，在没有完成 640 像素的滚动过程时就启用下一次的动画执行过程，导致坐标的计算和判断出现混乱，无法得到 0 坐标，则 if($("ul")[0].offsetLeft == 0)无法成立，从而 left 无法变回-4480 像素，也就是第 1 幅图片和第 7 幅图片不能实现无缝衔接，会出现空白，效果如图 6-9 所示。

图 6-9　单击向左按钮过快的运行效果

图 6-9 右侧显示的是第 1 幅图片的左半部分，正常情况下，左侧应该出现第 7 幅图片的右半部分，而此时显示为空白。

4．完整的无缝滚动轮播控制代码

扩展无缝滚动轮播功能之后，完整的无缝滚动轮播控制代码如下。

```html
<!DOCTYPE html>
<html>
    <head>
        <meta charset="utf-8">
        <title>无缝滚动轮播</title>
        <style type="text/css">
            .divH{width: 640px; height: 50px; margin: 10px; font-size: 16pt; text-align: center;
                line-height: 50px; color: #f00; font-weight: bold; letter-spacing: 10px;
            }
            .divW{width: 640px; height: 470px; padding: 0; margin: 10px; position: relative; overflow: hidden; /* border: 1px solid #00f; */ }
            .divW>ul{width: 5120px; height: 470px; padding: 0; margin: 0; position: absolute; left: 0; top: 0; }
            .divW>ul>li{list-style: none; padding: 0; margin: 0; width: 640px; height: 425px; float: left;}
            .divW>ul>li>img{width: 640px; height: 425px;}
            .divW>ul>li>p{margin: 10px; font-size: 12pt; line-height: 30px; color: #f00;}
            #divInd {
                width: 620px; height: 30px; padding-right: 20px; margin: 0;
                font-size: 10pt; font-weight: bold; text-align: right; line-height:
```

```
30px; color: #f00;
              }
              #back,#forward{
                  width: 30px; height: 30px; background: #fff; position: absolute; top:
200px; cursor: pointer;
                  font-size: 20pt; color: #f00; font-weight: bold; line-height: 30px;
text-align: center;
              }
              #back{left: 20px;}
              #forward{right: 20px;}
              .divW>button{ display: none;}
              .divW:hover>button{display: block;}
        </style>
    </head>
    <body>
        <div class="divH">大美中国</div>
        <div class="divW">
            <ul>
                <li><img src="images/image01.jpeg"><p>黄山，天下奇山之一</p></li>
                <li><img src="images/image02.jpeg"><p>梅里雪山，云南第一高峰，盛产各种名贵
药材</p></li>
                <li><img src="images/image03.jpeg"><p>九寨沟，蕴藏了丰富、珍贵的动植物资源
</p></li>
                <li><img src="images/image04.jpeg"><p>三江源，孕育长江、黄河、澜沧江的摇篮
</p></li>
                <li><img src="images/image05.jpeg"><p>塔里木河，中国第一大内陆河
</p></li>
                <li><img src="images/image06.jpeg"><p>泰山，"五岳"之首</p></li>
                <li><img src="images/image07.jpeg"><p>长城，中国古代的军事防御工事
</p></li>
                <li><img src="images/image01.jpeg"><p>黄山，天下奇山之一</p></li>
            </ul>
            <button id="back">&lt;</button>
            <button id="forward">&gt;</button>
        </div>
        <div id="divInd">-- <span>01</span> --</div>
        <script type="text/javascript" src="../jquery-1.11.3.min.js"></script>
        <script type="text/javascript">
            var i=1;
            function lunbo(){
                // console.log($("ul")[0].offsetLeft)
                if($("ul")[0].offsetLeft==-4480){
                    $("ul").css('left',0);
                }
                $("ul").animate({left:"-=640px"},1000);
                i++;
                if(i == 8){i = 1;}
                $("#divInd>span").text("0" + i);
            }
            var timer = setInterval(lunbo,900);
```

```
$(".divW").mouseover(function(){
    clearInterval(timer);
    timer = null;
}).mouseout(function(){
    if(timer == null){
        timer=setInterval(lunbo, 3000);
    }
})
$("#back").click(function(){
    if(!$("ul").is(":animated")){
        if($("ul")[0].offsetLeft == 0){
            $("ul").css('left', '-4480px');
        }
        $("ul").animate({left: "+=640px"},1000);
        i--;
        if(i == 0){i = 7;}
        $("#divInd>span").text("0" + i);
    }
})
$("#forward").click(function(){
    if(!$("ul").is(":animated")){
        lunbo();
    }
})
    </script>
    </body>
</html>
```

任务 6.3　使用 CSS3 动画实现无缝滚动轮播

【任务描述】

　　这里实现的无缝滚动轮播是模仿京东商城网站"发现好货"模块的轮播效果，运行效果如图6-10所示。

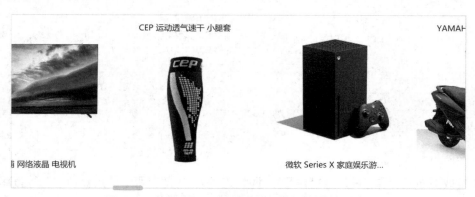

图 6-10　使用 CSS3 动画实现的无缝滚动轮播运行效果

参与无缝滚动轮播的一共有 14 种商品。在滚动轮播过程中，当鼠标指针指向图片 div 时，停止滚动轮播；当鼠标指针离开图片 div 时，继续滚动轮播。底部的滚动条效果没有使用 div 自身的滚动条，而是使用绝对定位的 div 模拟的效果，在商品向左滚动的过程中，滚动条同时向右滚动。页面初始运行时滚动条 div 没有显示，当鼠标指针指向商品区域时，滚动条显示出来，同时停止滚动轮播。

为了减少页面元素的篇幅，所有商品的信息都是用 jQuery 代码以动态的方式加入的。

6-8　微课

css 实现无缝滚动
轮播-样式定义

【任务实现】

任务实现分为元素设计及样式定义、添加商品信息的脚本代码两个部分。

【**示例 6-3**】创建页面文件"CSS3 动画实现的无缝滚动轮播.html"，使用 CSS3 动画实现图 6-10 所示的动画效果。

1．元素设计及样式定义

页面的初始元素结构代码如下。

```html
<body>
    <div class="divw">
        <div class="fxhh">
            <div class="cont"></div>
        </div>
        <div class="scroll"></div>
    </div>
</body>
```

cont 中的内容都是通过脚本添加的，为方便理解，下面以添加两种商品的信息为例，说明真正的元素结构代码。

```html
<body>
    <div class="divw">
        <div class="fxhh">
            <div class="cont">
                <div>
                    <p><a href="#">第一种商品名称</a></p>
                    <a href="#"><img src="第一种商品图片" /></a>
                </div>
                <div>
                    <a href="#"><img src="第二种商品图片" /></a>
                    <p><a href="#">第二种商品名称</a></p>
                </div>
            </div>
        </div>
        <div class="scroll"></div>
    </div>
</body>
```

元素结构代码解释如下。

（1）构成页面的元素，最外层是类名为 divw 的 div，内部有两个子元素 div，类名分别是 fxhh 和 scroll。divw 样式要求：宽度为 900 像素，高度为 360 像素，填充为 0，上下边距为 10 像素，左右边距为 auto，背景色为白色，因为子元素 scroll 需要绝对定位，所以 divw 要设置为相对定位。

（2）类名为 fxhh 的 div，用作商品信息的显示区域，内部的子元素是类名为 cont 的 div。fxhh 的样式要求：宽度为 900 像素，高度为 354 像素，边框为 1 像素实线，颜色为灰色（#ddd），子元素 cont 的宽度远远超出 900 像素，需要在 fxhh 给定的可视区域内滚动，因此需要将非可视区域内容设置为隐藏状态，又因为 cont 需要在 fxhh 内部绝对定位，所以 fxhh 需要设置为相对定位。

> **注意** 这里不能因为最外层的 divw 设置了相对定位，而省略 fxhh 的相对定位，这是因为设置非可视区域的隐藏效果是对 fxhh 进行的，overflow:hidden 与 position:relative 需要同时使用才能实现动画效果。

如果只设置了 divw 的相对定位，没有设置 fxhh 的相对定位，则动画效果如图 6-11 所示，本该显示在可视区域内部的商品信息在非可视区域显示了，即 fxhh 左右边框的外部都有内容。

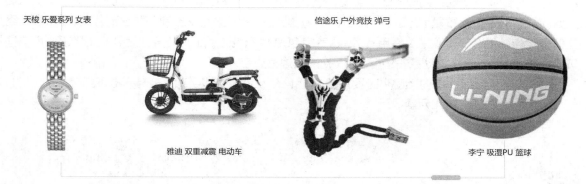

图 6-11　fxhh 没有设置相对定位时的效果

（3）类名为 cont 的商品信息 div 的样式要求：高度为 350 像素，填充为 0，绝对定位，横坐标 left 和纵坐标 top 初始值都为 0，使用 user-select:none 禁止用户在页面中通过拖动鼠标选中商品内容，商品信息区使用 animation 引用名称为 cont-move 的动画，动画每次需要 20s 完成，匀速无限重复进行。该 div 的宽度在脚本中进行计算并设置。

（4）商品信息区 cont 内部使用 div 排列各种商品，div 样式要求：宽度为 280 像素，高度为 350 像素，上下填充为 0，左右填充为 10 像素（每种商品占据宽度为 300 像素），使用向左浮动实现横向排列；每种商品 div 的直接子元素是一个段落和一个块级超链接，段落的内容是一个文本超链接，超链接热点是商品名称信息；块级超链接的内容是商品图像，用于展示商品。

（5）序号为偶数（从 0 开始）的商品，段落在上，块级超链接在下；序号为奇数的商品，段落在下，块级超链接在上。

（6）段落样式要求：宽度为 200 像素，高度为 50 像素，使用 margin:0 auto 设置在 div 内部居中，字号为 1rem，文本水平居中，文本行高为 50 像素，使用 text-overflow: ellipsis; white-space: nowrap; overflow: hidden;设置内部的超链接显示效果，如果超链接热点宽度超出 200 像素，则对超出部分使用英文省略号取代（如图 6-10 中的 "家庭娱乐游..."）。

段落中的超链接样式要求：没有下画线，黑色文本。

（7）图像所在的块级超链接样式：没有下画线，边框是 0，使用 display:block 设置为块级元素，宽度为 280 像素，高度为 280 像素。

图像的样式要求：宽度为 280 像素，高度为 280 像素。

（8）动画 cont-move 的关键帧定义：初始时横坐标 left 是 0 像素，终止时横坐标 left 为–4200 像素（这是因为每种商品占据宽度为 300 像素，共有 14 种商品，总宽度是 4200 像素）。

（9）用作滚动条的类名为 scroll 的 div 的样式要求：宽度为 60 像素，高度为 10 像素，背景色为浅灰色（#ccc），圆角半径为 10 像素，在 divw 中绝对定位，初始横坐标 left 取值为 0，纵坐标 bottom 取值为–5 像素，也就是将 scroll 放在 divw 的底部，占据底部向上纵坐标 0~9 像素的位置，divw 的高度是 360 像素，fxhh 的高度是 354 像素，加上上下边框 2 像素之后，fxhh 在 divw 中占据了 356 像素，而 divw 的高度是 360 像素，因此 fxhh 的下边框是在 divw 内部从下向上第 5 像素的坐标位置，这样设计可实现 fxhh 下边框在滚动条 scroll 中间穿过的效果；初始的隐藏状态使用 visibility:hidden 设置而不使用 display:none 设置，因为使用 display:none 设置之后，元素相当于不存在，导致向右滚动的动画将无法实现；该 div 引用名称是 scroll-move 的动画，动画每次需要 20s 完成，匀速无限重复进行。scroll-move 动画的关键帧定义：初始时横坐标 left 是 0 像素，终止时横坐标 left 为 840 像素（使用 divw 总宽度 900 像素减去 scroll 自身宽度 60 像素得到），这样可实现终止时，scroll 滚动条右边框与 divw 的右边框重合。

（10）当鼠标指针指向 divw 时要设置 cont 的 cont-move 动画暂停，也要设置 scroll 的 scroll-move 动画暂停和元素显示。

样式代码如下。

```
<style>
    .divw{width: 900px; height: 360px; padding: 0; margin: 10px auto; position: relative;}
    .divw>.fxhh{width: 900px; height: 354px; overflow: hidden; position: relative; border: 1px solid #ddd; background: #fff;}
    .fxhh>div.cont{ height: 350px; padding: 0; position: absolute; left: 0; top: 0; user-select:none;
        -webkit-animation: cont-move 20s linear infinite;
            animation: cont-move 20s linear infinite;
    }
    .fxhh>div.cont>div{ width: 280px; height: 350px; padding: 0px 10px; float: left; }
    .fxhh>div.cont>div>p{ width:200px;height: 50px; margin: 0 auto; font-size: 1rem; text-align: center; line-height: 50px;text-overflow: ellipsis; white-space: nowrap; overflow: hidden;}
    .fxhh>div.cont>div>p>a{text-decoration: none; color: #000; }
    .fxhh>div.cont>div>a{text-decoration: none; border: 0; display: block; width: 280px; height: 280px;}
    .fxhh>div.cont>div>a>img{width: 280px; height: 280px;}
    @keyframes cont-move {
        0% { left:0px; }
        100% { left:-4200px; }
    }
    @keyframes scroll-move {
        0% { left:0px; }
        100% { left:840px; }
    }
```

```
                .divw>div.scroll{  width:  60px;  height:  10px;  background:  #ccc;
border-radius: 10px; position: absolute; left: 0; bottom: -5px; z-index: 2; visibility:
hidden;
                -webkit-animation: scroll-move 20s linear infinite;
                    animation: scroll-move 20s linear infinite;
                }
        .divw:hover>div.fxhh>div.cont{-webkit-animation-play-state:paused;}
        .divw:hover>div.scroll{visibility:   visible;   -webkit-animation-play-
state:paused}
            </style>
```

2．添加商品信息的脚本代码

添加商品信息的脚本代码如下。

6-9　微课

CSS 实现无缝滚动
轮播-脚本实现

```
            $(function(){
1:              var spxx = [['倍途乐 户外竞技 弹弓','btl-dg.jpg'],['
李宁 吸湿 PU 篮球','lining-lanqiu.jpg'],['GUCCI 小巧便携 单肩包','GUCCI-
danjb.jpg'],['飞利浦 网络液晶 电视机','flp-dianshi.jpg'],['CEP 运动透气速
干 小腿套','CEP-tuitao.jpg'],[' 微软  Series  X 家庭娱乐游戏机','weiruan-youxiji.
jpg'],['YAMAHA 雅马哈 福喜巧格 摩托','yamaha-motoche.jpg'],['自然唯他 高营养含量 DHA 儿童藻油
软糖','zrwt-ruantang.jpg'],['鲜嫩清甜脆 新鲜嫩莲蓬','lianpeng.jpg'],['华为 4800 万 手机',
'huawei-shouji.jpg'],['Tommy 拼色条纹 POLO 衫','tommy-polos.jpg'],['耐克 缓震 跑步鞋',
'naike.jpg'],['天梭 乐爱系列 女表','tiansuo-nvbiao.png'],['雅迪 双重减震 电动车',
'yadi-ddc.jpg']];
2:              var w = 300*(spxx.length+3);
3:              $(".fxhh>div.cont").width(w);
4:              for ( var i = 0 ; i < spxx.length; i++){
5:              var p = $("<p><a href='#' title='" + spxx[i][0] + "'>" + spxx[i][0]
+ "</a></p>");
6:              var a_img = $("<a href='#' title='" + spxx[i][0] + "'><img src
= 'image/" + spxx[i][1] + "' /></a>");
7:              var div = $("<div></div>")
8:              if(i % 2 == 0 ){
9:                  div.append(p).append(a_img);
10:             }else{
11:                 div.append(a_img).append(p);
12:             }
13:             $(".fxhh>div.cont").append(div);
14:             }
15:             for ( var i = 0 ; i < 3; i++){
16:             var p = $("<p><a href='#'>" + spxx[i][0] + "</a></p>");
17:             var a_img = $("<a href='#'><img src = 'image/" + spxx[i][1] +
"' /></a>");
18:             var div = $("<div></div>")
19:             if(i % 2 == 0 ){
20:                 div.append(p).append(a_img);
21:             }else{
22:                 div.append(a_img).append(p);
23:             }
24:             $(".fxhh>div.cont").append(div);
25:             }
            })
```

脚本代码解释如下。

第 1 行，定义二维数组 spxx，存放商品和图片名称信息。

第 2 行和第 3 行，计算并设置商品信息区元素 cont 的总宽度，商品数由数组 spxx.length 决定，每种商品占据的总宽度是 300 像素，fxhh 可视区域的宽度是 900 像素，为了实现无缝滚动轮播的无缝切换效果，需要在给定的 14 种商品信息之后再添加 3 种，且必须是第 1 种~第 3 种商品的信息，因此 cont 的总宽度是 300 * (spxx.length + 3)。

第 4 行~第 14 行，使用循环结构向页面中添加全部 14 种商品信息。

第 5 行，创建段落元素，将其保存在变量 p 中，段落内容是超链接，超链接 title 属性取值和超链接热点都是每个数组元素中的商品名称信息。

第 6 行，创建超链接元素，将其保存在变量 a_img 中，超链接 title 属性取值是每个数组元素中的商品名称信息，超链接热点是商品图像。

第 7 行，创建存放单一商品信息的 div，将其保存在变量 div 中。

第 8 行~第 12 行，如果当前商品的序号是偶数（从 0 开始），则在 div 中先添加段落 p 再添加超链接 a_img；如果当前商品的序号是奇数，则在 div 中先添加超链接 a_img 再添加段落，这样使得商品布局不过于呆板。

第 13 行，将商品信息 div 添加到 cont 元素中。

第 15 行~第 25 行，将 spxx 中的第 1 种~第 3 种商品再添加到 cont 中。

任务 6.4　旋转滚动轮播

【任务描述】

有 6 幅图片参与旋转滚动轮播，图片文件名称分别是 lunbotu01.jpg~lunbotu06.jpg，图片自身的大小相同，宽度都为 730 像素，高度都为 454 像素。在轮播过程中，每次有 3 幅图片显示在前面，3 幅图片中位于中间的图片最大，显示宽度为 400 像素，左右两侧的图片略小一些，显示宽度为 200 像素，另外 3 幅图片按照图片索引顺序堆叠在一起位于后面中间位置（如果有更多的图片参与旋转滚动轮播，则初始时除了前 3 幅图片之外，其余图片都堆叠在后面中间位置），宽度为 100 像素。初始运行效果如图 6-12 所示。

图 6-12　旋转滚动轮播页面的初始运行效果

在图 6-12 中，左侧是 lunbotu01.jpg，中间是 lunbotu02.jpg，右侧是 lunbotu03.jpg。

旋转滚动轮播的方向：中间最大的图片旋转到左侧，左侧的图片旋转到后面中间位置，默认堆叠在已堆叠图片的后面，后面中间位置的图片按照堆叠顺序取出其中第 1 幅图片旋转到前面右侧，前面右侧的图片旋转到前面中间位置，如此循环往复。图 6-13 是旋转一次之后的运行效果。

图 6-13　旋转 1 次之后的运行效果

在图 6-13 中，左侧是 lunbotu02.jpg，中间是 lunbotu03.jpg，右侧是 lunbotu04.jpg。

旋转 2 次之后，左侧是 lunbotu03.jpg，中间是 lunbotu04.jpg，右侧是 lunbotu05.jpg。

旋转 3 次之后，左侧是 lunbotu04.jpg，中间是 lunbotu05.jpg，右侧是 lunbotu06.jpg。

旋转 4 次之后，左侧是 lunbotu05.jpg，中间是 lunbotu06.jpg，右侧是 lunbotu01.jpg。

旋转 5 次之后，左侧是 lunbotu06.jpg，中间是 lunbotu01.jpg，右侧是 lunbotu02.jpg。

旋转 6 次之后，左侧是 lunbotu01.jpg，中间是 lunbotu02.jpg，右侧是 lunbotu03.jpg。

由此可以看出，6 次旋转后回到初始的图片布局状态，完成一轮旋转滚动轮播。

图片 div 的下方有两个按钮，分别是 "停止轮播" 按钮和 "重启轮播" 按钮，单击它们可实现停止和重启旋转滚动轮播。

【任务实现】

任务实现包含添加页面元素、元素定义样式和实现旋转滚动轮播功能的脚本等部分。

【示例 6-4】创建页面文件 "旋转滚动轮播.html"，实现任务功能。

1．添加页面元素

在页面中，需要在 div 内部添加 6 个图片元素，在 div 外部添加两个按钮，添加页面元素的代码如下。

6-10　微课

旋转滚动轮播
-元素定义

```
<div class="divW">
    <img src="images/lunbotu01.jpg" class="left" >
    <img src="images/lunbotu02.jpg" class="mid" >
    <img src="images/lunbotu03.jpg" class="right" >
    <img src="images/lunbotu04.jpg" class="back" >
    <img src="images/lunbotu05.jpg" class="back" >
    <img src="images/lunbotu06.jpg" class="back" >
</div>
<button>停止轮播</button><button>重启轮播</button>
```

类名为 left 的图片位于前面左侧，mid 位于前面中间，right 位于前面右侧，back 位于后面中间，应用 back 的图片有 3 幅，按代码中的顺序堆叠在后面中间位置。两个按钮都使用 button 元素生成。

2. 元素样式定义

根据给定的运行效果和页面元素结构，对元素样式要求说明如下。

（1）位于前面的 3 幅图片的总宽度为 800 像素，中间和两端还留有一定的空间，据此定义的存放所有图片的 divW 元素宽度为 1000 像素，高度为 300 像素，水平居中，浅灰色背景，相对定位。

（2）在 divW 内部使用绝对定位确定摆放图片的 4 个元素的位置，前面有左、中、右 3 个元素，类名分别为 left、mid、right，垂直方向中线对齐，各自放一幅图片；在后面中间定义一个元素，类名为 back，与前面中间位置的元素中心对齐，初始时除了前面 3 幅图片之外，所有图片都在此处堆叠，从左侧滚入的图片堆叠在该位置，然后从该位置按序号取出一幅图片放在右侧，该区域最小。

（3）类名为 mid 的元素样式要求：宽度为 400 像素，绝对定位，横坐标 left 为 300 像素，纵坐标 top 为 25 像素，z 轴坐标为 2，置于前面。

（4）类名为 left 的元素样式要求：宽度为 200 像素，绝对定位，横坐标 left 为 40 像素，纵坐标 top 为 90 像素。

（5）类名为 right 的元素样式要求：宽度为 200 像素，绝对定位，横坐标 left 为 760 像素，纵坐标 top 为 90 像素。

（6）类名为 back 的元素样式要求：宽度为 100 像素，绝对定位，横坐标 left 为 450 像素，纵坐标 top 为 120 像素，z 轴坐标为 1，置于后面。

样式代码如下。

```
.divW{width: 1000px; height: 300px;  margin: 20px auto; background: #eee;
position: relative;}
.mid{width: 400px; top:25px; left: 300px; position: absolute; z-index: 2;}
.left{width: 200px; top:90px; left: 40px; position: absolute;}
.right{width: 200px; top:90px; left: 760px; position: absolute;}
.back{width: 100px; top:120px; left:450px; position: absolute; z-index: 1;}
```

4 个绝对定位的 div 的坐标设置说明。

divW 的宽度为 1000 像素，mid 宽度为 400 像素，位于横向正中间，所以设置 left 坐标为 (1000−400)/2=300 像素；back 宽度为 100 像素，位于横向正中间，所以设置 left 坐标为 (1000−100)/2=450 像素；left 元素宽度为 200 像素，要求距离 divW 左边框 40 像素，距离 mid 元素左边框 60 像素，所以设置 left 坐标为 40 像素；right 元素宽度为 200 像素，要求距离 divW 右边框 40 像素，距离 mid 元素右边框 60 像素，所以设置 left 坐标为 760 像素。

给定 6 幅图片的原始尺寸为 730 像素×454 像素，显示宽度为 400 像素时，高度约为 250 像素；显示宽度为 200 像素时，高度约为 124 像素；显示宽度为 100 像素时，高度约为 62 像素。将 divW 的高度设置为 300 像素是为了能够将 4 个使用绝对定位的图片元素显示在 divW 垂直方向中间位置，mid 元素的高度约 250 像素，top 坐标为(300−250)/2=25 像素；left 和 right 元素的高度都是 124 像素，top 坐标为(300−124)/2=88 像素，此处取 90 像素；back 元素高度为 62 像素，top 坐标为(300−62)/2=119 像素，此处取 120 像素。

> **注意** 为了方便在动画方法中修改坐标值，设计元素的定位样式属性时，无论是位于左侧还是右侧的元素，都使用 left 和 top 坐标值定义其位置。

3. 实现旋转滚动轮播功能的脚本

定义表示左侧图片索引的全局变量 ind，将其初始值设置为 0，共有 6 幅图片，索引取值范围为 0 ~ 5。

定义函数 lunbo()，实现函数功能的步骤如下。

第一步，ind 若为 6（超出最大索引 5），则将其改为 0；对索引为 ind 的图片应用 animate()，在动画执行过程中修改其样式属性 left、top、width 取值，令结果与 back 元素的样式一致，持续时间为 1000ms，单独设置 z-index 取值为 1（单独设置的样式效果会优先于 animate()设置的动画执行，避免因 z-index 取值大小导致的堆叠顺序问题）。

第二步，求取变量 ind1。若 ind+1 大于等于 6，则减去 6 之后赋给变量 ind1，否则取 ind+1；对索引为 ind1 的图片应用 animate()，在动画执行过程中修改其样式属性 left、top、width 取值，令结果与 left 元素的样式一致，持续时间为 1000ms。

第三步，求取变量 ind2。若 ind+2 大于等于 6，则减去 6 之后赋给变量 ind2，否则取 ind+2；对索引为 ind2 的图片应用 animate()，在动画执行过程中修改其样式属性 left、top、width 取值，令结果与 mid 元素的样式一致，持续时间为 1000ms，单独设置 z-index 取值为 2。

第四步，求取变量 ind3。若 ind+3 大于等于 6，则减去 6 之后赋给变量 ind3，否则取 ind+3；对索引为 ind3 的图片应用 animate()，在动画执行过程中修改其样式属性 left、top、width 取值，令结果与 right 元素的样式一致，持续时间为 1000ms。

第五步，完成变量 ind 的增值。

在 lunbo()函数后面使用 setInterval()方法设置每间隔 2000ms 调用函数 lunbo()。

脚本代码如下。

6-11 微课

旋转滚动轮播元
素定义

```
            var ind=0;
            function lunbo(){
1:              if(ind == 6){ind = 0}
2:              $("img").eq(ind).animate({width: 100,top:120, left:450},1000).css
("z-index", 1);
3:              ind1 = (ind + 1 >= 6)? (ind + 1 - 6): (ind + 1)
4:              $("img").eq(ind1).animate({width: 200, top:90, left: 40},1000)
5:              ind2 = (ind + 2 >= 6)? (ind + 2 - 6): (ind + 2)
6:              $("img").eq(ind2).animate({width: 400,top:25, left: 300},1000).css
("z-index", 2)
7:              ind3 = (ind + 3 >= 6)? (ind + 3 - 6): (ind + 3)
8:              $("img").eq(ind3).animate({width: 200, top:90, left: 760},1000)
9:              ind++;
            }
            var timer = setInterval(lunbo, 2000)
```

脚本代码解释如下。

第 1 行和第 2 行，实现左侧图片向后面中间位置滚动的动画效果。

第 3 行和第 4 行，实现中间图片向左侧位置滚动的动画效果。

第 5 行和第 6 行，实现右侧图片向中间位置滚动的动画效果。

第 7 行和第 8 行，实现后面图片向右侧位置滚动的动画效果。

最初时，左侧图片的索引 ind 是 0，中间图片的索引在此基础上加 1，右侧图片的索引在此基础上加 2，后面图片的索引在此基础上加 3，所以在求取 ind1、ind2 和 ind3 时，要在 ind 的基础上分别加 1、2、3 再使用三目运算符进行判断后取值。

【思考问题】

若将第 2 行代码改为$("img").eq(ind).animate({width: 100,top:120, left:450, zIndex:1}, 1000)，第 6 行代码改为$("img").eq(ind2).animate({width: 400,top:25, left: 300, zIndex:2}, 1000)，也就是将 css()方法中设置 z-index 取值的代码放入 animate()内部，效果会如何变化？为什么？

修改代码之后，轮播过程中的效果如图 6-14 所示。

停止轮播　重启轮播

图 6-14　back 位置的图片位于 mid 位置图片的前面

在图 6-14 中，从 left 位置向 back 位置旋转的图片在到达 back 位置之前，会显示在即将到达 mid 位置的图片前面。

【问题解析】

以第一轮旋转为例进行说明。在旋转过程中，mid 位置原始图片 lunbotu02.jpg 进行的第一次旋转是向左滚动到 left 位置，此时保持原来的 z-index 值 2，进行的第二次旋转是从 left 位置向右、向后滚动到 back 位置，在动画执行完成之前，z-index 值仍为 2；原来位于 back 位置的第 1 幅图片 lunbotu04.jpg 进行的第一次旋转是向右滚动到 right 位置，此时保持原来的 z-index 值 1，进行的第二次旋转是从 right 位置向左滚动到 mid 位置，在动画执行完成之前，z-index 值仍为 1；也就是说此时应该位于前面的 lunbotu04.jpg 的 z-index 为 1，而应该位于后面的 lunbotu02.jpg 的 z-index 为 2，导致小图位于大图的前面，直到 animate()执行完毕才能完成 z-index 的设置，让两幅图片重新调整前后顺序。

而在原来的代码中，css("z-index",1)和 css("z-index",2)一定在 animate()动画之前执行，将

前后顺序调整好之后才执行动画轮播，不会出现上述现象。

同理，也不可将修改 z-index 的代码放入 animate() 的回调函数内部。

4. 停止和重启旋转滚动轮播的脚本代码

```
$("button:eq(0)").click(function(){
    clearInterval(timer);
    timer = null;
})
$("button:eq(1)").click(function(){
    if( timer == null ){
        timer = setInterval(lunbo, 2000)
    }
})
```

5. 完整的旋转滚动轮播代码

完整的旋转滚动轮播代码如下。

```
<!DOCTYPE html>
<html>
    <head>
        <meta charset="utf-8">
        <title></title>
        <style type="text/css">
            .divW{width: 1000px; height: 300px;  margin: 20px auto; background: #eee;
position: relative;}
            .mid{width: 400px; top:25px; left: 300px; position: absolute; z-index: 2;}
            .left{width: 200px; top:90px; left: 40px; position: absolute;}
            .right{width: 200px; top:90px; left: 760px; position: absolute;}
            .back{width: 100px; top:120px; left:450px; position: absolute; z-index: 1;}
        </style>
    </head>
    <body>
        <div class="divW">
            <img src="images/lunbotu01.jpg" class="left" >
            <img src="images/lunbotu02.jpg" class="mid" >
            <img src="images/lunbotu03.jpg" class="right" >
            <img src="images/lunbotu04.jpg" class="back" >
            <img src="images/lunbotu05.jpg" class="back" >
            <img src="images/lunbotu06.jpg" class="back" >
        </div>
        <button>停止轮播</button><button>重启轮播</button>
        <script type="text/javascript" src="../jquery-1.11.3.min.js"></script>
        <script type="text/javascript">
            var ind=0;
            function lunbo(){
                if(ind==6){ind=0}
                $("img").eq(ind).animate({width:  100,top:120,  left:450},1000).css
("z-index",1);
                ind1=(ind+1>=6)?(ind+1-6):(ind+1)
                $("img").eq(ind1).animate({width: 200, top:90, left: 40},1000)
                ind2=(ind+2>=6)?(ind+2-6):(ind+2)
                $("img").eq(ind2).animate({width: 400,top:25, left: 300},1000).css
```

```
("z-index",2)
                ind3=(ind+3>=6)?(ind+3-6):(ind+3)
                $("img").eq(ind3).animate({width: 200, top:90, left: 760},1000)
                ind++;
            }
            var timer = setInterval(lunbo, 2000)
            $("button:eq(0)").click(function(){
                clearInterval(timer);
                timer = null;
            })
            $("button:eq(1)").click(function(){
                if( timer == null ){
                    timer = setInterval(lunbo, 2000)
                }
            })
        </script>
    </body>
</html>
```

小结

本项目主要应用已经学习过的知识完成各种轮播效果，因为新引入的知识点非常少，所以任务内容的设计围绕实现索引切换轮播、无缝滚动轮播和旋转滚动轮播等不同的图像轮播展开，除了对功能实现过程的讲解，更注重的是培养读者开发项目的思维和能力。

习题

一、选择题

1. 在 JavaScript 中为元素引用类名 posi 的做法有哪些？（　　　）
    A. 元素.classname="posi"　　　　　　　　B. 元素.className="posi"
    C. 元素.classList.add("posi")　　　　　　D. 元素.addClass("posi")
2. 为元素移除指定类名 posi 的做法有哪些？（　　　）
    A. 元素.removeClass("posi")　　　　　　　B. $(元素).removeClass("posi")
    C. 元素.classList.remove("posi")　　　　　D. $(元素).classList.remove("posi")
3. 在无缝滚动轮播中定义最外层 div 的样式时，下面哪些说法是正确的？（　　　）
    A. 宽度与单幅图片的显示宽度相同
    B. 必须设置 overflow:hidden
    C. 必须设置 position，取值可以是 relative 或者 fixed
    D. 必须设置 left:0
4. 在无缝滚动轮播中定义 ul 的样式时，下面哪些选项是正确的？（　　　）
    A. 宽度、高度与单幅图片的宽度、高度相同
    B. 必须设置 position，取值可以是 relative 或者 absolute

  C. left 和 top 取值都使用默认值 0

  D. 需要设置 padding 和 margin 的值都为 0

5. 在无缝滚动轮播中定义 li 的样式时，下面哪些选项是正确的？（ ）

  A. 宽度要与单幅图片的显示宽度相同

  B. 需要设置 position，取值可以是 relative 或者 absolute

  C. 需要设置 padding 和 margin 的值都为 0

  D. 需要设置 list-style:none;

  E. 需要设置横向排列

6. 下面 animate()方法中正确的有哪几个？（ ）

  A. animate({left:200px,top:100px},800) B. animate({left:200,top:100},800)

  C. animate({left:"200px",top:"100px"},800) D. animate({z-index:4},800)

7. 下面 animate()方法中错误的有哪几个？（ ）

  A. animate({fontSize:20},800) B. animate({background:"#f00"},1000)

  C. animate({padding:"20px"},1000) D. animate({font-size:20},800)

8. 关于旋转滚动轮播，下面描述错误的是（ ）。

  A. 参与旋转滚动轮播的每一幅图片都使用了绝对定位

  B. 若有 6 幅图片参与轮播，则页面需要加载 7 幅图片，其中第 1 幅图片重复加载

  C. 若有 6 幅图片参与轮播，则初始时有 3 幅图片使用 back 样式，堆叠在同一个位置

  D. 若有 6 幅图片参与轮播，则每 6 轮为一个循环周期

二、简答题

1. 在手动控制切换无缝滚动轮播时，函数 is(":animated")的作用是什么？

2. setInterval()循环定时器的间隔时间为何必须大于 animate()设置的动画持续时间？

项目7
图像处理特效

07

【情景导入】

小明最近在某个小型购物网站中发现商品放大之后的效果与所选择商品的放大区域不符合，于是他跃跃欲试，尝试着做了一个很不错的放大镜效果，虽然并没有因此获得报酬，但是他觉得自己又有进步了，这是一件值得高兴的事情。

后来他在浏览商品展示图时，对那种错落有致的摆放效果很感兴趣，这又激发了他的学习热情。经过努力，他学会了制作瀑布流布局效果。大家要向小明学习，每天进步一点儿，技多不压身。

【知识点及项目目标】

- 理解放大镜的实现原理，掌握放大镜的计算方法。
- 理解瀑布流的概念，掌握瀑布流特效的实现原理。
- 掌握 JavaScript 读取外部文件的操作方法。
- 掌握超链接背景图切换的实现方法。
- 掌握使用图片精灵实现星级评价的方法。

本项目要实现的图像处理特效包括对页面中已有的图像进行缩放，对图像按照特定的布局进行摆放，处理背景图的特殊效果，将选定的图像按照要求插入指定的位置等。

【素养要点】

创新思维　创新能力

任务 7.1　购物网站中的放大镜

7-1　微课

放大镜特效-页面
结构

【任务描述】

几乎所有的购物网站都提供"放大镜"，将鼠标指针指向商品缩略图时，放大镜会将商品局部区域的放大图片在旁边显示出来。放大的商品图片细节更加清晰，方便用户仔细观察商品。

放大镜页面的初始运行效果如图 7-1 所示。

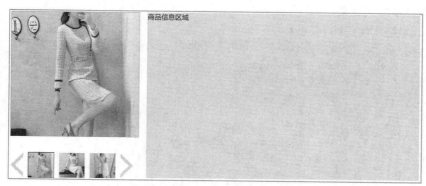

图 7-1 放大镜页面的初始运行效果

图 7-1 右侧部分是"商品信息区域",这部分内容只设计了占位的 div 元素,这是为了模拟实际网站页面的布局效果,更为准确地对放大镜特效中的各种元素进行布局。

图 7-1 左侧下方有 3 幅不同角度的商品小图,小图左侧和右侧的向左、向右箭头在本页面中没有定义功能,如果提供的图片更多,则这两个箭头可以用于向左或者向右滚动小图;左侧上方缩略图区域显示的图片根据用户选择的小图来确定,当前显示的是第 1 幅小图对应的缩略图,此时第 1 幅小图带红色边框,这是页面初始状态的效果。

当鼠标指针指向第 2 幅小图时,缩略图区域显示与第 2 幅小图对应的缩略图,同时第 2 幅小图带上红色边框,第 1 幅小图的红色边框消失,鼠标指针指向第 3 幅小图时亦是如此。

当用户将鼠标指针指向缩略图时,会在缩略图前方显示半透明的正方形移动层,移动层覆盖的区域即为选定的、即将放大显示的区域,该区域对应的放大效果(大图)显示在右侧"商品信息区域"的前方。

当用户选择了第 2 幅小图,又选定了要放大的区域之后,放大效果如图 7-2 所示。

图 7-2 放大镜页面的图像放大效果

【任务实现】

任务实现从元素设计及样式定义、放大镜的实现原理及实现放大镜脚本功能等方面完成。

【示例 7-1】创建页面文件"购物网站中的放大镜.html"，实现放大镜功能。

1．元素设计及样式定义

页面中的元素结构代码如下。

```
1:      <div class="shopping">
2:        <div class="shopping_left">
3:          <div class="zoom">
4:            <div class="origin">
5:              <img src="img/lianyiqunSmall1.jpg" >
6:              <div class="move"></div>
7:              <div class="mask"></div>
8:            </div>
9:            <div class="scale">
10:             <img src="img/lianyiqunBig1.jpg" >
11:           </div>
12:         </div>
13:         <div class="min">
14:           <img src="img/arrow_left.png" />
15:           <img src="img/lianyiqunMin1.jpg"/>
16:           <img src="img/lianyiqunMin2.jpg" />
17:           <img src="img/lianyiqunMin3.jpg" />
18:           <img src="img/arrow_right.png" />
19:         </div>
20:       </div>
21:       <div class="shopping_right">商品信息区域</div>
22:     </div>
```

元素结构及样式说明。

页面使用网格划分为两个部分。

（1）第 1 行～第 22 行中类名为 shopping 的 div 是与窗口同宽的 div，该 div 作为网格容器，样式要求为：宽度为 auto，高度为 400 像素，填充和边距都是 0，内部使用网格划分为左右两部分，左侧列宽度为 300 像素，右侧列宽度为 auto，两列之间的距离为 20 像素。

7-2 微课

放大镜特效-样式定义

（2）shopping 内部是横向排列的两个 div，左侧 div 类名为 shopping_left，即第 2 行～第 20 行；右侧 div 类名为 shpping_right，使用第 21 行代码添加。

（3）shopping_left 的样式要求：设计为网格容器，内部使用网格划分为上下两部分，上面部分的高度为 300 像素，下面部分的高度为 60 像素，两行之间的距离为 40 像素。

（4）shopping_left 内部是上下排列的两个 div，上面 div 的类名为 zoom，即第 3 行～第 12 行，下面 div 的类名为 min，即第 13 行～第 19 行。

（5）shopping_left 中上面的元素 zoom 的样式要求：宽度为 300 像素，高度为 300 像素，边框为 1 像素实线，颜色为#aaf，因为 zoom 内部有多个元素需要绝对定位，所以 zoom 需要设置为相对定位。

（6）zoom 内部有两个 div，类名分别是 origin 和 scale，前者用于设置原始缩略图，后者用于显示放大之后的效果图。

zoom 中的第一个元素 origin 的样式要求：宽度为 300 像素，高度为 300 像素，相对定位。

（7）origin 元素的内部有用于显示商品缩略图的 img 元素、选取商品放大区域的可移动 div（类名是 move），以及覆盖在整个缩略图区域前方的遮罩层 mask。

img 元素的样式要求：宽度和高度与 origin 的宽度和高度相同。

（8）move 元素的样式要求：宽度为 150 像素，高度为 150 像素，背景色为黑色，透明度为 0.4（设置透明度是为了能够看清 move 所覆盖的商品区域的内容），因为需要在 zoom 元素（也就是 origin 元素）内移动，所以将其设置为绝对定位，初始时位于 zoom 左上角，横坐标 left 为 0，纵坐标 top 为 0，设置 z 轴坐标为 2，将其置于图片前方，初始状态为隐藏状态。

当鼠标指针指向 origin 元素时，显示 move 元素，之后就可以让 move 元素跟随鼠标指针移动。

（9）mask 元素，遮罩在原始缩略图 div 前方，大小与该 div 相同，将透明度设置为 0（即存在但不可见），加遮罩层的目的是当鼠标指针带着可移动的 move 元素移动时，鼠标指针实际上在遮罩层 mask 元素上移动。使用 e.offsetX 获取鼠标指针到 mask 元素左边框的像素数，这个值可看作鼠标指针到原始缩略图左边框的像素数；使用 e.offsetY 获取鼠标指针到 mask 元素上边框的像素数，这个值可看作鼠标指针到原始缩略图上边框的像素数，从而对 move 元素移动的范围加以控制，选定要放大的区域。

mask 元素的样式要求：宽度为 100%，高度为 100%，表示与 origin 同宽同高；背景为黑色且全透明，因其要覆盖在整个 origin 前方，所以需要绝对定位，left 和 top 坐标都是 0，z 轴坐标为 3，保证 mask 位于 move 前方。

（10）zoom 中的第二个元素 scale 的样式要求：宽度为 400 像素，高度为 400 像素；因为放大的图片需要显示在右侧"商品信息区域"前方，所以 scale 需要在 zoom 中绝对定位；横坐标 left 取值为 320 像素（位于 zoom 右侧，距离 zoom 右边框 20 像素），纵坐标 top 为 0，初始状态为隐藏，使用 overflow:hidden 设置超出 scale 可视区域范围的内容隐藏，这样保证每次显示出来的只有在缩略图中选定的放大区域对应的大图部分，如果缺失 overflow:hidden，则任何时候在 scale 中显示的都是完整的大图。

当鼠标指针指向 origin 时，显示 scale 元素，观看放大的图片。

（11）scale 元素的内部是大图元素 img，样式要求：宽度为 800 像素，因为大图需要在 scale 内部到处移动，以保证显示在 scale 可视区域的一定是选中放大的部分，所以需要设置 img 元素在 scale 内部绝对定位，初始时横坐标 left 为 0，纵坐标 top 为 0。

（12）shopping_left 中下面的元素 min 用于存放缩略图下面的小图，样式要求：设计为网格容器，分为 5 列，最左侧和最右侧两列的宽度都是 30 像素，中间 3 列的宽度都是 60 像素，5 列，列与列之间的间距是 15 像素，共占据 300 像素。

min 元素的内部第 1 幅图片是 arrow_left.png，第 2～第 4 幅图片分别是 lianyiqunMin1.jpg、lianyiqunMin2.jpg 和 lianyiqunMin3.jpg，第 5 幅图片是 arrow_right.png。

（13）min 中所有图片的样式要求：宽度为 100%（是指与 min 中网格对应的列宽一致），边框为 1 像素实线，颜色为白色，鼠标指针指向时显示为手状。

使用.min>img:nth-child(2)定义图片 lianyiqunMin1.jpg 初始时有红色边框，表示初始时被选中显示这幅图片。

shpping_right 的背景色设置为#ddf，为显示商品信息预留空间。

样式代码如下。

```
            <style type="text/css">
                .shopping{
                    width: auto; height: 400px; margin: 0; padding: 0;
                    display: grid; grid-template-columns: 300px auto; grid-gap:20px;
                }
                .shopping>.shopping_left{ display: grid; grid-template-rows:300px 60px;
grid-gap:40px;}
                .shopping>.shopping_left>.zoom{
                    position:relative;  width:300px; height: 300px;  border: 1px solid
#aaf;
                }
                .shopping>.shopping_left>.zoom>.origin{ width:300px; height:300px;
position:relative; }
                .shopping>.shopping_left>.zoom>.origin>img{ width:100%; height:100%;}
                .shopping>.shopping_left>.zoom>.origin>.move{
                    width:150px; height:150px; background-color: rgba(0,0,0,0.4);
                    position:absolute; top:0; left: 0; z-index: 2; display: none;
                }
                .shopping>.shopping_left>.zoom>.origin:hover>.move{ display:block;}
                .shopping>.shopping_left>.zoom>.origin>.mask{
                    width: 100%; height: 100%; background: rgba(0,0,0,0);
                    position: absolute; top: 0; left: 0; z-index: 3;
                }
                .shopping>.shopping_left>.zoom>.scale{
                    width:400px; height:400px; display:none; position:absolute; left:
320px; top:0;
                    overflow:hidden;
                }
                .shopping>.shopping_left>.zoom>.scale>img{  width:  800px;  position:
absolute; left:0; top:0;}
                .shopping>.shopping_left>.zoom>.origin:hover+.scale{ display:block;}
                .shopping>.shopping_left>.min{
                    display: grid; grid-template-columns:30px 60px 60px 60px 30px;
grid-gap:15px;
                }
                .shopping>.shopping_left>.min>img{width: 100%; border: 1px solid #fff;
cursor: pointer;}
                .shopping>.shopping_left>.min>img:nth-child(2){border-color:#f00; }.
                .shopping>.shopping_right{background: #ddf;}
            </style>
```

　　样式代码的选择器都使用了子对象选择器的形式，帮助大家更好地熟悉元素之间的层级关系。

2. 放大镜的实现原理

　　放大镜的倍数取决于大图和原始缩略图显示宽度的比例，在上面的样式代码中，scale 中大图的宽度为 800 像素，origin 中缩略图的宽度为 300 像素，由此计算出放大镜的倍数为 800/300≈2.67 倍。要保证 scale 宽 400 像素、高 400 像素的可视区域正好能够显示 move 选定部分放大后的效果，需要保证"大图宽度/缩略图宽度"与"scale 宽度/move 宽度"相等，由此计算出 move 的宽度和高度都是 400/2.67

7-3　微课

放大镜特效-实现
原理

≈150 像素。

在存放缩略图的 origin 内部移动鼠标指针，实际上是在遮罩层 mask 上面移动鼠标指针。在移动过程中，通过将鼠标指针所在位置作为 move 元素的中心点来确定 move 元素的横坐标 left 和纵坐标 top，实现鼠标指针带动 move 移动的效果。要将 move "选定区域"放大为大图，显示在 scale 规定的"商品信息区域"中，实际做法是使用 move 元素的横坐标 left 和纵坐标 top 分别乘放大镜倍数并取反之后得到大图在 scale 中的 left 和 top 坐标值。

例如，假设图 7-2 中 move 元素的 left 坐标是 75 像素，top 坐标是 15 像素，则根据 2.67 倍的放大镜计算得到的大图在 scale 中的 left 坐标约为–200 像素，top 坐标约为–40 像素，即大图要在最初的横坐标 0 的基础上向左移出 200 像素，在纵坐标 0 的基础上向上移出 40 像素之后才能得到图 7-2 中右侧大图的显示效果。

元素 move 的移动是以鼠标指针为中心设置其 left 和 top 坐标取值来实现的，同时必须保证 move 不能离开 origin。

7-4　微课

放大镜特效-脚本
实现

【素养提示】

放大镜中遮罩层的应用，培养创新思维和创新开发能力。

3. 实现放大镜脚本功能

放大镜脚本功能的实现步骤如下。

第一步：获取大图和缩略图的宽度，计算放大镜倍数；获取 origin 的宽度和高度；获取 move 的宽度和高度。

第二步：获取缩略图元素 origin，定义 origin 元素鼠标指针移动事件（mousemove）的处理函数，函数参数设置为 e。

函数体功能如下。

- 使用 e.offsetX 和 e.offsetY 获取当前鼠标指针所在位置，将其分别保存在变量 x 和 y 中。
- 判断 x 在 origin 内部的位置，据此设置 move 元素横坐标 left 的 3 种情况（0、origin 宽度减去 move 宽度、x 减去 move 宽度的一半）的取值。
- 判断 y 在 origin 内部的位置，据此设置 move 元素纵坐标 top 的 3 种情况（0、origin 高度减去 move 高度、y 减去 move 高度的一半）的取值。
- 根据放大镜倍数和 move 元素的坐标，计算大图在 scale 区域的显示位置。

脚本代码如下。

```
     <script src="../jquery-1.11.3.min.js" type="text/javascript"></script>
     <script type="text/javascript">
        $(function(){
1:         var origin_W=$(".origin").width();
2:         var origin_H=$(".origin").height();
3:         var move_W=$(".move").width();
4:         var move_H=$(".move").height();
5:         var bigImg_W=$(".scale>img").width();
6:         var smallImg_W=$(".origin>img").width();
7:         var zoom = bigImg_W / smallImg_W;
8:         $(".origin").mousemove(function(e){
```

```
 9:                        var x = e.offsetX;
10:                        var y = e.offsetY;
11:                        if(x < move_W / 2){
12:                            move_L = 0;
13:                        }else if(x > (origin_W - move_W / 2)){
14:                            move_L = origin_W - move_W;
15:                        }else{
16:                            move_L = x - move_W / 2;
17:                        }
18:                        if( y < move_H / 2){
19:                            move_T = 0;
20:                        }else if(y>(origin_H - move_H / 2)){
21:                            move_T = origin_H - move_H;
22:                        }else{
23:                            move_T = y - move_H / 2;
24:                        }
25:                        $(".move").css({left: move_L + "px", top: move_T + "px"});
26:                        $(".scale>img").css({left:-(move_L * zoom) + "px",top: -(move_T
* zoom) + "px"})
27:                    })
                    })
            </script>
```

脚本代码解释如下。

第 1 行和第 2 行，获取 origin 元素的宽度和高度，将其分别保存在变量 origin_W 和 origin_H 中。这是为在后面计算 move 元素的横坐标和纵坐标准备的数据，也可以使用 zoom 元素或者 mask 元素的宽度和高度取代，这三者的大小相同。

第 3 行和第 4 行，获取 move 元素的宽度和高度，将其分别保存在变量 move_W 和 move_H 中，为后面计算 move 的坐标做准备。

第 5 行和第 6 行，分别获取大图和缩略图的宽度，将其分别保存在变量 bigImg_W 和 smallImg_W 中，为计算放大镜倍数做准备。

第 7 行，使用大图宽度除以缩略图宽度得到放大镜倍数，将其保存在变量 zoom 中。

第 8 行~第 27 行，为 origin 元素注册鼠标指针移动事件函数，为函数设置鼠标事件参数 e。注意，鼠标指针实际上是在遮罩层 mask 元素前方移动的，因为 mask 是 origin 的子元素，所以同时也触发了 origin 的 mousemove 事件。

第 9 行和第 10 行，使用鼠标事件参数 e 获取鼠标指针所在位置的横坐标和纵坐标，将其分别保存在变量 x 和 y 中。

第 11 行~第 17 行，根据当前鼠标指针所在位置的横坐标计算 move 元素在 origin 元素中的横坐标，确保鼠标指针带着 move 元素在 origin 元素中横向移动，origin 元素中的坐标区域如图 7-3 所示。

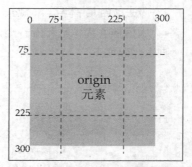

图 7-3 origin 元素中的坐标区域

第 11 行的条件 if(x < move_W / 2) 即 if(x < 75)，表示鼠标指针位于图 7-3 中标识 75 的纵向虚线左侧，此时若将 x 作为 move 元素的中心横坐标，则会导致 move 元素的左侧移到 origin 元素

左侧外部,选定区域无效。所以第 12 行强制 move 元素的横坐标 move_L 取值为 0,也就是 move 元素左侧紧贴在 origin 元素左侧。

第 13 行的条件 if(x > (origin_W − move_W / 2))即 if(x > 225),表示鼠标指针位于图 7-3 中标识 225 的纵向虚线右侧,此时若将 x 作为 move 元素的中心横坐标,则会导致 move 元素的右侧移到 origin 元素右侧外部,选定区域无效。所以第 14 行强制 move 元素的横坐标 move_L 取值为 origin_W − move_W,即 150,也就是 move 元素右侧紧贴在 origin 元素右侧。

第 15 行的 else 表示鼠标指针位于 75 和 225 两条纵向虚线之间,因为此时要将 x 作为 move 元素中心横坐标,所以第 16 行使用 x − move_W / 2,即 x-75,计算 move 的横坐标 left 取值。

第 18 行~第 24 行,根据当前鼠标指针所在位置的纵坐标计算 move 元素在 origin 元素中的纵坐标,确保鼠标指针带着 move 元素在 origin 元素中纵向移动。

第 18 行的条件 if(y < move_H / 2)即 if(y< 75),表示鼠标指针位于图 7-3 中标识 75 的横向虚线上方,此时若将 y 作为 move 元素的中心纵坐标,则会导致 move 元素的上侧移到 origin 元素上侧外部,选定区域无效。所以第 19 行强制 move 元素的纵坐标 move_T 取值为 0,也就是 move 元素上侧紧贴在 origin 元素上侧。

第 20 行的条件 if(y > (origin_H − move_H / 2))即 if(y > 225),表示鼠标指针位于图 7-3 中标识 225 的横向虚线下方,此时若将 y 作为 move 元素的中心纵坐标,则会导致 move 元素的下侧移到 origin 元素下侧下边,选定区域无效。所以第 21 行强制 move 元素的纵坐标 move_T 取值为 origin_H − move_H,即 150,也就是 move 元素下侧紧贴在 origin 元素下侧。

第 22 行的 else 表示鼠标指针位于 75 和 225 两条横向虚线之间,因为此时要将 y 作为 move 元素中心纵坐标,所以第 23 行使用 y − move_H / 2,即 y-75,计算 move 的纵坐标 top 取值。

第 25 行,使用 css()方法将 move_L 和 move_T 分别设置为 move 元素的 left 和 top 坐标值,达到移动 move 元素的目的。

第 26 行,使用 css()方法将 −(move_L * zoom)和-(move_T * zoom)分别设置为 scale 中大图元素的横坐标和纵坐标,得到放大后的效果。

4．更换选定的图片

无论是 origin 中的缩略图还是 scale 中的大图,都需要跟随 min 中选定的小图更换,当鼠标指针指向 min 中的小图时,完成图片的更换。因此需要为小图定义 mouseover 事件函数,函数功能实现步骤如下。

7-5 微课

放大镜特效-更换图片

第一步,获取小图的索引,将其保存在变量 ind 中,如果索引是 0(表示向左箭头)或者 4(表示向右箭头),则直接使用 return 返回。

第二步,若小图的索引是 1、2、3 之一,则先设置所有小图的边框颜色为白色,再设置当前鼠标指针指向的小图边框颜色为红色。注意此处顺序不可颠倒。

第三步,设置 origin 中缩略图元素 img 的 src 属性取用索引为 ind 的缩略图。即 ind 为 1,缩略图为 lianyiqunSmall1.jpg;ind 为 2,缩略图为 lianyiqunSmall2.jpg;ind 为 3,缩略图为 lianyiqunSmall3.jpg。

第四步,设置 scale 中大图元素 img 的 src 属性取用索引为 ind 的大图。

在$(function(){})内部增加如下代码。

```
1:              $(".min>img").mouseover(function(){
```

```
2:                              var ind = $(this).index();
3:                              if(ind ==0 || ind == 4){
4:                                  return;
5:                              }
6:                  $(".min>img").css("border-color", "#fff")
7:                  $(this).css("border-color", "#f00")
8:                  $(".origin>img").attr("src", "img/lianyiqunSmall" + ind + ".jpg");
9:                  $(".scale>img").attr("src", "img/lianyiqunBig" + ind + ".jpg")
10:                      })
```

可以将第 3 行的 if(ind ==0 || ind == 4)条件更换为 if(ind >= 1 && ind <= 3)，将第 6 行~第 9 行的代码放在 if 子句中。

任务 7.2　瀑布流布局

瀑布流，又称瀑布流式布局，是比较流行的一种网站页面布局，视觉表现为参差不齐的多栏布局，随着页面滚动条向下滚动，这种布局还会不断加载数据块并附加至当前尾部。瀑布流对于图片的展现是高效且具有吸引力的，用户通过一眼扫过的快速阅读模式可以在短时间内获得更多的信息量，而瀑布流的懒加载模式又避免了用户单击的翻页操作。瀑布流的主要特性是错落有致，定宽而不定高的设计让页面布局区别于传统的矩阵式布局，巧妙利用视觉层级，给人不拘一格的感觉。

7-6　微课

瀑布流布局-元素
定义

【任务描述】

在任务要实现的瀑布流布局效果如图 7-4 所示。

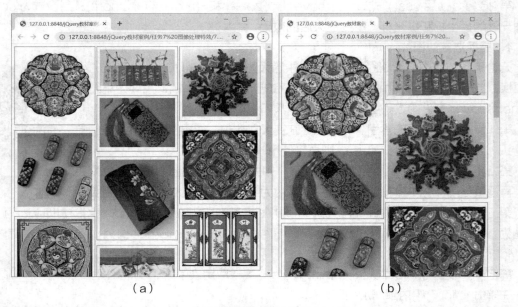

（a）　　　　　　　　　　　　（b）

图 7-4　跟随窗口宽度变化的瀑布流布局效果

一共有大小不同的 16 幅图片参与了瀑布流布局，图片文件名称是 jx1.jpg ~ jx16.jpg，所有图片都通过脚本代码添加到页面中，布局中的列数根据窗口大小自动调整，当窗口宽度大于 550 像素时，显示为图 7-4（a）中的 3 列效果；当窗口宽度小于 550 像素时，显示为图 7-4（b）中的 2 列效果。

【任务实现】

任务实现从元素设计及样式定义、瀑布流的实现原理及瀑布流的脚本实现几个方面完成。

【示例 7-2】创建页面文件"瀑布流布局.html"，完成瀑布流布局效果。

1. 元素设计及样式定义

body 中只有一个 ul 元素，所有的图像都使用 ul 的子元素 li 添加到页面中，样式要求如下。

ul 的宽度为 100%，与页面同宽，填充和边距都设置为 0。

li 元素没有项目符号，初始时按照 3 列布局的样式进行定义，宽度为 32%，填充为 1%，边距为 1%，边框为 1 像素实线，颜色为浅灰色，设置 box-sizing 取值为 border-box，即 li 的宽度为 32%，包含 1% 的填充和左右共 2 像素的边框，除此之外还有 1% 的边距，使用绝对定位。

li 中图像的宽度为 100%，与 li 的内容区同宽。

元素和样式代码如下。

```
<!DOCTYPE html>
<html>
    <head>
        <meta charset="utf-8">
        <title></title>
        <style type="text/css">
            ul{width: 100%; padding: 0; margin: 0;}
            ul>li{list-style: none;  width: 32%; padding: 1%; margin: 1%; border: 1px
solid #999; box-sizing: border-box; position: absolute;}
            ul>li>img{width: 100%;}
        </style>
    </head>
    <body>
        <ul></ul>
    </body>
</html>
```

> **注意** 初始时，body 中的 ul 元素没有任何列表项，所有列表项都需要使用脚本代码动态加入。

2. 瀑布流的实现原理

瀑布流中的所有元素都要靠绝对定位的坐标值来确定摆放位置，最先确定第 1 行元素的位置，第 1 行所有 li 的纵坐标 top 都是 0；横坐标 left 根据列数确定，将 body 的宽度二等分或者三等分之后，乘列索引即可。例如，body 宽度为 900 像素，横坐标范围为 0 ~ 899 像素，因宽度超出 550 像素，所以需要显示 3 列，每列占 300 像素（以下都按照 3 列进行说明）。第 1 列索引为 0，left 坐标为 300×0=0，占据横坐标范围为 0 ~ 299 像素；第 2 列索引为 1，left 坐标为 300×1=300 像素，占据横坐标范围为 300～599 像素；第 3 列索引为 2，left 坐标为 300×2=600 像素，占据横坐标范围为 600～899 像素。

第 2 行所有 li 的横坐标计算方法与第 1 行的横坐标计算方法相同，放置第 2 行的元素时，需要思考如下两个问题。

第一，第 2 行的 3 个图片分别放在哪一列中？

第二，每列的 top 坐标如何计算？

对于上述两个问题，都需要根据第 1 行中 3 幅图片的高度来解决。

假设第 1 行显示完毕时 3 个 li 父元素的点高度和占据的纵坐标范围如下。

- 第 1 幅图片 jx1.jpg：父元素 li 的总高度为 300 像素，占据的纵坐标范围是 0～299 像素。
- 第 2 幅图片 jx2.jpg：父元素 li 的总高度为 180 像素，占据的纵坐标范围是 0～179 像素。
- 第 3 幅图片 jx3.jpg：父元素 li 的总高度为 280 像素，占据的纵坐标范围是 0～279 像素。

接下来第 2 行中要放置的第 1 幅图片是 jx4.jpg，因为第 1 行中第 2 列的总高度最小，所以 jx4.jpg 需要放在第 2 行第 2 列，top 取值为第 2 列原来的总高度 180 像素，即顺着原来的 0～179 像素之后的坐标；假设第 4 幅图片的父元素 li 的总高度是 260 像素，则将 jx4.jpg 摆放进去之后，第 2 列的总高度是 180+260=440 像素，变为最高，第 3 列的总高度为 280 像素最小。所以接下来 jx5.jpg 需要放在第 2 行第 3 列，top 坐标为 280 像素，以此类推。

综上，除了第 1 行的图片是按照顺序摆放之外，之后每一幅图片的位置都要取决于当前每列的总高度，哪一列的总高度最小，就将新的图片摆放在哪一列中，新图片的 top 坐标则取相应列的总高度值。

7-7 微课

瀑布流布局-脚本实现

3．瀑布流的脚本实现

瀑布流功能需要使用的 li 和 img 元素都是通过脚本代码使用循环结构添加的，在页面中添加 li 和 img 元素的代码如下。

```javascript
$(function(){
    for(var i = 1; i <= 16; i++){
        $("ul").append("<li><img src='img/jx" + i + ".jpg' /></li>");
    }
})
```

使用循环结构为 ul 元素添加 16 个带有图片元素的 li 子元素。

实现瀑布流的脚本包含定义和调用函数 pubuliu() 两个部分。

（1）定义函数 pubuliu()

函数功能实现步骤如下。

第一步，定义变量 num，该变量用于表示一行中显示的图片元素个数，即一行中的列数，取值是 2 或者 3。

第二步，定义空数组 arr，数组元素个数根据页面中的列数确定，可能是 2 或者 3。每个元素用于存放一列中当前所有 li 的总高度，只显示第 1 行图片时，每个元素只存放一个 li 的总高度。

第三步，获取 body 页面的宽度，将其保存在变量 body_W 中。若 body_W 小于 550 像素，则设置 num 为 2，设置所有 li 的宽度占 48%；若 body_W 大于 550 像素，则设置 num 为 3，设置所有 li 的宽度占 32%。

第四步，使用 each() 方法遍历 li，为每个 li 确定位置，定义遍历函数步骤如下。

- 16 个 li 的索引范围是 0 ~ 15，若当前 li 的索引 index 小于 num，则说明正在显示第 1 行中的 li，设置当前 li 的 top 取值为 0，left 为 body_W/num*index，使用 arr[index]=$(this).outerHeight(true)保存当前 li 的总高度。

- 若当前 li 的索引 index 大于或等于 num，则要找出 arr 数组保存的最小高度，具体做法为：获取数组 arr[0]保存的第 1 列中所有 li 的总高度，将其保存在变量 minH 中，同时使用变量 mIndex 保存索引 0；遍历数组 arr，找出其中的最小高度，将其保存在变量 minH 中，同时改变 mIndex 取值；设置当前 li 的纵坐标 top 取值为 minH，横坐标 left 为 body_W/num*mIndex；使用 arr[mIndex]=minH+$(this).outerHeight (true)在原来的最小高度基础上增加当前 li 的总高度，也就是每显示一个新的 li 之后，就要更新数组 arr 中保存的结果。

（2）调用函数 pubuliu()

对 pubuliu()函数的调用需要在两个时间点进行。

第一，页面加载完成时。

第二，窗口大小改变时。

定义和调用函数 pubuliu()的代码如下。

```
1:      function pubuliu(){
2:          var num;
3:          var arr=[];
4:          var body_W=$("body").width();
5:           if(body_W>550){
6:              num=3;
7:              $("li").css("width","32%");
8:          }else{
9:              num=2;
10:             $("li").css("width","48%");
11:         }
12:         $("li").each(function(ind){
13:             if(ind<num){
14:                 $(this).css({top:0,left:(body_W/num*ind)+"px"});
15:                 arr[ind]=$(this).outerHeight(true);
16:             }else{
17:                 var minH=arr[0];
18:                 var mIndex=0;
19:                 arr.forEach(function(val,index){
20:                     if(minH>val){
21:                         minH=val;
22:                         mIndex=index;
23:                     }
24:                 })
25:                 $(this).css({left:(body_W/num*mIndex)+"px",top:minH+"px"});
26:                 arr[mIndex]=minH+$(this).outerHeight(true);
27:             }
28:         })
29:     }
30:     $(window).load(pubuliu);
31:     $(window).resize(pubuliu);
```

脚本代码解释如下。

第 7 行和第 10 行，设置 li 元素宽度时，只能使用 css()方法，不可直接使用 width()方法，也就是说不能使用$("li").width('32%')取代$("li").css("width","32%")。这是因为在样式定义中使用了 box-sizing:border-box，width('32%')设置的是内容区的宽度，而 css("width",'32%')设置的是包括内容区、填充和边框在内的宽度。

第 12 行，在遍历 li 的函数中，使用了参数 ind，即 li 的索引，范围为 0~15。

第 13 行~第 16 行，ind<num，假设 num 为 3，则条件成立，ind 取值是 0、1、2，表示第 1 行中的 3 个 li 元素。

第 14 行，使用 css()方法设置当前 li 的坐标值。

第 15 行，使用 outerHeight(true)获取当前 li 的总高度（包括内容区、填充、边框和边距的高度），将其保存在索引为 ind 的 arr 数组元素中，当前 ind 的范围为 0~2，正好能够作为 arr 数组的 3 个索引。

第 16 行~第 27 行，如果 li 的索引为 3~15，则需要在确定列之后再设置其坐标。

第 17 行和第 18 行，将 arr[0]中存放的第 1 列的总高度保存在变量 minH 中，同时将索引 0 保存在变量 mIndex 中，为第 19 行~第 24 行获取 arr 数组中的最小高度及对应索引做准备。

第 19 行~第 24 行，使用数组遍历的方式 arr.forEach(function(val,index)找出数组中存放的最小高度及其对应的索引。参数 val 表示当前数组元素的值，index 表示当前数组元素的索引。

第 20 行~第 23 行，判断如果 minH>val，则说明 minH 中当前存放的不是最小值，将 val 值赋给 minH，同时将 index 赋给 mIndex 变量。

第 25 行，使用 css()方法设置当前 li 的坐标，横坐标根据 mIndex 中存放的索引进行计算，纵坐标取值为 minH 中存放的最小高度。

第 26 行，获取当前 li 的总高度，加上其上方之前的最小高度 minH，重新保存在索引为 mIndex 的 arr 数组元素中。

第 30 行，使用$(window).load(pubuliu)设置页面加载完成时调用函数 pubuliu()。

第 31 行，使用$(window).resize(pubuliu)设置窗口大小改变时调用函数 pubuliu()。

任务 7.3　添加文件类型图标

7-8　微课

添加文件类型图标-元素定义

【任务描述】

很多网站都有文件上传功能，文件上传之后，网站基本都显示了与文件类型相符的图标，如邮件中携带的附件文件的图标、QQ 群中上传的文件的图标等。

本任务要实现的功能是在上传文件之后，为文件添加其前面的文件类型图标，效果如图 7-5 所示。

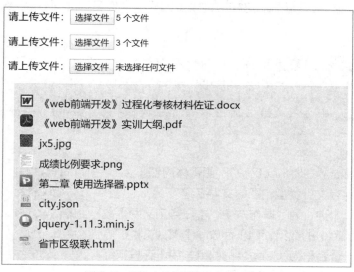

请上传文件：选择文件 5 个文件

请上传文件：选择文件 3 个文件

请上传文件：选择文件 未选择任何文件

W 《web前端开发》过程化考核材料佐证.docx

《web前端开发》实训大纲.pdf

jx5.jpg

成绩比例要求.png

P 第二章 使用选择器.pptx

city.json

jquery-1.11.3.min.js

省市区级联.html

图 7-5 添加文件类型图标的页面效果

在图 7-5 中，上面有 3 个文件域元素，每个文件域元素都可以上传多个任意类型的文件，每个文件域元素上传文件结束之后，会在下面的 div 中以新增段落的形式将文件名称显示出来，同时在段落开始处上传文件类型图标。如果上传的是图片文件，则直接将图片自身的缩略图作为文件类型图标，例如，"jx5.jpg"前面的图标就是该文件的缩略图。

要将上传之后的图片直接作为文件类型图标，需要使用 JavaScript 中的读取外部文件功能。

【任务实现】

任务实现从元素设计及样式定义、脚本功能实现等方面完成。

【示例 7-3】创建页面文件"添加文件类型图标.html"，实现文件类型图标的添加功能。

1. 元素设计及样式定义

body 中只添加了用 3 个段落布局的 3 个文件域元素和一个空白 div 元素，每个文件域元素都使用属性 multiple="multiple"允许上传多个文件，大家可以自行添加任意个文件域元素。

元素结构代码如下。

```
<body>
    <p>请上传文件: <input type="file" multiple="multiple" /></p>
    <p>请上传文件: <input type="file" multiple="multiple" /></p>
    <p>请上传文件: <input type="file" multiple="multiple" /></p>
    <div class="div1">
    </div>
</body>
```

类名为 div1 的 div 元素用于显示上传文件的名称和文件类型图标，样式要求：宽度为 500

像素，高度为 auto，背景色为浅蓝色（#eef），边距为 10 像素。内部使用新增段落方式显示上传文件的名称，使用选择器.div1>p 定义内部段落的样式为，上下边距为 8 像素，左右边距为 0，字号为 12pt；使用选择器.div1>p>img 定义添加的文件类型图标的样式为，宽度为 20 像素，高度为 20 像素，右边距为 20 像素，这样文件类型图标与文件名称之间有 20 像素的间距，效果比较美观。

样式代码如下。

```
<style type="text/css">
    .div1{width: 500px; height: auto; background: #eef; margin: 10px ;}
    .div1>p{margin: 8px 0; font-size: 12pt;}
    .div1>p>img{ width:20px; height:20px; margin-right: 20px;}
</style>
```

2．脚本功能实现

以下所有代码都要放在$(function(){})函数体内部。

（1）使用数组保存文件类型和图标文件名称

文件类型多达几十种，为了操作方便，本任务定义两个数组：一个名称为 kzmArr 的数组，用于存放除了图片文件扩展名之外的扩展名；一个名称为 fileImg 的数组，用于存放数组 kzmArr 中文件扩展名对应的图标文件名称。

7-9 微课

设置非图片文件的图标

7-10 微课

设置图片文件的类型图标

> **注意** 数组 kzmArr 中的文件扩展名与数组 fileImg 中的图标文件名称必须是按顺序一一对应的。

两个数组的定义如下。

```
var kzmArr = ['doc','docx','xls','xlsx','ppt','pptx','pdf','rar','txt',
'html','css','js','json','php'];
    var fileImg = ['doc.png', 'doc.png', 'xls.png', 'xls.png', 'ppt.png',
'ppt.png','pdf.jpg','rar.jpg','txt.jpg', 'html.jpg', 'css.jpg','js.jpg','json.jpg',
'php.jpg'];
```

数组 kzmArr 中有"doc"和"docx"两个扩展名，都代表 Word 文档，在 fileImg 中将"doc.png"存储了两次，也就是说，无论是.doc 文档还是.docx 文档，都使用名称是 doc.png 的图标文件。

所有的图标文件都保存在文件夹 image 中。

在实际应用时需要将除图片文件扩展名之外的扩展名都在数组 kzmArr 中列举出来，同时也需要提供所有的图标文件，将图标文件名称按对应关系在数组 fileImg 中都列举出来。也就是说，按照规定的原则，只要是 kzmArr 中不存在的扩展名，就一定是图片文件的扩展名。本任务并没有将所有文件的扩展名都列举出来，读者可以自行添加更多的扩展名和图标文件名称。

另外，也可以使用一个二维数组取代上面的两个一维数组，二维数组的每个元素中都存放一个扩展名和对应的图标文件名称，这样定义之后，需要适当修改相应的代码。

（2）定义每个文件域元素的 change 事件函数

功能说明如下。

获取该文件域元素上传的所有文件，使用循环方式对每个文件进行如下处理。

获取文件的名称，创建一个新的段落，将文件名称作为段落内容，将段落添加到 div1 中；获取文件名称中的扩展名，在数组 kzmArr 中查找该扩展名，如果找到该扩展名，则按照扩展名对应的索引在数组 fileImg 中获取图标文件名称，之后使用 img 元素将该图标文件添加到段落首部；如果扩展名在数组 kzmArr 中不存在，则说明上传的是图片文件，此时需要使用 FileReader 对象获取图片文件的存储路径，将该图片文件的缩略图作为段落首部的文件类型图标。

代码如下。

```
1:          $("input[type=file]").each(function(){
2:              $(this).change(function(){
3:                  $(".div1").css("padding","10px");
4:                  var file=this.files;
5:                  for( var i = 0; i < file.length; i++){
6:                      (function(){
7:                          var fileName = file[i]["name"];
8:                          var p = $("<p>" + fileName + "</p>");
9:                          $(".div1").append(p);
10:                         var kzm=fileName.split('.').pop();
11:                         var kzmInd=kzmArr.indexOf(kzm);
12:                         if(kzmInd!=-1){
13:                             var tubiao=fileImg[kzmInd];
14:                             p.prepend("<img src='image/"+tubiao+"' />")
15:                         }else{
16:                             var fr = new FileReader();
17:                             fr.readAsDataURL(file[i]);
18:                             $(fr).load(function(e) {
19:                                 p.prepend("<img src='"+e.target.result+"' />")
20:                             });
21:                         }
22:                     })()
23:                 }
24:             })
25:         })
```

脚本代码解释如下。

第 1 行～第 25 行，遍历所有的文件域元素。

第 2 行～第 24 行，定义每个文件域元素的 change 事件函数。

第 3 行，设置 div1 的填充是 10 像素。

第 4 行，获取当前文件域元素上传的所有文件，将其保存在变量（实际是数组）file 中。

第 5 行～第 23 行，对数组 file 进行循环。

第 6 行～第 22 行，因为 FileReader 是异步执行的，其 load 事件函数是一个异步执行成功后的回调函数，为了保证第 7 行～第 21 行代码能够按照顺序正确执行，这里增加一个立即执行的匿名函数（function(){}) () ，这样在每次循环中都必须执行该匿名函数，才能执行其内部每一部分的代码，详细解释稍后进行。

第 7 行，使用 file[i]["name"]获取到当前循环所处理文件的名称，将其保存在变量 fileName 中。

使用文件域元素上传的文件通过 files 获取，输出的结果如图 7-6 所示。

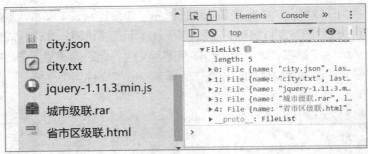

图 7-6　files 获取的上传文件的信息

图 7-6 中是使用一个文件域元素上传的 5 个文件，文件名称如图 7-6 左侧所示，右侧是控制台输出的 this.files 结果，显示的文件列表 FileList 的长度是 5，表示该数组有 5 个元素。每个元素都是一个对象，每个对象的第一个属性都是 name，该属性取值就是上传的文件名称，因此通过 file[i]["name"]可直接获取到上传文件的名称。

第 8 行，创建一个新的段落，将其保存在变量 p 中，将 fileName 中保存的文件名称作为段落的内容。

第 9 行，将段落添加为 div1 的子元素。

第 10 行，对 fileName 中的文件名称使用 split('.')方法以圆点作为分隔符进行分割，之后再使用 pop()方法将分割后的数组中的最后一个元素（也就是文件的扩展名）取出来保存到变量 kzm 中。

第 11 行，使用 kzmArr.indexOf(kzm)在数组 kzmArr 中查找扩展名。如果扩展名存在，则返回扩展名在数组中的索引；如果扩展名不存在，则返回-1，将返回结果保存在变量 kzmInd 中。

第 12 行~第 15 行，如果 kzmInd 的值不是-1，则说明扩展名存在。

第 13 行，根据 kzmInd 的值，从数组 fileImg 中获取到图标文件名称，将其保存在变量 tubiao 中。

第 14 行，使用 prepend()方法在段落首部添加文件类型图标，图片元素 img 的 src 取值为文件夹 image 下的图标文件。

第 15 行~第 21 行，如果 kzmInd 取值是-1，则说明上传的文件是图片文件，此时需要使用 FileReader 对象读取图片文件，并将其自身作为图标文件使用。

第 16 行，使用 new FileReader()创建 FileReader 对象实例，将其保存在变量 fr 中。

第 17 行，使用 fr.readAsDataURL(file[i])代码将本次循环中的图片文件读取为 DataURL 形式。

第 18 行~第 20 行，第 17 行成功读取之后，触发 FileReader 对象的 load 事件，执行函数，传递实参 e，通过 e.target.result 获取读取的文件路径信息，将该信息作为 img 元素 src 属性的取值，将 img 元素添加到段落的首部，完成操作。

【思考问题】

如果没有添加第 6 行和第 22 行的立即执行的匿名函数(function(){})()，则执行结果会怎样？

【问题解析】

如果没有该匿名函数，假设同时上传的有两个图片文件和一个非图片文件，而且是图片文件在前，非图片文件在后，则前两个图片文件的名称前面没有图标，最后的非图片文件的名称前面有 3 个图标，如图 7-7 所示。

jx5.jpg

成绩比例要求.png

练习1-制作漂浮的广告.pptx

图 7-7　异步 FileReader 带来的问题

在图 7-7 中，上传的文件分别是"jx5.jpg""成绩比例要求.png""练习 1-制作漂浮的广告.pptx"，此时 file.length 取值为 3，而且因为有两个图片文件，所以第 18 行～第 20 行中 FileReader 的 load 事件函数需要执行两次。

图 7-7 中的两个图片文件名称前面没有图标，第 3 个文件名称前面的图标从右向左分别是"ppt.png""jx5.jpg""成绩比例要求.png"，这是因为 FileReader 是异步执行的，其 load 事件函数是一个异步执行成功后的回调函数。对于两个图片文件来说，在执行 FileReader 的 load 事件函数之前，循环体 for(var i = 0; i < file.length; i++){}中的第 7 行～第 15 行代码已经完成 3 次执行，这期间判断 FileReader 的 load 事件函数需要执行两次，循环体第 3 次执行完成之后，第 8 行的段落变量 p 中存放的是"练习 1-制作漂浮的广告.pptx"，当系统执行第 18 行～第 20 行的异步代码时，要连续执行两次，每次都将获得的图片文件放在该段落的首部，第一次获取的是"jx5.jpg"，先放在段落的首部，第二次获得的是"成绩比例要求.png"，再放在该段落首部。

【相关知识】JavaScript 读取外部文件

HTML5 定义了 FileReader 对象用于读取文件，根据 W3C 的定义，FileReader 接口提供了读取文件的方法和包含读取结果的事件机制。

在使用 FileReader 对象之前，要先生成对象实例，代码如下。

```
var reader = new FileReader();
```

生成对象实例之后可以通过该实例应用 FileReader 对象的方法和属性等。

1. FileReader 对象的方法

FileReader 对象拥有 5 个方法，其中 1 个用于中断读取，另外 4 个用于读取文件。

（1）abort()方法

参数为 none，用于中断读取。

（2）readAsDataURL(file)方法

参数为要读取的文件，该方法将文件读取为一段以 data: 开头的字符串，这段字符串的实质就是 Data URL，Data URL 是一种将小文件直接嵌入文档的方案，这里的小文件通常是指图像与

HTML 等格式的文件。

（3）readAsText(file, [encoding])方法

该方法有两个参数，其中第二个参数是文本的编码方式，默认值为 UTF-8，该方法将文件以文本方式读取出来，读取的结果即这个文本文件中的内容。

（4）readAsBinaryString(file)方法

参数为要读取的文件，用于将文件内容读取为二进制码。

（5）readAsArrayBuffer(file)方法

参数为要读取的文件，用于将文件内容读取为 ArrayBuffer 的数据对象。

2．FileReader 对象的事件

FileReader 对象的事件如下。

- onabort：在读取操作被中断时触发。
- onerror：在读取操作发生错误时触发。
- onload：在读取操作成功完成时触发。
- onloadstart：在读取操作开始时触发。
- onloadend：在读取操作结束时（无论操作失败或成功）触发。
- onprogress：在读取过程中触发。

3．FileReader 对象的属性

FileReader 对象的属性如下。

- error：表示在读取文件时发生的错误。
- result：该属性仅在文件读取完成后才有效，表示读取的文件内容。文件一旦开始读取，无论成功或失败，实例的 result 属性都会被赋值。如果读取失败，则 result 的值为 null，如果读取成功，则为读取的文件内容。程序开发中一般都在成功读取文件的时候，也就是在 load 事件被触发时读取这个值。

【示例 7-4】应用 FileReader 读取上传的图像文件。

具体要求如下。

页面初始时只有一个上传文件的文件域元素和一个空白的图片元素，空白的图片元素并没有任何显示效果。选择任意位置的任意图片上传，读取之后将其显示在页面中。

运行效果如图 7-8 所示。

图 7-8　读取图片文件的页面运行效果

创建页面文件"读取图像文件.html",代码如下。

```
<!DOCTYPE html>
<html>
    <head>
        <meta charset="utf-8">
        <title>读取图像文件</title>
    </head>
    <body>
        <input type="file" name="file" /><br />
        <img id="portrait" src="">
        <script src="../jquery-1.11.3.min.js"></script>
        <script>
1:          $("input[type=file]").change(function(){
2:              var file = this.files[0];
3:              if(window.FileReader) {
4:                  var fr = new FileReader();
5:                  fr.readAsDataURL(file);
6:                  $(fr).load(function(e) {
7:                      $("#portrait").attr("src", e.target.result);
8:                  });
9:              }
10:         })
        </script>
    </body>
</html>
```

脚本代码解释如下。

第 1 行~第 10 行,定义文件域元素 change 事件函数,上传文件之后,触发文件域元素的 change 事件。

第 2 行,JavaScript 可以通过 files 属性获取文件域元素上传的所有文件,该属性返回一个 FileList 对象。无论上传的文件有几个,FileList 对象都以一个数组的形式存在,所以要获取上传的 唯一的文件,需要使用 files[0]来获取。如果文件域元素中设置了属性 multiple="multiple",则可以 使用 files[1]获取到上传的多个文件中的第二个文件。

第 3 行,使用 if(window.FileReader)判断浏览器是否支持 FileReader 对象,如果支持,则执 行第 4 行~第 8 行代码。

第 4 行,使用 new FileReader()创建对象实例,将其保存在变量 fr 中。

第 5 行,以 DataURL 的方式读取文件,这样在读取完成之后能够获取到上传文件的路径并将 其作为 src 属性的取值。

第 6 行~第 8 行,成功读取文件之后触发 load 事件,为该事件注册函数。

第 7 行,使用 e.target.result 获取到读取的结果,将其设置给 id 是 portrait 的图片元素。

任务 7.4   超链接背景图的切换

很多超链接板块使用了可以在亮色和暗色之间切换的背景图,如果只有一个元素需要切换背景 图,或者所有元素的亮色背景图和暗色背景图使用的是相同的文件,则使用样式中的:hover 伪类即可完成，例如下面的代码。

```
a{
    display: block; width:80px; height:30px; padding: 50px 0 0;
    background: url(images/10.png) no-repeat top center; color: #000;
    text-decoration: none; font-size: 10pt; text-align: center; line-height: 30px;}
a:hover{background: url(images/11.png) no-repeat top center; color:#00f;}
```

在上面的样式代码中，为超链接元素初始状态指定的背景图是 10.png，
当鼠标指针指向该元素时切换为 11.png。

7-11　微课

超链接背景图
切换

【任务描述】

本任务要实现的超链接背景图切换要求同一板块的不同超链接使用的背景
图是不同的，如图 7-9 所示。

图7-9　暗色背景图和鼠标指针指向超链接时的亮色背景图效果

图 7-9 中的效果如果使用样式代码实现，则需要对每个超链接分别定义初始状态的背景图和鼠
标指针指向超链接时的背景图，代码重复且冗余。本任务使用脚本代码实现这一效果。

使用脚本代码实现超链接背景图切换时，给定的图片文件必须有文件序号。文件序号的设置也
有要求，例如，第一幅图片是"办事大厅"的背景图，暗色图为 10.png，亮色图为 11.png；第二
幅图片的暗色图为 20.png，亮色图为 21.png；第三幅图片的暗色图为 30.png，亮色图为 31.png
等，有规律的图片名称可以方便在脚本中切换，所有背景图的宽度和高度都是 50 像素。

【任务实现】

任务实现从元素设计及样式定义、脚本功能实现两个方面完成。

【示例 7-5】创建页面文件"超链接背景图切换.html"，实现任务功能。

1. 元素设计及样式定义

页面中的元素结构代码如下。

```
<div class="divw">
    <ul>
        <li><a href="#">办事大厅</a></li>
        <li><a href="#">应用系统</a></li>
        <li><a href="#">专题网站</a></li>
        <li><a href="#">图书馆</a></li>
        <li><a href="#">学校院报</a></li>
        <li><a href="#">品牌专业群</a></li>
        <li><a href="#">友情链接</a></li>
    </ul>
</div>
```

元素结构和样式说明如下。

（1）类名是 divw 的 div 用于设置超链接所在的整个区域，样式要求：宽度为 850 像素，高度

为 80 像素，左填充为 120 像素，其余填充为 0，这里的左填充是为了添加最左侧的"服务导航"背景图而设置的，通过这种方式将背景图与内容分离，上下边距为 10 像素，左右边距为 auto。背景图是 nav_bg.png，不允许平铺，位于左侧垂直居中，背景图 nav_bg.png 的宽度为 108 像素，放在 divw 的左填充区域内，边框为 1 像素实线，颜色为蓝色。

（2）无序列表 ul 和列表项的边距和填充都设置为 0。

（3）列表项元素样式要求：没有列表符号，上下边距为 0，左右边距为 20 像素，宽度为 80 像素，高度为 80 像素，向左浮动。

（4）内部的超链接元素样式要求：使用 display:block 设置为块元素，宽度为 80 像素，高度为 30 像素，上填充为 50 像素，其余填充为 0，这里设置的上填充用于放置内部的背景图，也就是说，无论是暗色还是亮色的背景图，都放置在超链接块的上填充区域内，与下面的超链接热点文本分离。具体的背景图设置则在脚本中完成，超链接热点文本颜色为黑色，没有下画线，字号为 10pt，文本水平居中，文本行高为 30 像素，当鼠标指针指向文时文本颜色变为蓝色。

样式代码如下。

```
<style>
    .divw{width: 850px; height: 80px; padding: 0 0 0 120px; margin: 10px auto;
background: url(images/nav_bg.png) no-repeat left  center; border: 1px solid #00f;}
    .divw ul,.divw li{margin: 0; padding: 0;}
    .divw li{list-style: none; margin: 0 20px; width: 80px; height: 80px; float:
left;}
    .divw li>a{
        display: block; width:80px; height:30px; padding: 50px 0 0; color: #000;
        text-decoration: none; font-size: 10pt; text-align: center; line-
height: 30px;}
    .divw li>a:hover{ color:#00f;}
</style>
```

2．脚本功能实现

需要对每个超链接定义初始状态的背景图、鼠标指针指向超链接时的背景图以及鼠标指针离开超链接时的背景图。

脚本代码如下。

```
        $(function(){
1:              $(".divw li>a").each(function(index){
2:                  $(this).css("background", "url(images/" + (index + 1) + "0.png)
no-repeat top center");
3:                  $(this).mouseover(function(){
4:                      $(this).css("background", "url(images/" + (index + 1) + "1.png)
no-repeat top center");
5:                  })
6:                  $(this).mouseout(function(){
7:                      $(this).css("background","url(images/" + (index + 1) + "0.png)
no-repeat top center");
8:                  })
9:              })
        })
```

脚本代码解释如下。

第 1 行～第 9 行，使用 each()方法遍历每个超链接元素，遍历函数中用参数提供超链接元素的索引 index，函数体中将根据索引获取需要的背景图。

第 2 行，设置超链接初始状态的背景图，初始状态使用的是暗色图，序号为"x0"形式。其中"x"根据 index+1 计算得到，例如，第一个超链接的 index 是 0，得到的是 10.png，背景图不允许平铺，坐标为"top center"，放置在超链接上部中间位置，也就是上填充中间位置。

第 3 行～第 5 行，设置鼠标指针指向超链接时的背景图是亮色图，序号为"x1"形式，不允许平铺，坐标为"top center"。

第 6 行～第 8 行，设置鼠标指针离开超链接时的背景图是暗色图。

> **小技巧** 如果块元素中需要使用背景图，而且**背景图和内容不重叠**，例如，将背景图放在块元素的上部、左侧、下部或者右侧等，则可以设置专门的填充区域来放置背景图，但背景图不能平铺。

7-12 微课

实现星级评价

任务 7.5　使用图片精灵实现星级评价

【任务描述】

购物网站一般都有对商品的星级评价功能，本任务使用图片精灵模拟了简单的星级评价特效，页面效果如图 7-10 所示。

页面使用图片 star.png 进行设计，该图片包括亮色星星和灰色星星两个部分（如图 7-11 所示，左侧为亮色星星，右侧为灰色星星）。该图片以背景图方式出现 5 次，初始时背景图都是灰色星星，当鼠标指针指向某个星星时，通过改变背景图的坐标将其改为亮色星星，当鼠标单击某个星星时，该星星及之前的所有星星都变为亮色星星。

图 7-10　星级评价页面初始效果、鼠标指针指向和单击后的效果

图 7-11　star.png

【任务实现】

要实现图 7-10 所示的星级评价效果，需要在页面中添加 5 个列表项元素，添加列表项元素的代码如下。

```
<body>
  <ul>
    <li></li>
    <li></li>
    <li></li>
    <li></li>
    <li></li>
```

```
        </ul>
    </body>
```

页面中使用无序列表添加了 5 个列表项，每个列表项都用于表示一个星星，所有元素填充和边距都是 0；每个星星的宽度和高度都是 40 像素，所以 ul 宽度设置为 200 像素，高度为 40 像素，边框为 1 像素实线，颜色为红色；li 元素没有项目符号，宽度为 40 像素，高度为 40 像素，背景图为 star.png，不平铺，横坐标为−40 像素，纵坐标为 0，向左浮动；鼠标指针指向 li 时，背景图的横坐标和纵坐标都设置为 0。

样式代码如下。

```
<style>
    *{margin:0; padding:0}
    ul{width:200px; height:40px; margin:0 auto; border: 1px solid red;}
    li{width:40px; height:40px; background: url(image/star.png) no-repeat
-40px 0px; list-style: none; float:left;}
    li:hover{background-position: 0 0;}
</style>
```

对每个 li 设置被单击时的函数功能，被单击的 li 及其前面所有 li 的背景图都是 star.png，不平铺，默认横坐标和纵坐标都是 0，即背景图为亮色星星；被单击 li 后面的所有 li 背景图的坐标都要设置为横坐标−40 像素、纵坐标 0 像素，也就是将灰色星星移至 li 的可视区域内部。

脚本代码如下。

```
        $(function() {
1:          $("li").each(function() {
2:              $(this).click(function() {
3:                  $(this).css("background", "url(image/star.png) no-repeat");
4:                      $(this).prevAll().css("background", "url(image/star.png)
no-repeat");
5:                      $(this).nextAll().css("background", "url(image/star.png)
no-repeat -40px 0");
6:              })
7:          })
        })
```

脚本代码解释如下。

第 1 行~第 7 行，使用 each()方法对 li 元素进行遍历。

第 2 行~第 6 行，定义 li 元素的 click 事件函数。

第 3 行，设置当前 li 的背景图，默认坐标是 0。

第 4 行，使用 prevAll()方法获取当前 li 前面的所有兄弟元素并设置背景图效果。

第 5 行，使用 nextAll()方法获取当前 li 后面的所有兄弟元素并设置背景图效果。

小结

本项目将 5 个图像处理特效集中在一起，包括放大镜、瀑布流布局、文件类型图标、超链接背景图切换、星级评价特效等。需要讲解的新知识点只有使用 JavaScript 读取外部文件这一部分，更多讲解的是每一种特效实现的思路和方法，从而帮助读者理解和掌握各种特效的实现原理和操作方法。

习题

一、选择题

1. 放大镜的倍数如何计算？（　　　）

    A. 大图的显示宽度除以小图的显示宽度

    B. 存放大图 div 的宽度除以存放小图 div 的宽度

    C. 存放小图 div 的宽度除以跟随鼠标指针移动 div 的宽度

    D. 存放大图 div 的宽度除以跟随鼠标指针移动 div 的宽度

2. 存放大图的 div 大小与哪些元素大小有关？（　　　）

    A. 存放小图 div 的大小

    B. 放大镜的倍数

    C. 跟随鼠标指针移动的 div 大小

3. 下面哪几种做法能够用于判断移动的 move 元素 left 坐标是否小于 0？（　　　）

    A. if(move.style.left<0)   B. if(move.offsetLeft<0)

    C. if(parseInt(move.style.left)<0)   D. if(Number(move.style.left)<0)

4. 下面哪些函数中应用鼠标事件参数 e 是有效的？（　　　）

    A. window.onload=function(e){}   B. document.onclick=function(e){}

    C. 段落.onmouseover=function(e){}   D. 文本框.onchange=function(e){}

5. 在放大镜设置中，若跟随鼠标指针移动 div 的 left 坐标值为 120，放大镜的倍数为 1.5 倍，则大图的 left 坐标需要设置为（　　　）。

    A. 180px   B. −180px   C. 80px   D. −80px

二、简答题

1. 放大镜效果中定位在最前方的 mask 元素的作用是什么？

2. 瀑布流布局中如何控制每幅图片的总宽度？

3. JavaScript 读取外部文件时需要使用的对象是什么？该对象的哪个事件被触发时，表示读取操作一定是成功的？从对象的哪个属性中获取读取的结果？

项目8
使用 jQuery 实现表格操作特效

08

【情景导入】

小明最近接手了几个任务，一个任务是为某教学管理系统设计添加和删除课程信息的功能，该系统原先只能展示已定的课程，无法进行修改操作，使用起来非常不方便；另一个任务是在学习网站中增加学生签到和为学生评分等功能，为教师课堂教学提供方便。小明思考了一下，发现这两个任务功能比较相似，都需要使用模态框来实现，于是小明又愉快地"上路"了。

【知识点及项目目标】

- 理解模态框的概念，掌握模态框的设计思路和用法。
- 掌握使用模态框修改表格数据的方法。
- 掌握 JavaScript 读取 Excel 文件的操作方法，理解 workbook 对象的结构。
- 掌握在页面中实现表格排序的思路和方法。

在需要展示规则数据的众多网站中，表格是不可或缺的布局元素，如教学管理系统中的课程设置，学习平台中的学生信息管理、学生成绩管理等。表格操作特效是指对这些规则排列的数据进行动态的添加、删除、修改、排序等操作。

【素养要点】

细节决定成败　精益求精

任务 8.1　应用模态框添加和修改表格数据

【任务描述】

本任务的要求是实现对表格行的删除、添加和修改列值等功能。页面初始运行效果如图 8-1 所示。

表格有多行，表格主体内容行的第一列内容是序号，序号是从 1 开始的自然数列。每行的最后一列内容包含"删除"和"修改"两个按钮，单击"删除"按钮时，将当前行删除，同时将序号重新调整为从 1 开始的自然数列（也就是中间没有缺号）；单击"修改"按钮时，以模态框的形式弹出用于修改的表单界面，将当前行中除序号列和最后按钮列之外的所有列值都显示在表单输入元素中供用户修改，输入完毕单击"确认修改"按钮，将输入的数据都重新添加到表格当前行的相关列中，同时关闭模态框。如果用户没有修改任何数据，则也可直接单击模态框中的关闭按钮关闭模态框。表格的最后一行下面是一个"添加表格行"按钮，单击该按钮时，在表格主体内容行的最后新增一行，第一列的序号和最后一列的"删除""修改"按钮都自动添加，单击新行中的"修改"按钮可为该行添加数据。

专业开设的课程

序号	课程代码	课程名称	学分	开设学期	操作
1	A000003-4	大学英语（一）	4	1	删除 修改
2	A000006-4	大学英语（二）	4	2	删除 修改
3	A000008-4	高等数学	4	2	删除 修改
4	A016050-4	大学语文	4	2	删除 修改
5	A000072-2	习近平新时代中国特色社会主义思想概论	2	3	删除 修改

添加表格行

图 8-1　添加和修改表格数据页面初始运行效果

当鼠标指针指向表格主体内容行中的任意一行时，都将该行背景色设置为#ddf。

因为图 8-1 中的鼠标指针指向表格主体内容行的第 2 行，所以该行带有背景色。此时若单击第 2 行的"删除"按钮，则效果如图 8-2 所示，在删除第 2 行之后，重新调整剩余行的序号，将原来的序号 1~5 调整为 1~4。

专业开设的课程

序号	课程代码	课程名称	学分	开设学期	操作
1	A000003-4	大学英语（一）	4	1	删除 修改
2	A000008-4	高等数学	4	2	删除 修改
3	A016050-4	大学语文	4	2	删除 修改
4	A000072-2	习近平新时代中国特色社会主义思想概论	2	3	删除 修改

添加表格行

图 8-2　删除原来的第 2 行之后的效果

若单击"高等数学"行的"修改"按钮，则运行效果为图 8-3 所示的模态框效果。

在图 8-3 中，弹出的模态框中以表单界面的形式显示"高等数学"行的相关信息，包括课程代码、课程名称、学分、开设学期等内容。若将课程名称"高等数学"改为"高等数学 A"，开设学期改为"1"，则单击"确认修改"按钮之后，将 4 个表单元素的内容写回表格原来的行中，效果如图 8-4 所示。

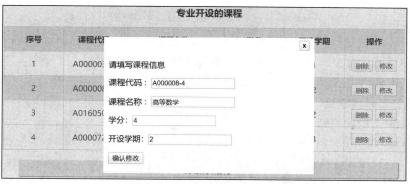

图 8-3　修改"高等数学"行时的模态框效果

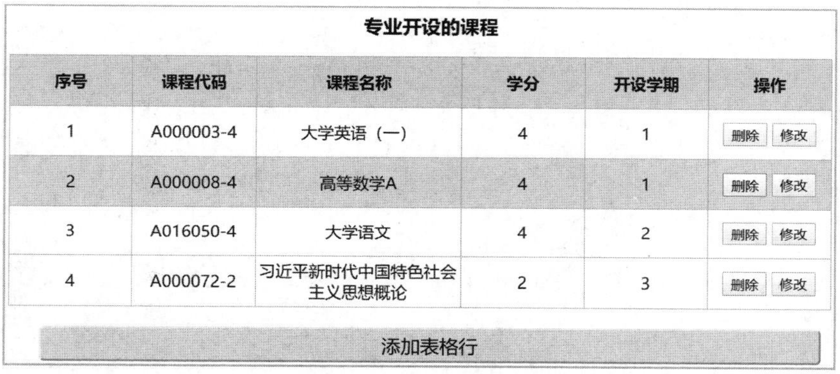

专业开设的课程					
序号	课程代码	课程名称	学分	开设学期	操作
1	A000003-4	大学英语（一）	4	1	删除　修改
2	A000008-4	高等数学A	4	1	删除　修改
3	A016050-4	大学语文	4	2	删除　修改
4	A000072-2	习近平新时代中国特色社会主义思想概论	2	3	删除　修改
添加表格行					

图 8-4　修改"高等数学"行之后的效果

单击页面底部的"添加表格行"按钮，再单击新添加行中的"修改"按钮添加课程代码、课程名称、学分和开设学期的数据之后，效果如图 8-5 所示。

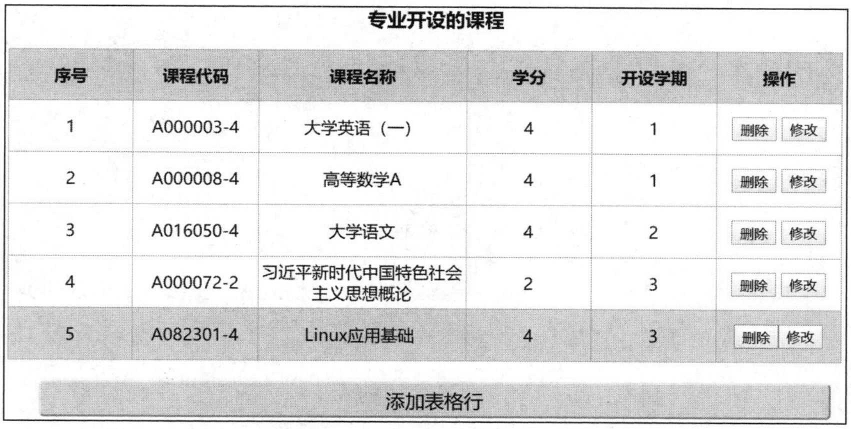

专业开设的课程					
序号	课程代码	课程名称	学分	开设学期	操作
1	A000003-4	大学英语（一）	4	1	删除　修改
2	A000008-4	高等数学A	4	1	删除　修改
3	A016050-4	大学语文	4	2	删除　修改
4	A000072-2	习近平新时代中国特色社会主义思想概论	2	3	删除　修改
5	A082301-4	Linux应用基础	4	3	删除　修改
添加表格行					

图 8-5　添加了新行之后的效果

在图 8-5 中，序号为 5 的内容即新增行之后添加的内容。

【任务实现】

任务实现从元素设计及样式定义、脚本功能实现两个方面完成。

【示例8-1】创建页面文件"添加和修改表格数据.html"，实现任务功能。

1. 元素设计及样式定义

页面中的元素结构代码如下。

```
     <body>
1:          <div class="box">
2:              <h3>专业开设的课程</h3>
3:              <table cellpading="0" cellspacing="0">
4:                  <thead>
5:                      <tr>
6:                          <th>序号</th><th>课程代码</th><th>课程名称</th>
7:                          <th>学分</th><th>开设学期</th><th>操作</th>
8:                      </tr>
9:                  </thead>
10:                 <tbody>
11:                     <tr>
12:                         <td>1</td><td>A000003-4</td><td>大学英语（一）</td>
13:                         <td>4</td><td>1</td>
14:                         <td><button class="del">删除</button> <button class= "modify">
修改</button></td>
15:                     </tr>
16:                     <tr>
17:                         <td>2</td><td>A000006-4</td><td>大学英语（二）</td>
18:                         <td>4</td><td>2</td>
19:                         <td><button class="del">删除</button> <button class= "modify">
修改</button></td>
20:                     </tr>
21:                     <tr>
22:                         <td>3</td><td>A000008-4</td><td>高等数学</td>
23:                         <td>4</td><td>2</td>
24:                         <td><button class="del">删除</button> <button class= "modify">
修改</button></td>
25:                     </tr>
26:                     <tr>
27:                         <td>4</td><td>A016050-4</td><td>大学语文</td>
28:                         <td>4</td><td>2</td>
29:                         <td><button class="del">删除</button> <button class= "modify">
修改</button></td>
30:                     </tr>
31:                     <tr>
32:                         <td>5</td><td>A000072-2</td>
33:                         <td>习近平新时代中国特色社会主义思想概论</td><td>2</td> <td>3
</td>
34:                         <td><button class="del">删除</button> <button class= "modify">
修改</button></td>
35:                     </tr>
```

```
36:                </tbody>
37:            </table>
38:            <button class="add" >添加表格行</button>
39:        </div>
40:        <div class="mask"></div>
41:        <div class="data_form">
42:            <p>请填写课程信息</p>
43:            <p>课程代码: <input type="text" id="course_id" name="course_id" /></p>
44:            <p>课程名称: <input type="text" id="course_name" name="course_name" /></p>
45:            <p>学分: <input type="text" id="course_xf" name="course_xf" /></p>
46:            <p>开设学期: <input type="text" id="course_term" name="course_term" /></p>
47:            <button class="confirm">确认修改</button>
48:            <button class="close">x</button>
49:        </div>
    </body>
```

元素及样式说明。

第 1 行～第 39 行，页面内容使用类名为 box 的 div 布局，box 样式要求：宽度为 820 像素，上下边距为 30 像素，左右边距为 auto，内容居中；box 中包含一个 6 行 6 列的表格和一个类名为 add 的 button 元素"添加表格行"。

第 3 行～第 37 行，是表格 table，样式要求：宽度为 800 像素，边框为 1 像素实线，颜色为 #aaf，使用 border-collapse: collapse;设置边框合并。

表格中的所有 td 和 th 单元格都设置宽度为 120 像素，高度为 50 像素，边框为 1 像素实线，颜色为#aaf，内容水平和垂直都居中，字号为 12pt；使用 td:nth-child(3){width:200px;}设置第 3 列，也就是"课程名称"列的宽度为 200 像素。

第 4 行～第 9 行，添加表格的表头标记<thead></thead>，为了方便获取表格的标题行，以便使用 thead>tr{background:#ddd;}获取标题行并设置标题行的背景色。

第 10 行～第 36 行，添加表格的主体标记<tbody></tbody>，在内部添加主体中的行标记，这样能够方便获取主体中的每一行，为设置样式或 jQuery 特效等做好准备，使用 tbody>tr:hover{background:#ddf;}设置鼠标指针指向主体每一行时的背景色为#ddf。

第 38 行，在 box 中添加类名为 add 的 button 元素，样式要求：宽度为 760 像素，高度为 36 像素，上边距为 20 像素，背景色为#ddf，圆角半径为 5 像素，字号为 14pt。

第 40 行，定义类名为 mask 的 div，即页面中的遮罩层，样式要求：与窗口同宽同高，因此设置宽度为 100%，高度为 100%，采用 fixed 定位方式，边距为 auto，left、right、top、bottom 的坐标值都设置为 0，用于保证此 div 中心与窗口中心吻合，背景透明度为 0.4，初始状态为隐藏状态。

第 41 行～第 49 行，定义类名为 data_form 的模态框 div 元素，样式要求：宽度为 400 像素，高度为 220 像素，上下填充为 30 像素，左右填充为 10 像素，背景色为白色，采用 fixed 定位方式，边距为 auto，left、right、top、bottom 的坐标值都设置为 0，用于保证此 div 在窗口中居中，z 轴坐标为 5，初始状态为隐藏状态。

模态框 div 包含 4 个用段落布局的表单元素，id 分别是 course_id、course_name、course_xf、course_term，还包含类名为 confirm 的"确认修改"按钮和类名为 close 的关闭按钮。关闭按钮样式要求：宽度为 20 像素，高度为 20 像素，填充为 0，绝对定位在 data_form 的右上角，横坐标 right 取值为 10 像素，纵坐标 top 取值为 5 像素，字号为 20 像素，加粗。

样式代码如下。

```
<style type="text/css">
    .box{width: 820px; margin:30px auto; text-align: center; }
    table{width: 800px; border-collapse: collapse; border: 1px solid #aaf;}
    th,td{width: 120px; height: 50px; border: 1px solid #aaf; text-align:
center; vertical-align: middle; font-size: 12pt;}
    td:nth-child(3){width:200px;}
    thead>tr{background:#ddd;}
    tbody>tr:hover{background:#ddf;}
    button.add{width: 760px; height: 36px; margin-top: 20px; background: #ddf;
border-radius: 5px; font-size: 14pt; text-align: center;}
    /* 以下定义模态框需要的元素样式 */
    .mask{width: 100%; height: 100%; position: fixed; margin: auto; left: 0;
right: 0; top: 0; bottom: 0; background: rgba(200,200,200,0.4); display: none;}
    .data_form{ width: 400px; height: 220px; padding: 30px 10px; background:
#fff; position: fixed; margin:auto; left: 0; right: 0; top: 0; bottom: 0; z-index: 5;display:
none;
    }
    .data_form>.close{
        width: 20px; height: 20px; padding: 0; position: absolute; right: 10px;
top: 5px;
        font-size: 20px; font-weight: bold;
    }
</style>
```

【素养提示】

结构化表格的设计决定了后续操作的可行性，传递细节决定成败，培养严谨细致、精益求精的项目开发精神。

2. 脚本功能实现

脚本功能包含删除某个行之后修改行号、删除行、修改行（进入修改界面、完成修改）、关闭模态框、添加行等。

（1）修改行号

定义函数 modify_ind()，功能如下。

使用 each()方法遍历表格主体 tbody 中的每一个 tr，在遍历函数中将当前 tr 的索引加 1 之后设置为第一个 td 子元素的文本。

代码如下。

```
function modify_ind(){
    $("tbody>tr").each(function(index){
        $(this).children().eq(0).text(index+1);
    })
}
```

脚本代码解释如下。

$(this).children()获取到的是当前 tr 中的 6 个 td 子元素，使用 eq(0)获取到第一个 td 子元素，使用 text(index+1)将 tr 的索引加 1 之后设置为 td 的文本。

该函数在每次删除行之后调用。

（2）删除行

单击行中的"删除"按钮时删除当前行，并重新调整行号，代码如下。

```
1:              $("tbody").on("click","button.del",function(){
2:                  $(this).parents("tr").remove();
3:                  modify_ind();
4:              })
```

脚本代码解释如下。

第 1 行，对 tbody 元素使用 on()方法为其后代元素中类名为 del 的 button 元素（"删除"按钮）定义 click 事件函数，注意这里必须使用祖先元素 tbody 为后代元素注册事件，不能使用 $("tr").on("click","button.del",function(){})，也不能直接使用$("button.del").click(function(){})形式为"删除"按钮注册 click 事件。这是因为在实际操作中，新增的表格行也可能要删除，删除时也需要单击其中的"删除"按钮，但是因为新增的行是通过脚本代码动态添加的，新增行的操作的删除行的操作不在同一个作用域中，使用新生成的祖先元素 tr 为其注册事件是无效的，且对新增的按钮直接注册事件也是无效的。

第 2 行，使用$(this).parents("tr")获取到当前"删除"按钮祖先元素中的 tr 元素，使用 remove()方法将该元素从 DOM 树中删除。

第 3 行，删除操作完成之后调用函数 modify_ind()，重新设置每行的行号。

（3）为"修改"按钮注册 click 事件

单击"修改"按钮，打开模态框，将当前行的内容添加到模态框的表单元素中，同时要通过全局变量记录当前"修改"按钮所在行的索引，为之后更换修改的内容做准备。

代码如下。

```
1:              var tr_ind;
2:              $("tbody").on("click","button.modify",function(){
3:                  tr_ind = $(this).parents("tr").index();
4:                  $(".mask").css("display","block");
5:                  $(".data_form").css("display","block");
6:                  $(".data_form #course_id").val($(this).parents("tr").children().
eq(1).text());
7:                  $(".data_form #course_name").val($(this).parents("tr").children().
eq(2).text());
8:                  $(".data_form #course_xf").val($(this).parents("tr").children().
eq(3).text());
9:                  $(".data_form #course_term").val($(this).parents("tr").children().
eq(4).text());
10:             })
```

脚本代码解释如下。

第 1 行，定义全局变量 tr_ind，用于存放当前行的索引。

第 2 行，对 tbody 元素使用 on()方法为其后代元素中类名为 modify 的 button 元素（"修改"按钮）定义 click 事件函数。与"删除"按钮同理，不可使用$("button.modify").click(function(){})

和$("**tr**").on("click","button.modify",function(){})形式为其注册 click 事件函数。

第 3 行，获取当前"修改"按钮祖先元素中 tr 的索引，将其保存在全局变量 tr_ind 中。

第 4 行，设置遮罩层 mask 为显示状态。

第 5 行，设置模态框 data_form 为显示状态。

第 6 行，使用$(this).parents("tr").children().eq(1).text()获取当前"修改"按钮祖先元素 tr 中索引为 1 的子元素 td 中的文本，即表格第二列中的课程代码，再使用$(".data_form #course_id").val()代码将课程代码设置为模态框中 id 为 course_id 的文本框的值。

第 7 行~第 9 行，将当前行中的课程名称、学分、开设学期等 3 个数据分别作为模态框中 id 为 course_name、course_xf 以及 course_term 的 3 个文本框的值。

（4）模态框的关闭功能

单击模态框中的关闭按钮关闭模态框，同时也要关闭遮罩层。所谓的关闭，是指将这两个 div 都设置为隐藏状态。代码如下。

```
$(".data_form>button.close").click(function(){
    $(".data_form").css("display","none");
    $(".mask").css("display","none");
})
```

（5）模态框中的"确认修改"功能

单击模态框中的"确认修改"按钮，将 4 个文本框的内容分别写入所修改行的 4 个表格列中，同时关闭模态框。代码如下。

```
1:          $(".data_form>button.confirm").click(function(){
2:              var course_id = $("#course_id").val();
3:              var course_name = $("#course_name").val();
4:              var course_xf = $("#course_xf").val();
5:              var course_term = $("#course_term").val();
6:              $("tbody>tr").eq(tr_ind).children().eq(1).text(course_id);
7:              $("tbody>tr").eq(tr_ind).children().eq(2).text(course_name);
8:              $("tbody>tr").eq(tr_ind).children().eq(3).text(course_xf);
9:              $("tbody>tr").eq(tr_ind).children().eq(4).text(course_term);
10:             $(".data_form").css("display","none");
11:             $(".mask").css("display","none");
12:         })
```

脚本代码解释如下。

第 2 行~第 5 行，分别获取课程代码、课程名称、学分和开设学期 4 个文本框的值，将其保存在 course_id、course_name、course_xf 和 course_term 这 4 个变量中。

第 6 行，代码$("tbody>tr").eq(tr_ind)通过全局变量 tr_ind 获取到当前正在修改的行，再使用 children().eq(1)获取到该行中索引为 1 的 td 子元素（单元格），将 course_id 的值设置为该单元格的文本。

第 7 行~第 9 行，分别将 course_name、course_xf 和 course_term 这 3 个变量的值设置为当前行第 3~5 个单元格的文本。

第 10 行和第 11 行，关闭模态框 data_form 和 mask。

（6）添加表格行

单击"添加表格行"按钮，在 tbody 的最后添加一行，第一列内容由当前 tbody 中 tr 的个数确定，由 tr 个数加 1 得到，最后一列内容直接添加两个按钮，其他 4 列内容为空。代码如下。

```
1:                    $("button.add").click(function(){
2:                        var newTr=$("<tr></tr>");
3:                        var tdCnt=$("thead>tr>th").length;
4:                        for(i=0;i<tdCnt;i++){
5:                            var newTd=$("<td></td>");
6:                            if(i == 0){
7:                                newTd.text($("tbody>tr").length+1);
8:                            }
9:                            else if(i == tdCnt-1){
10:                                newTd.html("<button class='del'>删除</button><button
class='modify'>修改</button>");
11:                            }
12:                            newTd.appendTo(newTr);
13:                        }
14:                        $("tbody").append(newTr);
15:                    })
```

脚本代码解释如下。

第 2 行，使用$("<tr></tr>")创建一个表格行，将其保存在变量 newTr 中。

第 3 行，使用$("thead>tr>th").length 获取标题行中 th 元素的个数，也就是表格的列数，将其保存在变量 tdCnt 中。

第 4 行~第 13 行，使用循环结构向新的表格行添加 td 单元格，循环次数由表格列数决定。

第 5 行，使用$("<td></td>")创建一个单元格，将其保存在变量 newTd 中。

第 6 行~第 8 行，若循环变量 I 为 0，则说明这是第一列，然后使用$("tbody>tr").length 获取到表格主体 tbody 的行数，加 1 之后，使用 newTd.text()将其设置为单元格的内容。

第 9 行~第 11 行，如果循环变量 i 取值为 tdCnt-1，也就是最后一个单元格，则使用 newTd.html()为该单元格添加两个按钮。

第 12 行，对于中间的 4 列，不添加任何内容，将每列使用 appendTo(newTr)添加到当前行中。

第 14 行，使用$("tbody").append(newTr)将当前行添加到表格主体中。

【相关知识】关于模态框

对话框分为模态框和非模态框两种。二者的区别在于当对话框打开时，是否允许用户对其他元素进行操作。

模态框"垄断"了用户的输入。当一个模态框打开时，用户只能与该对话框进行交互，对当前页面中的其他元素都无法进行任何操作。在模态框中，如果用户需要操作目标元素，就必须先操作模态框。

要做到显示模态框时，阻止用户操作其他页面元素，需要将模态框置于页面内容最前方，并且在模态框和其他元素之间添加一个与窗口大小一致且覆盖窗口的、半透明的、采用 fixed 定位的、初始状态隐藏的遮罩层 div。注意，这里的 div 必须采用 fixed 定位，确保无论窗口滚动条如何滚动，遮罩层 div 都能成功遮罩当前窗口可视区域。如果采用的是 absolute 定位，则该 div 会随着滚动条滚动，原本因为滚动条隐藏的内容滚动出来之后，没有处在遮罩层下面，用户是可以对其进行操作的，导致模态框失效。另外，设置半透明的效果是为了能够透过遮罩层看到后方的内容。

除了遮罩层之外，模态框也使用 fixed 定位、初始状态隐藏的 div 来实现。模态框中除了必要的内容之外，一般都要包含一个关闭按钮，单击该按钮时，将模态框 div 和遮罩层 div 同时设置为隐藏状态，在显示模态框 div 的同时显示遮罩层 div。

任务 8.2　应用模态框实现签到和评分功能

【任务描述】

本任务要实现的功能是修改签到状态和评分。

签到状态包括已签到和未签到两种，使用两个 tab 选项卡分别显示两种状态的学生信息，所有的学生信息初始时都存放在数据对象中，页面运行时，使用脚本代码将其添加到对应选项卡内容区的表格中。其中未签到状态包含"事假""缺勤""迟到""早退"等，可以将未签到中的任何一种状态改为已签到状态，此时需要将学生信息由"未签到"选项卡移动到"已签到"选项卡下；也可以将已签到状态改为未签到状态，此时需要将学生信息由"已签到"选项卡移动到"未签到"选项卡下；还可以将未签到状态中的"缺勤"改为"事假""迟到"等，此时不需要移动学生信息。对签到状态的修改只能对单一学生进行，不可批量修改。

评分功能对未签到和已签到的学生都可进行，包括单一评分和批量评分。批量评分是指选定所有学生或部分学生同时评定一样的分数。

修改签到状态和评分都需要使用模态框。

页面初始运行时显示的是"已签到"选项卡，运行效果如图 8-6 所示。

图 8-6　修改签到状态和评分页面初始运行效果

单击"王五"行的"修改"，弹出"签到状态"模态框，效果如图 8-7 所示。

将王五的签到状态改为"事假"之后，模态框会自动关闭，将王五的信息移动到"未签到"选项卡下，表格行的序号重新排列，打开"未签到"选项卡之后的效果如图 8-8 所示。

选定"已签到"选项卡下的所有学生信息，单击"批量评分"按钮之后，弹出"批量评分"模态框，效果如图 8-9 所示。

图 8-7 "签到状态"模态框效果

图 8-8 "未签到"选项卡下增加了"王五"的效果

图 8-9 "批量评分"模态框效果

在图 8-9 中，单击"批量评分"模态框中的分数按钮"5"，将选定的所有学生"得分"列的内容都变为 5，同时关闭模态框，取消表格所有行的选中状态；批量评分之后，要将"王二小"的得分改为 4，单击"王二小"行的"评分"后，弹出"单一评分"模态框，效果如图 8-10 所示。

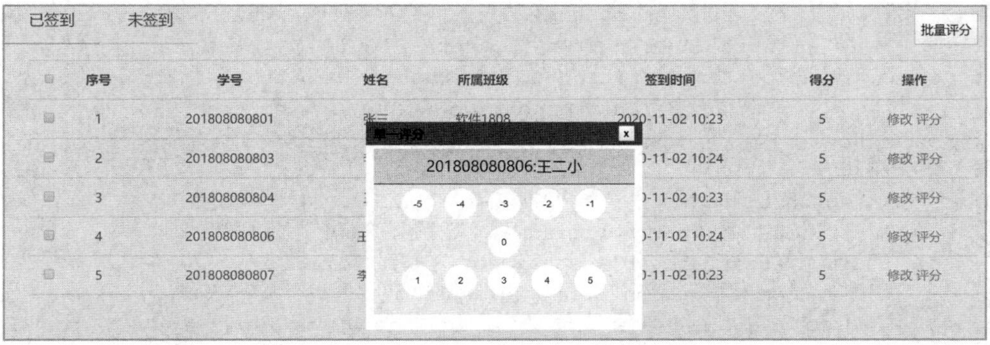

图 8-10 "单一评分"模态框效果

从图 8-7 和图 8-10 中可以看出，进行签到状态修改和单一评分时，弹出的模态框中都带着相应学生的学号和姓名信息，而图 8-9 中的"批量评分"模态框则没有显示学生信息。

【任务实现】

任务实现从元素设计及样式定义、脚本功能实现两个方面完成。

【示例 8-2】创建页面文件"应用模态框修改表格列值.html"，实现任务功能。

1. 元素设计及样式定义

页面中的元素结构代码如下。

```
    <body>
1:        <div class="mask"></div>
2:        <div class="mtk_qiandao">
3:            <h3>签到状态</h3>
4:            <button class="close">x</button>
5:            <p></p>
6:            <div>
7:                <button>已签到</button><br />
8:                <button>缺勤</button><button>迟到</button><button>公假</button>
9:                <button>事假</button><button>早退</button><button>病假</button>
10:           </div>
11:       </div>
12:       <div class="mtk_pingfen sgpf">
13:           <h3>单一评分</h3>
14:           <button class="close">x</button>
15:           <p></p>
16:           <div>
17:               <button>-5</button><button>-4</button><button>-3</button>
18:               <button>-2</button><button>-1</button><br />
19:               <button>0</button><br /><button>1</button><button>2</button>
20:               <button>3</button><button>4</button><button>5</button>
21:           </div>
22:       </div>
23:       <div class="mtk_pingfen mtk_plpf">
24:           <h3>批量评分</h3>
25:           <button class="close">x</button>
26:           <div>
27:               <button>-5</button><button>-4</button><button>-3</button>
28:               <button>-2</button><button>-1</button><br />
29:               <button>0</button><br /><button>1</button><button>2</button>
30:               <button>3</button><button>4</button><button>5</button>
31:           </div>
32:       </div>
33:       <button class="btn_plpf">批量评分</button>
34:       <div class="tab tab_yiqiandao">已签到</div>
35:       <div class="tab tab_weiqiandao">未签到</div>
36:       <div class="tab_cont res_yiqiandao">
37:           <table align="center" cellpadding="0" cellspacing="0">
38:               <tr>
```

```
39:                    <th><input type="checkbox" class="control"></th>
40:                    <th>序号</th><th>学号</th><th>姓名</th><th>所属班级</th>
41:                    <th>签到时间</th><th>得分</th><th>操作</th>
42:                </tr>
43:            </table>
44:        </div>
45:        <div class="tab_cont res_weiqiandao">
46:            <table align="center" cellpadding="0" cellspacing="0">
47:                <tr>
48:                    <th><input type="checkbox" class="control"></th>
49:                    <th>序号</th><th>学号</th><th>姓名</th><th>所属班级</th>
50:                    <th>状态</th><th>得分</th><th>操作</th>
51:                </tr>
52:            </table>
53:        </div>
    </body>
```

元素样式说明。

第 1 行，定义类名为 mask 的 div，作为页面中的遮罩层，样式要求：宽度为 100%，高度为 100%，表示将 div 设置为与窗口同宽同高，采用 fixed 定位方式，边距为 auto，left、right、top、bottom 的坐标值都设置为 0，用于设置 div 中心与窗口中心是吻合的，背景透明度为 0.4，初始状态为隐藏。

第 2 行～第 11 行，定义类名为 mtk_qiandao 的 div，它是用于显示各种签到状态的模态框，样式要求：宽度为 400 像素，高度为 220 像素，背景色为白色，采用 fixed 定位方式，边距为 auto，left、right、top、bottom 的坐标值都设置为 0，z 轴坐标为 5，初始状态隐藏。

mtk_qiandao 中的元素有标题 h3、类名为 close 的关闭按钮、一个空的段落和一个 div。段落的作用是在打开模态框时，在内部添加学生的学号和姓名信息，div 内部有 7 个 button 元素，按钮上的文本分别是已签到、缺勤、迟到等 7 种状态，"已签到"按钮后面有换行标记，设置其独占一行。

mtk_qiandao 中标题 h3 的样式要求：高度为 30 像素，左填充为 10 像素，边距为 0，背景色为#080，字号为 1rem，文本行高为 30 像素，文本左对齐。close 关闭按钮的样式要求：宽度为 20 像素，高度为 20 像素，填充为 0，绝对定位，横坐标 right 取值为 10 像素，纵坐标 top 取值为 5 像素，将其定位在模态框的右上角，字号为 20 像素，加粗。段落元素的样式：宽度为 360 像素，高度为 25 像素，填充为 10 像素，上边距为 5 像素，下边距为 0，左右边距为 auto，下边框为 1 像素实线，颜色为#080，背景色为#afa，字号为 1.2rem，文本行高为 25 像素，水平方向居中对齐。button 元素宽度为 380 像素，高度为 120 像素，背景色为#dfd，上下边距为 0，左右边距为 auto，内容居中。div 内部表示各种签到状态的按钮样式要求：宽度为 40 像素，高度为 40 像素，填充为 0，边距为 5 像素，背景色为白色，没有边框，圆角半径为 50%，字号为 12 像素，文本居中对齐，行高为 40 像素。

第 12 行～第 22 行，定义同时引用类名为 mtk_pingfen 和 sgpf 的 div，它是用于进行单一评分的模态框，mtk_pingfen 样式要求：宽度为 350 像素，高度为 270 像素，背景色为白色，采用 fixed 定位方式，边距为 auto，left、right、top、bottom 的坐标值都设置为 0，z 轴坐标为 5，初始状态为隐藏。

类名为 mtk_pingfen、sgpf 的 div 中的元素有标题 h3、类名为 close 的关闭按钮、一个空的段落和一个 div。段落的作用是在打开模态框时，在内部添加学生的学号和姓名信息，div 内部有 11 个 button 元素，按钮上的文本分别是数字-5~5（包括 0），11 个数字按钮从布局上分为 3 行，第一行有 5 个按钮-5~-1，第二行有 1 个按钮 0，第三行有 5 个按钮 1~5。其中，.mtk_pingfen>h3 的样式与.mtk_qiandao>h3 的样式完全相同，.mtk_pingfen>p 的样式中宽度是 310 像素，其余样式和.mtk_qiandao>p 样式完全相同，.mtk_pingfen>div 的样式中宽度是 330 像素，高度是 170 像素，其余样式和.mtk_qiandao>div 样式完全相同。

第 23 行~第 32 行，定义类名为 mtk_pingfen 和 mtk_plpf 的 div，它是用于进行批量评分的模态框，对 mtk_plpf 的样式只设置了高度为 200 像素，用于覆盖 mtk_pingfen 中定义的高度 270 像素。div 中的元素比"单一评分"模态框 div 中的元素缺少了一个段落元素，其余相同。

第 33 行，定义类名为 btn_plpf 的 button 元素，样式要求：宽度为 80 像素，高度为 40 像素，绝对定位，纵坐标 top 取值为 30 像素，横坐标 right 取值为 40 像素，将"批量评分"按钮放在页面内容右上角位置，字号为 1rem，鼠标指针形状为手状。

第 34 行和第 35 行，定义类名为 tab_yiqiandao 和 tab_weiqiandao 的两个 tab 选项卡 div，两个选项卡 div 同时引用了类名 tab，该类名用于在脚本中获取选项卡元素。选项卡样式要求为：宽度为 100 像素，高度为 40 像素，填充为 10 像素，边距为 0，下边框为 2 像素实线，颜色为#ddd，使用行内块元素设置两个选项卡横向排列，字号为 1.2rem，文本水平居中，文本行高为 40 像素，鼠标指针形状为手状；因为初始时要显示"已签到"选项卡内容，所以单独设置 tab_yiqiandao 的下边框为 2 像素实线，颜色为#aaf。

第 36 行~第 44 行和第 45 行~第 53 行，分别定义类名为 res_yiqiandao 的"已签到"选项卡内容区和类名为 res_weiqiandao 的"未签到"选项卡内容区，两个内容区还同时引用了类名 tab_cont，该类名用于在脚本中获取选项卡内容区；两内容区样式：内容区与页面同宽，高度为 auto，填充为 0，上下边距为 20 像素，左右边距为 auto，背景色为白色；初始时"未签到"选项卡内容区是隐藏的。

选项卡内容区都使用表格进行布局，表格样式要求：宽度为 95%，最小宽度为 1200 像素，上边框为 1 像素实线，颜色为#ddd。表格中 td 和 th 的样式：下边框为 1 像素实线，颜色为#ddd，高度为 50 像素，字号为 1rem，文本水平和垂直方向都居中对齐。表格每行的"修改"和"评分"都使用 span 元素设置，类名分别为 sp_xiugai 和 sp_pingfen，样式要求：文本颜色为#080，鼠标指针形状为手状。表格中的复选框元素使用 table td input{}选择器定义样式：宽度、高度都是 15 像素。

设置鼠标指针指向的表格行（标题行除外）背景色为#aaf。

样式代码如下。

```
<style type="text/css">
    .mask{width: 100%; height: 100%; position: fixed; margin: auto; left: 0;
right: 0; top: 0; bottom: 0; background: rgba(200,200,200,0.4); display: none;}
    .mtk_qiandao{ width: 400px; height: 220px; background: #fff; position:
fixed; margin:auto; left: 0; right: 0; top: 0; bottom: 0; z-index: 5; display: none; }
    .mtk_qiandao>h3,.mtk_pingfen>h3{height: 30px; padding: 0 0 0 10px; margin:
0; background: #080; font-size: 1rem; text-align: left; line-height: 30px;}
    .mtk_qiandao>.close,.mtk_pingfen>.close{ width: 20px; height: 20px;
```

```
padding: 0; position: absolute; right: 10px; top: 5px; font-size: 20x; font-weight: bold;
text-align: center; }
                .mtk_qiandao>p{ width: 360px; height: 25px; padding: 10px; margin: 5px auto
0; border-bottom: 1px solid #080; background: #afa; font-size: 1.2rem; line-height: 25px;
text-align: center; }
                .mtk_qiandao>div{ width: 380px; height: 120px; background: #dfd; margin:
0 auto; text-align: center; }
                .mtk_qiandao>div>button,.mtk_pingfen>div>button{ width: 40px; height:
40px; padding: 0; margin: 5px; background: #fff; border: 0; border-radius: 50%; font-size:
12px; text-align: center; line-height: 40px; }
                .mtk_pingfen{ width: 350px; height: 270px; background: #fff; position:
fixed; margin:auto; left: 0; right: 0; top: 0; bottom: 0; z-index: 5; display: none; }
                .mtk_pingfen>p{ width: 310px; height: 25px; padding: 10px; margin: 5px auto
0; border-bottom: 1px solid #080; background: #afa; font-size: 1.2rem; line-height: 25px;
text-align: center; }
                .mtk_pingfen>div{ width: 330px; height: 170px; background: #dfd; margin:
0 auto; text-align: center; }
                .mtk_plpf{height: 200px;}
                .btn_plpf{width: 80px; height: 40px; position: absolute; top:30px;right:
40px; font-size: 1rem; cursor:pointer;}
                .tab_yiqiandao,.tab_weiqiandao{ width: 100px; height: 40px; padding: 10px;
margin: 0; border-bottom: 2px solid #ddd; display: inline-block; font-size: 1.2rem;
text-align: center; line-height: 40px; cursor: pointer;}
                .res_yiqiandao,.res_weiqiandao{width: 100%; height: auto; padding: 0;
margin: 20px auto; background: #fff;}
                .tab_yiqiandao{border-bottom:2px solid #aaf;}
                .res_weiqiandao{display: none;}
                table{ width: 95%; min-width: 1200px; border-top: 1px solid #ddd; }
                table td,table th{ border-bottom: 1px solid #ddd; height: 50px; font-size:
1rem; text-align: center; vertical-align: middle; }
                .sp_xiugai,.sp_pingfen{ color: #080; cursor: pointer; }
                table td input{width: 15px; height: 15px;}
                tr:not(:first-child):hover{background-color:#aaf;}
        </style>
```

2．脚本功能实现

脚本功能包含：定义学生信息的数据对象、向选项卡内容区的表格添加学生信息、完成选项卡的切换功能、表格行序号的调整、完成签到状态的修改、进行单一评分和批量评分、复选框全选控制、模态框的关闭等。

所有的脚本代码都放在$(function(){})函数内部。

（1）定义学生信息的数据对象

数据对象名称为 stu_qiandao，其中有两个属性，属性名称分别为 "yiqiandao" 和 "weiqiandao"，每个属性的取值都是一个二维数组，二维数组中的每个一维数组是一条学生信息，包括学号、姓名、班级、签到信息（签到时间或状态）和得分等。

数据对象定义如下。

```
            var stu_qiandao={
                "yiqiandao":[
                    ["201808080801","张三","软件1808","2020-11-02 10:23","0"],
```

```
                           ["201808080803","李四","软件 1808","2020-11-02 10:24","0"],
                           ["201808080804","王五","软件 1808","2020-11-02 10:23","0"],
                           ["201808080806","王二小","软件 1808","2020-11-02 10:24","0"],
                           ["201808080807","李滕菲","软件 1808","2020-11-02 10:23","0"]
                        ],
                        "weiqiandao":[
                           ["201808080802","王宝林","软件 1808","缺勤","0"],
                           ["201808080805","吴叶","软件 1808","缺勤","0"],
                           ["201808080808","王琳","软件 1808","缺勤","0"],
                           ["201808080809","丁丽","软件 1808","缺勤","0"]
                        ]
                     };
```

数据对象中已签到信息有 5 条，未签到信息有 4 条。

（2）向选项卡内容区的表格添加学生信息

页面初始运行时，将数据对象 stu_qiandao 的两个属性的数据分别添加到两个选项卡内容区的表格中。

代码如下。

```
1:          for(var i = 0; i < stu_qiandao["yiqiandao"].length; i++){
2:              var newTr = $("<tr></tr>");
3:              newTr.append("<td><input type='checkbox' class='chk'></td>");
4:              newTr.append("<td>" + (i + 1) + "</td>");
5:              for (var j = 0; j < stu_qiandao["yiqiandao"][i].length; j++){
6:                  newTr.append("<td>" + stu_qiandao["yiqiandao"][i][j] +
"</td>");
7:              }
8:              newTr.append("<td><span class='sp_xiugai'>修改</span> 
<span class='sp_pingfen'>评分</span></td>");
9:              $("table:eq(0)").append(newTr);
10:         }
11:         for(var i = 0; i < stu_qiandao["weiqiandao"].length; i++){
12:             var newTr = $("<tr></tr>");
13:             newTr.append("<td><input type='checkbox' class='chk'></td>");
14:             newTr.append("<td>" + (i + 1) + "</td>");
15:             for (var j = 0; j < stu_qiandao["weiqiandao"][i].length; j++){
16:                 newTr.append("<td>" + stu_qiandao["weiqiandao"][i][j] +
"</td>");
17:             }
18:             newTr.append("<td><span class='sp_xiugai'>修改</span> 
<span class='sp_pingfen'>评分</span></td>");
19:             $("table:eq(1)").append(newTr);
20:         }
```

脚本代码解释如下。

第 1 行~第 10 行，使用循环结构将 stu_qiandao 的属性 yiqiandao 的取值添加到"已签到"选项卡内容区中。

第 1 行，使用 stu_qiandao["yiqiandao"].length 获取已签到学生人数，用于控制循环次数。

第 2 行，创建一个空白表格行，将其保存在变量 newTr 中。

第 3 行，使用 newTr.append()向新增表格行添加第一个单元格，内容是类名为 chk 的复选框元素。

第 4 行，对新增表格行添加第二个单元格，内容是序号，序号值由循环变量 i 加 1 得到。

第 5 行~第 7 行，使用循环结构为表格行添加学号、姓名、班级、签到信息和得分等的单元格。循环次数由 stu_qiandao["yiqiandao"][i].length 得到，stu_qiandao["yiqiandao"][i].length 表示 stu_qiandao 数据对象的 yiqiandao 属性内一个一维数组的元素个数。每个单元格的内容则由 stu_qiandao["yiqiandao"][i][j]得到。

第 8 行，向新增表格行添加最后一个单元格，内容是由 span 元素创建的"修改"和"评分"，类名分别为 sp_xiugai 和 sp_pingfen。

第 9 行，使用$("table:eq(0)")获取到索引为 0 的表格，也就是"已签到"选项卡内容区的表格，再使用 append()方法将新的表格行添加到表格中。

第 11 行~第 20 行，使用循环结构将 stu_qiandao 的属性 weiqiandao 的取值添加到"未签到"选项卡内容区中，实现过程与添加已签到学生信息一致，最后使用$("table:eq(1)")获取索引为 1 的表格对其添加新行。

（3）完成选项卡的切换功能

单击"已签到"或者"未签到"选项卡，切换学生信息，两个选项卡除了有各自的类名 tab_yiqiandao 和 tab_weiqiandao 之外，还有一个共同的类名 tab，设置选项卡的 click 事件时，使用该类名获取选项卡。

代码如下。

```
1:                  var tab_ind = 0;
2:                  $(".tab").each(function(index){
3:                      $(this).click(function(){
4:                          tab_ind = index;
5:                          $(".tab").css("border-bottom", "2px solid #ddd");
6:                          $(".tab_cont").css("display", "none");
7:                          $(this).css("border-bottom", "2px solid #aaf");
8:                          $(".tab_cont").eq(index).css("display", "block");
9:                      })
10:                 })
```

脚本代码解释如下。

第 1 行，定义全局变量 tab_ind，用于保存当前打开的选项卡的索引，这是因为在修改学生的签到状态时，经常需要从一个选项卡内容区的表格中移除一行并将移除的行添加到另一个选项卡内容区的表格中，进行这一操作时，必须判断当前在哪个选项卡下进行操作，因此需要保存选项卡的索引，初始时设置"已签到"选项卡为显示状态，所以设置 tab_ind 初始值为 0。

第 2 行~第 11 行，使用$(".tab").each()对两个选项卡进行遍历，这是为了方便使用遍历函数内部的参数 index 获取单击的选项卡的索引。

第 3 行~第 10 行，对选项卡设置 click 事件函数。

第 4 行，将当前正在操作的选项卡的索引保存在全局变量 tab_ind 中。

第 5 行，设置所有选项卡下边框的颜色都是灰色（#ddd），表示没有被选中。

第 6 行，使用$(".tab_cont")获取所有内容区，将所有内容区都设置为隐藏状态。

第 7 行，设置当前选项卡下边框的颜色为#aaf，表示被选中。

第 8 行，使用$(".tab_cont").eq(index)获取当前选项卡对应的内容区，将其设置为显示状态。

（4）表格行序号的调整

每次将某个学生的签到状态从已签到改为未签到或者从未签到改为已签到时，两个选项卡内容区表格行的序号都需要调整，定义名称为 order()的函数，供修改签到状态时调用。

order()函数的代码如下。

```
1:              function order(trAll){
2:                  trAll.each(function(index){
3:                      $(this).children().eq(1).text(index + 1);
4:                  })
5:              }
```

脚本代码解释如下。

第 1 行，函数中的形参 trAll 表示即将修改序号的表格中的所有内容行，注意这里不包括标题行。

第 2 行，对表格所有内容行使用 each()方法遍历，遍历时需要提供索引参数 index。

第 3 行，在遍历过程中对每行使用 children().eq(1)获取到索引为 1 的子元素，也就是内容为序号的表格列。使用 text(index+1)为其设置新的文本内容是当前行的索引加 1，例如，第一个内容行的索引为 0，但是行的序号是 1。

（5）单击表格行中的"修改"

单击"修改"，需要打开"签到状态"模态框 mtk_qiandao，获取当前表格行中学生的学号和姓名信息，将其设置为模态框中段落的内容，使用全局变量 tr_op 记录当前所操作的表格行，为后续将修改的签到状态写回表格行做准备。

代码如下。

```
1:              var tr_op = '';
2:              $(".sp_xiugai").click(function(){
3:                  $(".mask").css("display","block");
4:                  $(".mtk_qiandao").css("display","block");
5:                  No = $(this).parents("tr").children("td:eq(2)").text();
6:                  Name = $(this).parents("tr").children("td:eq(3)").text();
7:                  $(".mtk_qiandao").children("p").text(No + ":" + Name);
8:                  tr_op = $(this).parents("tr");
9:              })
```

脚本代码解释如下。

第 1 行，定义全局变量 tr_op，初始值为空字符串。

第 2 行~第 9 行，为 sp_xiugai（"修改"元素）注册 click 事件函数。

第 3 行和第 4 行，设置模态框的遮罩层 mask 为显示状态，设置模态框 mtk_qiandao 为显示状态。

第 5 行，使用$(this).parents("tr")获取当前"修改"span 元素的祖先元素 tr，再使用children("td:eq(2)").text()获取表格行中索引为 2 的 td 元素的文本（学号信息），将其保存在变量 No 中。

第 6 行，获取学生的姓名信息，将其保存在变量 Name 中。

第 7 行，将 mtk_qiandao 子元素 p 的文本内容按"学号：姓名"格式进行设置。

第 8 行，使用全局变量 tr_op 记录当前"修改"文本所在的表格行。

（6）完成签到状态的修改

单击"签到状态"模态框 mtk_qiandao 中的签到状态按钮，修改相应行中的签到状态，同时根据需要调整表格行所属的选项卡。

代码如下。

```
1:              $(".mtk_qiandao>div>button").click(function(){
2:                  var statu = $(this).text();
3:                  if(tab_ind == 0 && statu != "已签到"){
4:                      tr_op.remove();
5:                      var trAll_1 = $("table:eq(0) tr:not(:first-child)");
6:                      order(trAll_1);
7:                      tr_op.children("td:eq(5)").text(statu);
8:                      $(".res_weiqiandao>table").append(tr_op);
9:                      var trAll_2 = $("table: eq(1) tr:not(:first-child)");
10:                     order(trAll_2);
11:                 }else if(tab_ind == 1 && statu == "已签到"){
12:                     tr_op.remove();
13:                     var trAll_1 = $("table:eq(1) tr:not(:first-child)");
14:                     order(trAll_1);
15:                     tr_op.children("td:eq(5)").text("2020-11-02 10:25");
16:                     $(".res_yiqiandao>table").append(tr_op);
17:                     var trAll_2 = $("table:eq(0) tr:not(:first-child)");
18:                     order(trAll_2);
19:                 }else if(tab_ind == 1 && statu != "已签到"){
20:                     tr_op.children("td:eq(5)").text(statu);
21:                 }
22:                 $(".mask").css("display", "none");
23:                 $(".mtk_qiandao").css("display", "none");
24:             })
```

脚本代码解释如下。

第 1 行，使用 mtk_qiandao>div>button 获取模态框中的按钮，定义其 click 事件函数。

第 2 行，获取当前 button 元素的文本值，将其保存在变量 statu 中，后面需要根据该文本值进行判断，还要将该文本值设置为表格相应列值。

第 3 行～第 11 行，如果条件 if(tab_ind == 0 && statu != "已签到")成立，则说明当前正在操作的是"已签到"选项卡（tab_ind == 0）下的表格行，而且单击的签到状态按钮文本不是"已签到"，这表示要将原来的已签到状态改为未签到状态，同时要将表格行从"已签到"选项卡内容区中移除，将原来的"签到时间"列值改为"状态"列值，并将表格行重新加入"未签到"选项卡内容区中，同时要调整两个内容区表格的行序号。

第 4 行，将全局变量 tr_op 所代表的当前表格行从当前选项卡内容区的表格中移除。

第 5 行，使用$("table:eq(0) tr:not(:first-child)")获取到当前选项卡内容区 table 中除第一行标题行之外的所有行，将其保存在变量 trAll_1 中。注意，这里要使用的选择器必须是后代选择器，不可换成子对象选择器$("table:eq(0) >tr:not(:first-child)")，否则将无法获取表格行元素，这是因为在 DOM 树形结构中，tr 不是 table 的直接子元素。

第 6 行，将 trAll_1 作为实参调用函数 order()，在移除表格行之后使用 order()函数重新调整每行的行号。

第 7 行，设置 tr_op 所代表行中索引为 5 的 td 元素（未签到表格中的"状态"列）的文本是变量 statu 的内容。

第 8 行，使用$(".res_weiqiandao>table")获取"未签到"选项卡内容区的表格 table，再使用 append()方法将 tr_op 所代表的行添加到该表格中，完成移除和添加操作。

第 9 行，使用$("table:eq(1) tr:not(:first-child)")获取"未签到"选项卡内容区 table 中除第一行标题行之外的所有行，将其保存在变量 trAll_2 中。

第 10 行，将 trAll_2 作为实参调用函数 order()，在添加表格行之后使用 order()函数重新调整每行的行号。

第 11 行～第 19 行，如果条件 if(tab_ind == 1 && statu == "已签到")成立，则说明当前正在操作的是"未签到"选项卡内容区的表格行，而且新设置的签到状态为"已签到"，表示要将原来的未签到状态改为已签到状态，要将表格行从"未签到"选项卡内容区中移除，将原来的"状态"列值改为"签到时间"列值，之后将表格行重新加入"已签到"选项卡内容区中，同时要调整两个内容区表格的行序号。这里在修改"签到时间"列值时，直接给定了一个日期时间值，大家可以自行使用日期时间相关的函数获取系统当前日期时间并将其设置为该列列值。

第 19 行～第 21 行，如果条件 if(tab_ind == 1 && statu != "已签到")成立，则说明当前正在操作的是"未签到"选项卡内容区的表格行，而且新设置的签到状态不是"已签到"，表示要将一种未签到状态改为另一种未签到状态，例如，将"缺勤"改为"事假"等，此时只需要使用第 20 行的代码重新修改表格行的"状态"列值即可。

第 22 行和第 23 行，签到状态修改完毕，将模态框的遮罩层 mask 和模态框 mtk_qiandao 都隐藏起来。

（7）单击表格行中的"评分"

单击"评分"，需要打开评分模态框 mtk_pingfen，获取当前表格行中学生的学号和姓名信息，设置为模态框中段落的内容，使用全局变量 tr_op 记录当前所操作的表格行，为后续将评分结果写回表格行做准备。

代码如下。

```
$(".sp_pingfen").click(function(){
    $(".mask").css("display","block");
    $(".sgpf").css("display","block");
    tr_op = $(this).parents("tr");
    No = $(this).parents("tr").children("td:eq(2)").text();
    Name = $(this).parents("tr").children("td:eq(3)").text();
    $(".mtk_pingfen").children("p").text(No + ":" + Name);
})
```

（8）完成单一评分操作

单击模态框 mtk_pingfen 中的分数按钮，修改相应行中的分数。

代码如下。

```
1:          $(".sgpf>div>button").click(function(){
2:              score = $(this).text();
3:              tr_op.children("td:eq(6)").text(score);
4:              $(".mask").css("display", "none");
```

```
5:                        $(".sgpf").css("display", "none");
6:                    })
```

脚本代码解释如下。

第 1 行,使用$(".sgpf>div>button")获取模态框 mtk_pingfen 下面的分数按钮,类名 sgpf 用于表示这是用于进行单一评分的模态框。

第 2 行,获取按钮中的文本(评定的分数),将其保存在变量 score 中。

第 3 行,将全局变量 tr_op 所代表的当前正在操作行中索引为 6 的列("得分"列)的值改为变量 score 的值。

第 4 行和第 5 行,单一评分操作完成,将模态框的遮罩层 mask 和 sgpf 代表的"单一评分"模态框隐藏起来。

(9)复选框全选控制

单击"已签到"选项卡和"未签到"选项卡中表格第一行前面类名为 control 的复选框,实现同时选中或同时取消选中下面所有行的复选框。

代码如下。

```
$(".control").click(function(){
    $(this).parents("table").find(".chk").prop("checked", this.checked);
})
```

脚本代码解释如下。

使用代码$(this).parents("table")获取到当前复选框的祖先元素 table,再使用 find(".chk")查找表格中类名为 chk 的后代元素(复选框),然后使用 prop()方法设置这些复选框的 checked 属性取值与类名为 control 的复选框元素的 checked 属性取值相同。

注意 此处不可将 prop()换作 attr()方法。

---

(10)单击"批量评分"按钮

单击"批量评分"按钮之前必须先选中表格行前的复选框,否则会弹出消息框提示用户"请选择要评分的学生",之后直接结束函数执行。给选定学生进行批量评分时,要打开模态框 mtk_plpf 进行操作。

代码如下。

```
1:                $(".btn_plpf").click(function(){
2:                    var checked = $(".tab_cont").eq(tab_ind).find(".chk:checked");
3:                    if(checked.length == 0){
4:                        alert("请选择要评分的学生");
5:                        return;
6:                    }
7:                    $(".mask").css("display", "block");
8:                    $(".mtk_plpf").css("display", "block");
9:                })
```

脚本代码解释如下。

第 2 行,使用$(".tab_cont").eq(tab_ind)代码,通过全局变量 tab_ind 中记录的当前正在操作的选项卡的索引获取正在操作的选项卡内容区,再使用 find(".chk:checked")找到该内容区中类名为 chk 且被选中的后代元素，即被选中的类名为 chk 的复选框，不包括类名为 control 的复选框，将其保存在变量 checked 中。

第 3 行~第 6 行，使用 checked.length 获取被选中复选框的个数，如果是 0，则弹出消息框提示用户，之后使用 return 直接结束函数的执行。

第 7 行和第 8 行，将模态框的遮罩层 mask 和模态框 mtk_plpf 都设置为显示状态。

（11）完成批量评分操作

批量评分时，需要将被单击的分数按钮的文本作为被选中的所有表格行中"得分"列的值。

代码如下。

```
1:          $(".mtk_plpf>div>button").click(function(){
2:              score = $(this).text();
3:              checked = $(".tab_cont").eq(tab_ind).find(".chk:checked");
4:              checked.each(function(index){
5:                  tr_op = $(this).parents("tr");
6:                  tr_op.children("td:eq(6)").text(score);
7:              })
8:              $(".mask").css("display", "none");
9:              $(".mtk_plpf").css("display", "none");
10:             $(":checked").prop("checked", false);
11:         })
```

脚本代码解释如下。

第 1 行，通过$(".mtk_plpf>div>button")获取"批量评分"模态框中的 button 元素。

第 2 行，获取被单击的分数按钮中的文本，将其保存在变量 score 中。

第 3 行，获取所操作选项卡中所有被选中的类名为 chk 的复选框元素，将其保存在变量 checked 中。

第 4 行~第 7 行，对选中的类名为 chk 的复选框元素使用 each()方法进行遍历，遍历函数中提供索引的参数 index。

第 5 行，使用$(this).parents("tr")获取相应复选框元素的祖先元素 tr，即找到该复选框所在的表格行，将其保存在全局变量 tr_op 中。

第 6 行，设置 tr_op 所代表行中索引为 6 的 td 列（"得分"列）的文本内容是变量 score 的取值，完成"得分"列值的设置。

第 8 行和第 9 行，设置模态框的遮罩层 mask 和模态框 mtk_plpf 都为隐藏状态。

第 10 行，使用$(":checked")获取所有选中的复选框元素（包括标题行中的复选框），使用 prop()方法设置复选框元素的 checked 属性为 false，即完成分数设置之后取消复选框的选中状态。

（12）模态框的关闭功能

单击模态框中的关闭按钮，在关闭模态框的同时也要关闭遮罩层，也就是将这两个 div 都设置为隐藏状态。

代码如下。

```
$(".close").click(function(){
    $(this).parent().css("display", "none");
    $(".mask").css("display", "none");
})
```

任务 8.3　读取 Excel 数据表并进行排序操作

【任务描述】

对提供的任意规则的 Excel 文件，都可以读取其第一个数据表（sheet1）的数据，将其 sheet1 显示为页面中表格之后，对任意数据类型的列都实现升序或者降序排序，还可以在双击每个数据单元格之后修改单元格的数据。

 注意 *要求本任务提供的要读取的 Excel 数据表必须是规则的，没有任何合并单元格，而且所有列都有数据，否则会出现读取之后的数据错列的混乱结果。*

页面初始运行时只显示一个文件域元素，运行效果如图 8-11 所示。

图 8-11　读取 Excel 文件页面初始运行效果

在图 8-11 所示页面中，当用户选择一个文件上传之后，用于选择文件的文件域元素消失，读取的结果以表格形式显示在页面中，表格标题行的所有列名后面都以字体图标的方式增加了升序和降序图标（向上小三角图标和向下小三角图标）；所有数字取值的列，若列值是小数，则保留 2 位小数，否则显示为整数结果。效果如图 8-12 所示。

班级名称 ⇕	学号 ⇕	姓名 ⇕	平时成绩 ⇕	实训成绩 ⇕	期末总分 ⇕	期末总评 ⇕
软件1801	201808080131	王宏昌	88.56	100	98.20	96.99
软件1801	201808080135	乔凯	86.82	98.20	98.80	96.16
软件1801	201808080127	丁玉洁	88.37	100	85.10	91.71
软件1801	201808080118	张静静	87.49	98	84.60	90.54
软件1801	201808080126	李玲玉	86.79	98.65	84.20	90.50
软件1801	201808080103	张新	77.66	97.75	87.40	89.59

图 8-12　读取 Excel 文件并显示为表格效果

单击图 8-12 中任何一个列标题右侧的向上、向下小三角图标，第一次单击时都是对列进行升序排序，第二次单击则变成降序排序，不断单击向上、向下小三角图标反复在升序和降序之间交替进行。对字符串列值采用字符串排序的方法进行排序，例如，单击"姓名"列右侧的向上、向下小三角图标之后，按照拼音字母顺序进行排序，效果如图 8-13 所示。

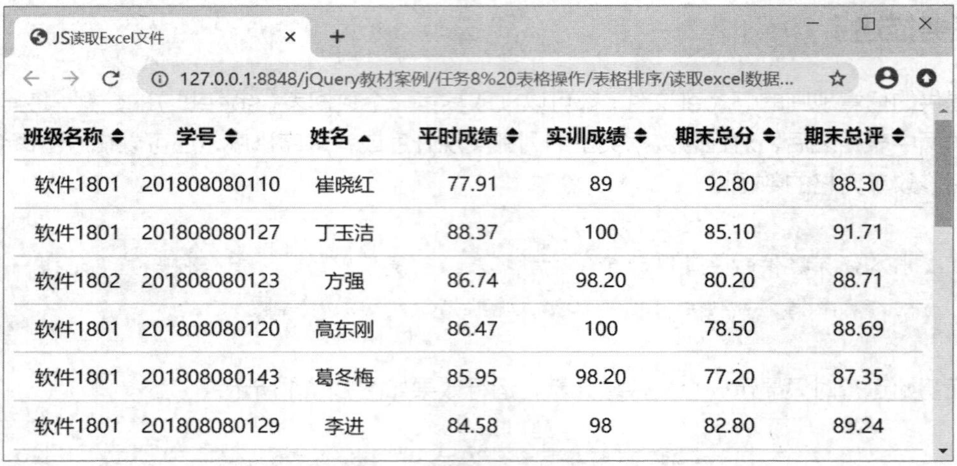

图 8-13　对"姓名"列升序排序之后的效果

从图 8-13 可以看出，对"姓名"列进行升序排序之后，列标题右侧的向上、向下小三角图标只剩下向上小三角图标，表示当前列是升序排序状态，此时再单击则变为向下小三角图标，表示当前列是降序排序状态。

【任务实现】

任务实现从元素设计及样式定义、脚本功能实现两个方面完成。

【示例 8-3】创建页面文件"读取 Excel 数据并排序.html"，完成任务功能。

1. 元素设计及样式定义

页面中的元素结构代码如下。

```
<body>
    <p id="file_p">请选择一个规则的 Excel 表格文件: <input type="file" id="file"
/></p>
    <table cellpadding="0" cellspacing="0">
        <thead></thead>
        <tbody></tbody>
    </table>
</body>
```

元素和样式说明如下。

（1）页面中只设计一个段落和一个表格，段落 id 为 file_p，内容为文件域元素，文件域元素 id 为 file。

（2）表格初始只有空白的表格结构元素 thead 和 tbody，读取 Excel 文件之后，将标题行添加到 thead 中，将内容行添加到 tbody 中。表格样式要求：宽度为 100%，th 和 td 单元格的高度都是 40 像素，下边框为 1 像素实线，颜色为#ddf，字号为 1rem，文本在水平和垂直方向都居中。

另外，标题行上边也有边框，为 th 增加上边框，上边框为 1 像素实线，颜色为#ddf。

（3）增加标题行之后，所有的 th 都要引用类名 sort，用于控制排序，使用 th.sort:after{}选择器设置引用了 sort 的 th 内容之后增加字体图标，内容是"\f0dc"，表示向上、向下小三角图标，字体为 FontAwesome，显示为行内块元素，宽度为 12 像素，上下边距为 0，左右边距为 6 像素，文本水平居中，文本行高为 8 像素，鼠标指针形状为手状。

（4）设置某列按升序排序之后，列标题后面的向上、向下小三角图标要换成向上小三角图标，此时的标题列需要引用类名 asc，使用选择器 th.asc:after{}定义，内容是"\f0d8"，垂直方向居中。

（5）设置某个列按降序排序之后，列标题后面的向上、向下小三角图标要换成向下小三角图标，此时的标题列需要引用类名 desc，使用选择器 th.desc:after{}定义，内容是"\f0d7"，垂直方向居中。

 注意 使用字体图标时，需要使用<link/>标记引用相应的字体文件，此处引用的是 font-awesome.css 文件。

样式代码如下。

```
        <link rel="stylesheet" type="text/css" href="font-awesome-4.7.0/css/font-awesome.css"/>
        <style>
            table{ width: 100%;}
            th,td{height: 40px; border-bottom: 1px solid #ddf; font-size: 1rem; text-align: center; vertical-align: middle;}
            th{border-top:1px solid #ddf;}
            th.sort:after{content:"\f0dc";font-family:FontAwesome;display:inline-block;width:12px;text-align:center;line-height:8px; cursor:pointer;margin:0 6px;}
            th.desc:after{content:"\f0d7";vertical-align:middle}
            th.asc:after{content:"\f0d8";vertical-align:middle}
        </style>
```

2．脚本功能实现

脚本功能包含：读取 Excel 文件并添加到表格中、单击标题列进行排序、双击单元格修改数据等。

（1）读取 Excel 文件并添加到表格中

将 Excel 文件以二进制码的形式读取出来，存储为 JSON 数组格式，数组中元素的个数是 Excel 数据表中**数据区的行数**，每个元素以对象的形式存在，对象的属性个数是数据表中的列数，属性名称是列标题。

将读取的数据使用表格展示。首先为表格添加标题行，其中的每列都引用类名 sort，另外添加一个自定义属性 data-isasc，取值为 0，表示没有进行排序。添加完标题行之后，获取列数，根据列数设置每列的宽度百分比，设计表格的布局效果。

为表格添加内容行，如果内容行的单元格的数据是数字且不是整数，则为每个数字保留 2 位小数；如果是非数字，则在添加第一行内容时，将列名记录在一个数组中，为后续的排序操作识别数字列和非数字列做准备。

代码如下。

```
1:                var notNum_Key = [];
2:            $("#file").change(function() {
3:                var reader = new FileReader()
4:                var fileData = this.files[0]
5:                reader.readAsBinaryString(fileData)
6:                reader.onload = function(e){
7:                    var result = []
8:                    var data = e.target.result
9:                    var workbook = XLSX.read(data, {
10:                        type: 'binary'
11:                    })
12:                    result.push(
13:                      ...XLSX.utils.sheet_to_json(workbook.Sheets[workbook.Sheet
Names[0]])
14:                    )
15:                    $("#file_p").css("display","none");
16:                    var tr_th = $("<tr></tr>")
17:                    for(key in result[0]){
18:                        tr_th.append("<th class='sort' data-isasc='0'>" + key + "</th>");
19:                    }
20:                    $("thead").append(tr_th);
21:                    var th_cnt = Object.keys(result[0]).length;
22:                    var th_w = (100 / th_cnt) + "%";
23:                    $("th").css("width",th_w);
24:                    for(i = 0; i < result.length; i++){
25:                        var tr_data = $("<tr></tr>");
26:                        for(key in result[i]){
27:                            if(!isNaN(result[i][key]) && result[i][key] % 1 != 0){
28:                                var data = parseFloat(result[i][key]).toFixed(2)
29:                            }else{
30:                                var data = result[i][key];
31:                                if( i == 0 && isNaN(result[i][key])){
32:                                    notNum_Key.push(key);
33:                                }
34:                            }
35:                            tr_data.append("<td>" + data + "</td>");
36:                        }
37:                        $("tbody").append(tr_data);
38:                    }
39:                }
40:            })
```

脚本代码解释如下。

第 1 行，定义一个全局数组 notNum_key，用于存放非数字列的列名。

第 2 行~第 40 行，为文件域元素的 change 事件注册函数。

第 3 行，创建 FileReader 对象实例，将其保存在变量 reader 中。

第 4 行，使用 this.files[0]获取文件域元素上传的第一个文件，将其保存在变量 fileData 中。

第 5 行，使用 reader.readAsBinaryString(fileData)代码将文件读取为二进制码的形式。

第 6 行 ~ 第 39 行，reader.onload 表示成功读取文件，为 load 事件创建匿名函数。

第 7 行，定义数组 result，用于存放读取 Excel 数据表之后转换的 JSON 数据结果。

第 8 行，使用 e.target.result 获取读取的文件内容，将其保存在变量 data 中。

第 9 行 ~ 第 11 行，通过 XLSX.read(data, {type: binary})方法以二进制码的形式读取 Excel 数据表中的数据，返回一个 WorkBook 对象。

第 12 行 ~ 第 14 行，使用 workbook.SheetNames[0]获取 WorkBook 对象中第一个数据表的名称，将其作为 workbook.Sheets 数组的索引，获取该数据表的数据，再使用...XLSX.utils.sheet_to_json()方法将数据表的数据转换为 JSON 数据，最后使用 result.push()方法将 JSON 数据添加到 result 数组中。如果只读取一个数据表，则直接使用代码 result=XLSX.utils.sheet_to_json(workbook.Sheets[workbook.SheetNames[0]])即可；如果同时读取一个 Excel 文件的多个数据表，则需要将第 12 行 ~ 第 14 行换成如下代码。

```
Object.keys(workbook.Sheets).forEach(function(sheet, index){
    result.push(
        ...XLSX.utils.sheet_to_json(workbook.Sheets[sheet])
    )
})
```

第 15 行，将显示文件域元素的段落 file_p 隐藏起来。

第 16 行，创建表格标题行，将其保存在变量 tr_th 中。

第 17 行 ~ 第 19 行，使用数组循环结构 for(key in result[0])为表格标题行添加 th 列，result 数组存放的是 Excel 数据表转换的 JSON 数据，数组元素的个数是数据表中数据区的行数，result[0] 是一个对象，表示数据区的第一行。使用 key in result[0]从 result 数组第一个对象元素中获取的对象的属性名称也就是每列的标题名称。在第 18 行中，将 key 作为 th 单元格的内容，设置 th 中引用类名 sort，并增加自定义属性 data-isasc='0'，表示初始时未进行排序。

第 20 行，将标题行 tr_th 加入 thead 中。

第 21 行，使用 Object.keys(result[0])方法从 result 数组第一个对象元素中获取到所有的属性名称，再使用 length 属性获取到属性个数（也就是原数据表中的列数），将其保存在变量 th_cnt 中。

第 22 行，使用(100 / th_cnt)+"%"计算每列的宽度所占百分比，将其保存在变量 th_w 中。

第 23 行，设置表格中所有 th 的列宽为 th_w。

第 24 行 ~ 第 38 行，使用循环结构为表格 table 添加内容行，循环变量 i 初始值为 0，循环次数由数组 result 的长度 length 决定。

第 25 行，每次循环创建一个空白的数据行，保存在变量 tr_data 中。

第 26 行 ~ 第 36 行，使用 for(key in result[i])循环结构为每个数据行添加 td 单元格。

第 27 行，在条件 if(!isNaN(result[i][key]) && result[i][key] % 1 != 0)中，第一部分表示 result[i][key]是一个数字，第二部分表示如果该数字不能被 1 整除，则该数字不是整数。

第 28 行，对于非整数数字数据，使用 parseFloat(result[i][key])将其转换为浮点数之后，再使用 toFixed(2)方法为其保留 2 位小数，将转换后的结果保存在变量 data 中。

第 29 行 ~ 第 34 行，对整型数字数据或者非数字数据进行处理。

第 30 行，对于整型数字数据或非数字数据，都直接使用 result[i][key]获取数据，并将其保存在变量 data 中。

第 31 行～第 33 行，使用 if(i == 0 && isNaN(result[i][key]))条件进行判断，如果当前正在读取的是第一行（i 为 0）且单元格数据不是数字，则使用 notNum_Key.push(key)代码将列名 key 保存到全局数组 notNum_key 中。注意，因为判断非数字列值只需要在行操作中进行一次，所以这段代码只需要在添加第一个数据行时执行。

第 35 行，使用 tr_data.append("<td>"+data+"</td>")将新的单元格添加到内容行 tr_data 中。

第 37 行，将新的内容行添加到 tbody 中。

至此，完成数据的读取和添加过程。

（2）单击标题列进行排序

进行排序时，需要使用自定义属性 data-isasc 控制升序和降序。如果取值为 0，则表示要进行升序排序，升序排序之后将该属性取值改为 1，再次对同一列进行排序时，则进行降序排序，排序之后再将其改为 0。对任意一列进行任何形式的排序时，其他列的 data-isasc 属性取值都要变成 0。所以，如果每次单击的都是不同列，则得到的都是当前列的升序排序结果，如果连续单击同一列，则会在奇数次单击时得到升序排序的列，在偶数次单击时得到降序排序的列。

注意　此处不要将 data-isasc 列取值为 1 理解为表示按升序排列，为 0 表示按降序排列。

基于上述说明，排序时需要考虑如下几种情况。

第一，如果当前列的数据是数字值，则是进行升序还是降序排序？

第二，如果当前列的数据是字符串，则是进行升序还是降序排序？

代码如下。

```
1:          $("thead").on("click","th.sort",function(){
2:              var index = $(this).index();
3:              rows = $("tbody>tr").get();
4:              if($(this).attr("data-isasc") == '0' &&
(notNum_Key.indexOf($(this). text())) == -1){
5:                  rows.sort(function(a,b){
6:                      var a = $(a).children("td").eq(index).text();
7:                      var b = $(b).children("td").eq(index).text();
8:                      a = parseFloat (a);
9:                      b = parseFloat (b);
10:                     if(a < b) return -1;
11:                     if(a > b) return 1;
12:                     return 0;
13:                 });
14:                 $.each(rows, function(index,row){
15:                     $("tbody").append(row);
16:                 })
17:              $("th").removeClass('desc').removeClass('asc');
18:              $(this).addClass('asc');
19:              $("th").attr("data-isasc", 0);
20:              $(this).attr("data-isasc", 1);
```

```
21:                      }else if($(this).attr("data-isasc") == '1' && (notNum_Key.indexOf
($(this).text())) == -1){
22:                          rows.sort(function(a,b){
23:                              var a = $(a).children("td").eq(index).text();
24:                              var b = $(b).children("td").eq(index).text();
25:                              a = parseFloat (a);
26:                              b = parseFloat (b);
27:                              if(a > b) return -1;
28:                              if(a < b) return 1;
29:                              return 0;
30:                          });
31:                          $.each(rows,function(index,row){
32:                              $("tbody").append(row);
33:                          })
34:                          $("th").removeClass('asc').removeClass('desc');
35:                          $(this).addClass('desc');
36:                          $(this).attr("data-isasc",0);
37:                      }else if($(this).attr("data-isasc") == '0' && (notNum_Key.indexOf
($(this).text())) != -1){
38:                          rows.sort(function(a,b){
39:                              var a = $(a).children("td").eq(index).text();
40:                              var b = $(b).children("td").eq(index).text();
41:                              return a.localeCompare(b)
42:                          })
43:                          $.each(rows,function(index,row){
44:                              $("tbody").append(row);
45:                          })
46:                          $("th").removeClass('desc').removeClass('asc');
47:                          $(this).addClass('asc');
48:                          $("th").attr("data-isasc", 0);
49:                          $(this).attr("data-isasc", 1);
50:                      }else if($(this).attr("data-isasc") == '1' && (notNum_Key.indexOf
($(this).text())) != -1){
51:                          rows.sort(function(a,b){
52:                              var a = $(a).children("td").eq(index).text();
53:                              var b = $(b).children("td").eq(index).text();
54:                              return b.localeCompare(a)
55:                          })
56:                          $.each(rows,function(index,row){
57:                              $("tbody").append(row);
58:                          })
59:                          $("th").removeClass('asc').removeClass('desc');
60:                          $(this).addClass('desc');
61:                          $(this).attr("data-isasc",0);
62:                      }
63:                  })
```

脚本代码解释如下。

第 1 行～第 63 行，定义引用了类名 sort 的 th 元素的 click 事件，因为所有 th 元素都是使用脚本代码动态生成的，且生成操作与注册事件操作，两者不在一个作用域中，所以需要通过祖先元素

thead 使用 on() 为 th 注册事件函数。

第 2 行，获取当前所单击的 th 的索引。

第 3 行，获取到表格主体中的所有内容行之后，使用 get() 方法将其转换为 DOM 对象，将其保存在变量 rows 中。

第 4 行～第 21 行，如果当前列没有进行升序排序，且是数值列，则对该列进行升序排序操作。在第 4 行中使用 $(this).attr("data-isasc")=='0' 判断是否进行了升序排序，使用 (notNum_Key.indexOf($(this).text()))==-1 判断当前列是否是数值列，使用 $(this).text() 获取列标题（如"期末总分"）；再使用 notNum_Key.indexOf() 检索该列标题在全局数组 notNum_key（该数组存放的是非数值列的列名）中是否存在，如果存在则返回相应的索引，否则返回-1，所以如果返回的是-1，则说明该列是数值列。

第 5 行～第 13 行，对数值列的数据使用 rows.sort() 方法完成升序排序，参数 a 和 b 表示当前列中的一个个行元素 tr。

第 6 行，使用 $(a).children("td").eq(index).text() 获取到 a 所代表的行中当前列下单元格中的内容，将其保存在变量 a 中。

第 7 行，获取 b 所代表的行中当前列下单元格的内容，将其保存在变量 b 中。

第 8 行和第 9 行，因为当前 a 和 b 都是数字字符串的形式，所以需要使用 parseFloat() 将其转换为数字形式，为第 10 行和第 11 行的比较做准备。

第 14 行～第 16 行，对完成排序之后的 rows 使用 $.each() 进行遍历，回调函数 function (index, row) 中的参数 row 表示表格中的一个个数据行，使用 $("tbody").append(row) 将这些数据行重新添加到 tbody 当中。因为 rows 中存放的是表格原来数据行的内容，所以使用 append() 添加时只是重新调整顺序，而不是再添加一次。

第 17 行和第 18 行，将所有 th 中与升序和降序相关的类名都去掉，对当前 th 引用升序相关的类名 asc。

第 19 行和第 20 行，将所有 th 中自定义属性 data-isasc 的取值都设置为 0，将当前 th 中该属性的值设置为 1，表示该列进行了升序排序。

第 21 行～第 37 行，如果当前列处于升序排序状态，且是数值列，则对该列进行降序排序操作。

第 34 行和第 35 行，将所有 th 中升序和降序相关的类名都去掉，对当前 th 引用降序排序相关的类名 desc。

第 36 行，将所有 th 中的自定义属性 data-isasc 取值都设置为 0，表示当前没有进行升序排序的列。

第 37 行～第 50 行，如果当前列没有进行升序排序，且不是数值列，则对该列进行升序排序操作，对字符串列进行排序时使用 localeCompare() 方法。

第 50 行～第 62 行，如果当前列处于升序排序状态，且不是数值列，则对该列进行降序排序操作。

（3）双击单元格修改数据

实现双击 tbody 区域中的所有单元格时，都能在单元格内部添加一个文本框，将原来的单元格数据显示在文本框中，修改文本框内容之后，重新将数据写入单元格并隐藏文本框。

代码如下。

```
1:        $("tbody").on("dblclick","td",function(){
2:            var td_data = $(this).text();
3:            $(this).text('');
4:            var inp = $("<input type='text' style='width=100%; height=40px' />");
5:            inp.val(td_data);
6:            $(this).append(inp);
7:            inp.change(function(){
8:                $(this).parent().text($(this).val());
9:                $(this).css("display","none")
10:           })
11:       })
```

脚本代码解释如下。

第 1 行~第 11 行，定义 tbody 内部所有 td 单元格的双击事件函数，因为所有 td 元素都是使用脚本代码动态生成的，所以需要通过祖先元素 tbody 使用 on()为 td 注册事件函数。

第 2 行，获取当前单元格中的内容，将其保存在变量 td_data 中。

第 3 行，将当前单元格中原来的内容清除。

第 4 行，在当前单元格中添加一个文本框元素，宽度与单元格同宽，高度为 40 像素。

第 5 行，将 td_data 中保存的当前单元格的内容填入文本框中。

第 6 行，将文本框添加到单元格中。

第 7 行~第 10 行，注册文本框的 change 事件函数。

第 8 行，使用$(this).val()获取文本框中输入的内容，将其设置为文本框的父元素，也就是 td 单元格中的内容。

第 9 行，将文本框元素隐藏。

本任务对输入的数据没有进行合法性验证，例如，判断输入的数字值是不是在指定范围内等，大家可以自行完善这部分代码。

【相关知识】应用 FileReader 读取 Excel 文件

读取 Excel 文件需要下载 js-xlsx 工具库中的 xlsx.full.min.js，下载之后使用<script>标记引用即可，即<script src="xlsx.full.min.js"></script>。

读取 Excel 文件主要是通过 XLSX.read(data, {type: type});来实现的，返回一个 WorkBook 对象，type 主要取值及说明如下。

- base64：以 base64 方式读取。
- binary：BinaryString 格式（byte n is data.charCodeAt(n)）。
- string：UTF-8 编码的字符串。
- buffer：nodejs Buffer。
- array：Uint8Array，8 位无符号数组。
- file：文件的路径（仅在 nodejs 下支持）。

关于 WorkBook 对象的说明如下。

假设某个 Excel 文件有两个数据表"学生成绩表"和"课堂活动成绩表"，使用 var workbook = XLSX.read(data, {type: 'binary'})读取并返回的 WorkBook 对象保存在变量 workbook 中，使用 console.log(workbook)输出的结果如图 8-14 所示。

```
                                            读取excel数据并排序.html:46
  {Directory: {…}, Workbook: {…}, Props: {…}, Custprops: {…}, Deps: {…}, …}
  ▼
    ▶ Directory: {workbooks: Array(1), sheets: Array(2), charts: Array(0), d…
    ▶ Workbook: {AppVersion: {…}, WBProps: {…}, WBView: Array(1), Sheets: Ar…
    ▶ Props: {LastAuthor: "10575", Author: "10575", CreatedDate: Sun Aug 08 …
    ▶ Custprops: {}
    ▶ Deps: {}
    ▼ Sheets:
      ▶ 学生成绩表: {!ref: "A1:G22", A1: {…}, B1: {…}, C1: {…}, D1: {…}, …}
      ▶ 课堂活动成绩表: {!ref: "A1:G39", A1: {…}, B1: {…}, C1: {…}, D1: {…}, …
      ▶ __proto__: Object
    ▼ SheetNames: Array(2)
        0: "学生成绩表"
        1: "课堂活动成绩表"
        length: 2
      ▶ __proto__: Array(0)
    ▶ Strings: (224) [{…}, {…}, {…}, {…}, {…}, {…}, {…}, {…}, {…}, {…}, {…},…
    ▶ Styles: {Fonts: Array(10), Fills: Array(4), Borders: Array(2), CellXf:…
    ▶ Themes: {}
    ▶ SSF: {0: "General", 1: "0", 2: "0.00", 3: "#,##0", 4: "#,##0.00", 9: "…
    ▶ __proto__: Object
```

图 8-14　WorkBook 对象的输出结果

图 8-14 中位于中间框内的内容是对象 Sheets 和数组 SheetNames，对象 Sheets 有两个属性，分别是"学生成绩表"和"课堂活动成绩表"。

"学生成绩表"的取值是对象，对象的第一个属性"!ref"的取值"A1:G22"表示数据表"学生成绩表"中所有单元格的范围，也就是说在原数据表中，只有 A1～G22 这些单元格是有内容的。

"课堂活动成绩表"的取值也是对象，属性"!ref"的取值是"A1:G39"，表示在数据表"课堂活动成绩表"中，只有 A1～G39 这些单元格是有数据的。

数组 SheetNames 只有两个元素，分别是两个数据表的名称。要得到第一个数据表的名称，需要使用代码 workbook.SheetNames[0]；要得到该数据表的内容，需要使用代码 workbook.Sheets[workbook.SheetNames[0]]。

小结

本项目主要讲解了 jQuery 中对表格进行操作的几种特效，包括使用模态框添加表格行、修改表格数据、完成签到和评分、对数据进行排序等。新增的知识点主要有模态框的概念、设计思路以及使用 FileReader 读取 Excel 文件的操作方法，任务内容更多围绕特效任务的实现思路和方法展开讲解，从而培养读者的项目开发能力。

习题

一、选择题

1. 设计页面中的模态框时，需要将模态框 div 设置为哪种定位方式？（　　）

　　A. 只能设置为 fixed 定位

　　B. 设置为 fixed 定位或者 absolute 定位都可以

　　C. 只能设置为 absolute 定位

　　D. 需要设置为 relative 定位

2. 下面哪一个对比函数能够实现对数字数组的降序排序？（　　）

　　A. function comp(a,b){return a−b;}

　　B. function comp(a,b){return b−a;}

　　C. function comp(a,b){return −1;}

　　D. function comp(a,b){return a.localeCompare(b);}

3. 若存在某个二维数组，其第二列取值为字符串类型，则要按照第二列取值对该二维数组进行升序排序，需要使用的对比函数是（　　）。

　　A. function comp(a,b){return a.localeCompare(b);}

　　B. function comp(a[1],b[1]){return a[1].localeCompare(b[1]);}

　　C. function comp(a,b){return a[1].localeCompare(b[1]);}

　　D. function comp(a,b){return a[1]−b[1];}

4. 某 Excel 文件存在两个数据表，分别是"员工基本信息表"和"加班情况统计表"，使用 JavaScript 读取该 Excel 文件之后将返回的 WorkBook 对象保存在变量 workbook 中，要获得"加班情况统计表"中的数据，需要使用哪种形式访问？（　　）

　　A. workbook.sheetsName[1]

　　B. workbook.sheets[1]

　　C. workbook.sheets[workbook.sheetsName[1]]

　　D. workbook.sheets[workbook.sheetsName[0]]

5. 关于数组的 push()方法，下面描述正确的有哪些？（　　）

　　A. 该方法只能给定一个参数

　　B. 该方法将指定的元素值添加到指定数组的末尾

　　C. 该方法执行之后返回新添加的元素取值

　　D. 该方法执行之后返回数组的长度

6. 假设 button 元素是表格中第 5 列单元格中的子元素，在单击 button 元素时，要找到 button 所在行的第 3 个单元格，下面哪几种方法能够实现？（　　）

　　A. $(this).parent().prev().prev()

　　B. $(this).parent().parent().children("td:eq(2)")

　　C. $(this).parents("tr").children("td:eq(2)")

　　D. $(this).parent().children("td:eq(2)")

二、简答题

1. 模态框遮罩层为何不能使用绝对定位方式？
2. 读取 Excel 文件之后得到的 JSON 数组结构如何？

三、操作题

读取一个 Excel 文件，获取并输出第一个数据表中第一个数据单元格的内容。

项目9
数组应用特效

09

【情景导入】

小明的朋友需要一款方便运行的、简单跨平台的随机点名程序，在上课提问学生时使用。小明得知之后，热心地帮了朋友，他使用数组存储了需要点名的学生的姓名，很快完成了任务。之后小明自己又设计了几个要依靠数组中的数据才能完成的特效，提升了自己灵活应用数组完成特效的能力。

【知识点及项目目标】

- 掌握随机点名功能中控制不能重复点名的思路和方法。
- 理解随机点名和随机选图功能中禁用和启用按钮的重要作用。
- 掌握百度新闻页面中滑块动画的设计思路。
- 掌握页面中文字动画的实现方法。

在前端特效的实现过程中，数组经常扮演着很重要的角色，本项目将几个借助数组实现的简单特效集中在一起，如随机点名、随机选定图像、为元素指定坐标并按照要求更换坐标、从给定的文本组中选择文本并实现动画等。

【素养要点】

弘扬中华美德　践行社会主义核心价值观

任务 9.1　实现随机点名功能

【任务描述】

课堂中经常需要进行随机点名操作，可将名单放在数组中保存。数组可以是一维数组，每个元素只存放姓名或者学号；数组也可以是二维数组，每个元素同时存放学号和姓名两个信息。

随机点名功能需要一个"开始"按钮用于启动点名操作，点名时，通过产生随机数得到一个元素的索引，并据此获取元素中的姓名、学号等信息，每次点名都要通过循环定时器产生 50 次随机数，每次产生的姓名结果都会在页面中闪现，直到最后显示要保留的结果。为了确保在提问同一个问题时不会出现重复点名的现象，每完成一次点名操作之后，都需要将点过的学生姓名从数组中移除。

初始运行效果如图 9-1 所示。

图 9-1　随机点名功能的初始运行效果

图 9-1 左侧是一个段落"请单击开始按钮"和一个 button 元素，右侧是输出的数组中的元素个数，也就是总人数。这里只是为了对比说明完成点名之后数组元素个数要减少，实际使用点名功能时，可将输出总人数的代码去除。

完成一次点名之后的运行效果如图 9-2 所示。

图 9-2　完成一次点名之后的运行效果

图 9-2 左侧段落原来的内容换成了随机选出的姓名，右侧除了总人数"9"之外，还显示了完成一次点名之后的当前人数"8"，说明完成一次点名之后，已经将"牛三金"从数组中移除了。

【任务实现】

任务实现需要使用数组存放名单中的学生姓名。

【示例 9-1】创建页面文件"随机选择姓名.html"，实现相关功能。

页面代码如下。

```
<!DOCTYPE html>
<html xmlns="http://www.w3.org/1999/xhtml">
    <head>
        <meta http-equiv="Content-Type" content="text/html; charset=utf-8" />
        <title>随机选择姓名</title>
    </head>
    <body>
        <div class="box">
            <p>请单击开始按钮</p>
            <input type="button" value="  开始  ">
```

```
            </div>
            <script src="../jquery-1.11.3.min.js"></script>
            <script>
1:              var arr = ["赵楠", "张三水", "牛三金", "原文武", "高朋鸟", "陈志强", "刘振梅",
"张彬彬", "成飞燕"];
2:              var timer;
3:              console.log("总人数: " + arr.length);
4:              $("input").click(function() {
5:                  var cnt = 1;
6:                  timer = setInterval(function() {
7:                      var num = Math.floor(Math.random() * arr.length);
8:                      $("p").text(arr[num]);
9:                      cnt++;
10:                     if (cnt == 50) {
11:                         clearInterval(timer);
12:                         arr.splice(num, 1);
13:                         console.log("当前人数: " + arr.length);
14:                     }
15:                 }, 10);
16:             })
            </script>
        </body>
</html>
```

脚本代码解释如下。

第 1 行，定义用于存放姓名的数组 arr。

第 2 行，定义全局变量 timer，用于存放循环定时器标识。

第 3 行，输出数组中存放的元素个数，这行代码可以省略。

第 4 行～第 16 行，定义 input 按钮的 click 事件函数。

第 5 行，定义一个计数器变量 cnt，初始值为 1，用于记录一次点名过程中产生随机数的次数，当记录到 50 次时，结束循环定时器。

第 6 行～第 15 行，通过循环定时器每间隔 10ms 执行一次点名函数。

第 7 行，使用 Math.random()产生 0～1（包含 0，不包含 1）的随机小数，乘 arr.length 之后得到的结果是 0～9（包含 0，不包含 9）的随机数。因为需要的索引是 0～8 的整数，所以使用 Math.floor()向下取整得到 0～8 的整数，将其保存在变量 num 中。

第 8 行，通过 arr[num]得到选择的姓名，将其作为段落元素的文本内容。

第 9 行，完成计数器变量 cnt 的增值。

第 10 行～第 14 行，计数器变量 cnt 的取值若是 50，则使用第 11 行代码 clearInterval(timer) 清除循环定时器，结束本次点名操作。然后使用第 12 行代码 arr.splice(num, 1)将索引是 num 的元素从数组 arr 中删除。

第 13 行，将删除元素之后的数组元素个数在控制台中输出，这行代码可以省略。

【思考问题】

某个用户在点名时，不小心连续单击了多次"start"按钮，发现点名过程无法停止了，请问这是什么原因造成的？该如何解决？

【问题解析】

连续单击多次"开始"按钮，相当于对该按钮重复绑定了多次 click 事件函数。

假设连续单击的次数为 2，第一次启用循环定时器返回的循环定时器标识为 01，保存在变量 timer 中，当变量 cnt 的值变为 15 时，用户第二次单击了"开始"按钮，将 cnt 变量的值重新设置为 1，重新启用了一个循环定时器，假设该循环定时器标识为 02，覆盖掉 01，同样保存在变量 timer 中。当 cnt 变量的值增值为 50 时，执行 clearInterval(timer)代码只能清除第二次启用的循环定时器，第一次启用的循环定时器的标识 01 已经丢失，无法将其停止。

【解决方案】

在"开始"按钮的 click 事件函数内部开始，增加代码$(this).prop("disabled", true)，设置该按钮的 disabled 属性取值为 true，它的作用是只要单击完成，就将该按钮设置为禁用状态。

在 if (cnt == 50)条件成立，结束循环定时器时，再增加代码$("input").prop("disabled", false)，它的作用是只要结束一次点名过程，就将该按钮重新设置为可用状态。

任务 9.2 实现随机选图并放大功能

【任务描述】

页面初始运行效果如图 9-3 所示。

图 9-3 随机选图并放大页面初始运行效果

本任务一共提供了 9 幅图片，图片文件的名称分别是 dog00.jpg～dog08.jpg，图 9-3 中显示的图片是 dog00.jpg。当用户单击"开始选图"按钮时，按钮上方的小图不断发生变化，直到用户单击"停止选图"按钮时选定当前图片，然后将选定的图片在右侧大图区域中以动画方式放大显示出来。

　　页面初始运行时"开始选图"按钮能够使用，但是"停止选图"按钮被禁用，当用户将鼠标指针指向"开始选图"按钮时，按钮背景色变为橘色，单击"开始选图"按钮之后，"开始选图"按钮被禁用，"停止选图"按钮被启用；单击"停止选图"按钮之后，"停止选图"按钮被禁用，"开始选图"按钮被启用。也就是说，任何时候都只有一个按钮能够被单击，这样做的目的是避免重复启用循环定时器，导致无法结束选图过程。

【任务实现】

在任务实现中需要使用数组存放图片文件的位置及名称。

【示例 9-2】创建页面文件"随机选图并放大.html"，实现任务功能。

1. 元素设计及样式定义

页面中的元素结构代码如下。

```
<body>
    <div class="sBorder">
        <img src="images/dog00.jpg" />
    </div>
    <div class="bBorder">
        <img src="images/dog00.jpg" />
    </div>
    <input id="startID" type="button" value="开始选图">
    <input id="stopID" type="button" value="停止选图">
</body>
```

元素结构及样式说明如下。

（1）类名为 sBorder 的 div 是小图的"相框"，样式定义：宽度为 200 像素，高度为 135 像素，下边距为 20 像素，其余边距为 0，边框为 1 像素点线，颜色为灰色（#ddd）。

（2）小图的宽度为 200 像素，高度为 135 像素。

（3）类名为 bBorder 的 div 是大图的"相框"，样式定义：宽度为 400 像素，高度为 270 像素，边框为 3 像素双线，颜色为灰色，以绝对定位方式放在小图右侧，横坐标 left 为 300 像素，纵坐标 top 为 10 像素。

（4）大图的宽度为 400 像素，高度为 270 像素。

（5）"开始选图"按钮的 id 是 startID，"停止选图"按钮的 id 是 stopID，两者的样式要求：宽度为 120 像素，高度为 100 像素，字号为 1.4rem。

（6）鼠标指针指向"开始选图"按钮时，按钮背景色变为橘色。

样式代码如下。

```
<style type="text/css">
    .sBorder { width: 200px; height: 135px; margin: 0 0 20px; border: 2px dotted
#ddd; }
    .sBorder>img { width: 200px; height: 135px; }
    .bBorder { width: 400px; height: 270px; border: 3px double #ddd; position:
absolute; left: 300px; top: 10px; }
    .bBorder>img { width: 400px; height: 270px; }
    #startID, #stopID { width: 120px; height: 100px; font-size: 1.4rem; }
```

```
                    #startID:hover { background: orange; }
            </style>
```

2. 脚本功能实现

按钮的启用、禁用，选图，放大等功能都使用脚本实现。

脚本代码如下。

```
              $(function(){
1:                   var imgs = ["images/dog00.jpg", "images/dog01.jpg", "images/dog02.jpg",
"images/dog03.jpg", "images/dog04.jpg","images/dog05.jpg", "images/dog06.jpg", "images/
dog07.jpg", "images/dog08.jpg"];
2:                   var timer;
3:                   var num;
4:                   $("#stopID").prop("disabled", true);
5:                   $("#startID").prop("disabled", false);
6:                   $("#startID").click(function() {
7:                       $(this).prop("disabled", true);
8:                       $("#stopID").prop("disabled", false);
9:                       timer = setInterval(function() {
10:                          num = Math.floor(Math.random() * imgs.length);
11:                          $(".sBorder>img").prop("src", imgs[num]);
12:                      }, 100)
13:                  })
14:                  $("#stopID").click(function() {
15:                      $(this).prop("disabled", true);
16:                      $("#startID").prop("disabled", false);
17:                      clearInterval(timer)
18:                      $(".bBorder>img").hide().prop("src", imgs[num]).show(1000);
19:                  })
              })
```

脚本代码解释如下。

第 1 行，定义数组 imgs，用于存放提供的所有图片的路径和名称。图片数可以随意增加，图片文件的名称可以是任意的。

第 2 行和第 3 行，定义全局变量 timer，用于保存循环定时器标识；定义全局变量 num，用于保存所选定图片在数组 imgs 中的索引。

第 4 行，对 stopID 按钮使用 prop("disabled", true)设置为禁用状态。注意，此处只能使用 prop()方法，不可使用 attr()方法。

第 5 行，对 startID 按钮使用 prop("disabled", false)设置为启用状态。

第 6 行~第 13 行，定义"开始选图"按钮的 click 事件函数。

第 7 行和第 8 行，禁用"开始选图"按钮，启用"停止选图"按钮。

第 9 行~第 12 行，使用循环定时器实现随机选图功能，每 100ms 选图一次，返回的循环定时器标识保存在全局变量 timer 中。

第 10 行，使用 Math.random() * imgs.length 产生 0~8（包含 0，不包含 8）的随机数，使用 Math.floor()对随机数向下取整，得到 0~8 的整数，将其保存在全局变量 num 中，作为数组 imgs 的索引。

第 11 行，设置小图"相框"img 元素的 src 属性取值是 imgs[num]，在小图"相框"中显示图片。

第 14 行 ~ 第 19 行，定义"停止选图"按钮的 click 事件函数。

第 15 行和第 16 行，禁用"停止选图"按钮，启用"开始选图"按钮。

第 17 行，停止循环定时器。

第 18 行，使用$(".bBorder>img").hide()隐藏原来大图"相框"中的图片，再使用 prop("src", imgs[num])为 img 元素设置新的图片，最后使用 show(1000)设置在 1000ms 内将大图显示完整。

任务 9.3　制作百度新闻页面的滑块

【任务描述】

页面初始运行效果如图 9-4 所示。

图 9-4　百度新闻页面滑块的页面初始运行效果

页面共有 13 个超链接，所有的超链接热点都放在列表项元素 li 中，"首页"热点所在的列表项初始时设置了红色背景块。除此之外，该位置初始时还设置了一个红色滑块，当鼠标指针指向某个超链接时，滑块从"首页"位置离开，以动画方式滑动到鼠标指针所在位置，当鼠标指针在各个超链接热点之间移动时，滑块一直跟随鼠标指针移动，当鼠标指针离开超链接所在的区域时，滑块以滑动方式向左回到"首页"位置。

在页面中使用数组存储每个列表项左上角顶点的横坐标，滑块移动时总由一个 li 元素移动到另一个 li 元素。

例如，鼠标指针指向"科技"时，滑块由"首页"滑动到"科技"，效果如图 9-5 所示。

图 9-5　鼠标指针指向"科技"热点时的运行效果

> **注意**　图 9-5 无法展示滑块滑动的动画效果。

【任务实现】

在任务实现中需要使用数组存放每个超链接所在列表项的位置。

【示例 9-3】创建页面文件"百度新闻页面的滑块制作.html"，实现任务功能。

1. 元素设计及样式定义

页面中的元素结构代码如下。

```
<body>
    <div class="divBg">
        <ul>
            <li><a href="#">首页</a></li>
            <li><a href="#">国内</a></li>
            <li><a href="#">国际</a></li>
            <li><a href="#">军事</a></li>
            <li><a href="#">财经</a></li>
            <li><a href="#">娱乐</a></li>
            <li><a href="#">体育</a></li>
            <li><a href="#">互联网</a></li>
            <li><a href="#">科技</a></li>
            <li><a href="#">游戏</a></li>
            <li><a href="#">女人</a></li>
            <li><a href="#">汽车</a></li>
            <li><a href="#">房产</a></li>
            <div class="red_block"></div>
        </ul>
    </div>
</body>
```

元素结构及样式说明如下。

（1）除了 body 之外，页面共有 4 层元素，最外层是设计横向长条的 divBg，divBg 的样式要求：宽度为 auto，高度为 40 像素，左填充为 150 像素，其余填充为 0，上下边距为 10 像素，左右边距为 auto，背景色为#558。

（2）在 divBg 中使用列表元素添加各个超链接，ul 的样式要求：宽度为 800 像素，高度为 40 像素，填充是 0，上下边距为 0，左右边距为 auto；因为内部需要添加一个绝对定位的滑块元素 div，所以 ul 需要设置为相对定位。

（3）列表项元素 li 的样式要求：没有列表项符号，宽度为 40 像素；高度为 40 像素，上下填充为 0，左右填充为 10 像素，边距为 0，字号为 12pt，文本行高为 40 像素，文字加粗显示，水平居中，向左浮动，横向排列，相对定位，z 轴坐标为 2，位于红色滑块的前面；第 1 个 li 元素的背景色是红色，除了第 8 个 li 元素中的超链接热点是"互联网"3 个字，其他超链接热点都是 2 个字，因此设置第 8 个 li 元素的宽度是 50 像素。

（4）超链接元素样式要求：白色文本，没有下画线。

（5）在所有 li 之后添加类名是 red_block 的元素，即红色滑块，样式要求：宽度为 60 像素（两个字超链接热点的 li 元素的宽度都是 40 像素，左右填充为 10 像素，占据的宽度都是 60 像素，将滑块的宽度设置为 60 像素，正好等于 li 的宽度；3 个字超链接热点的 li，总宽度是 70 像素，滑块的宽度需要在脚本中进行调整，以适应 70 像素的超链接热点宽度），高度为 40 像素，背景色为红色，在 ul 中采用绝对定位，横坐标 left 和纵坐标 top 都是 0，z 轴坐标是 1，位于所有 li 的后面。

样式代码如下。

```
                <style type="text/css">
1:              body{margin: 0;}
2:              .divBg{width: auto; height: 40px; padding:0 0 0 150px; margin: 10px auto;
background: #558; }
3:              ul{width: 800px; height: 40px; padding: 0; margin: 0 auto;  position:
relative;}
4:              li{list-style: none; width: 40px; height: 40px; padding: 0 10px; margin:
0; font-size: 12pt; line-height: 40px; font-weight: bold; text-align: center; float: left;
position: relative; z-index: 2;}
5:              li:first-child{background: #f00; }
6:              li:nth-child(8){width: 50px;}
7:              li>a{color: #fff;text-decoration: none; }
8:              .red_block{width:60px; height: 40px; background: #f00; position:
absolute; left: 0px; top:0px; z-index: 1;}
                </style>
```

样式代码说明如下。

> **注意** 对 li 设置相对定位，只是为了能够设置其 z 轴坐标，确保将其放在红色滑块的前方，这里不可换成绝对定位，否则为横向排列的 li 元素设置的浮动是无效的。

第 5 行，使用选择器 li:first-child 定义 ul 中第 1 个子元素 li 的样式，也就是将超链接热点"首页"的背景色设置为红色，这样定义时，要注意类名为 red_block 的元素一定要放在所有 li 的后面，而不要放在所有 li 的前面，否则 first-child 将无法获得第一个 li 元素。

第 6 行，使用 li:nth-child(8)定义第 8 个子元素 li 的样式，也就是将超链接热点"互联网"的宽度设置为 50 像素。

2．脚本功能实现

脚本功能包含：计算每个 li 的左上角顶点横坐标并保存到数组中，对每个 li 设置鼠标指针指向和离开时的滑块动画。

（1）计算每个 li 的左上角顶点横坐标并保存到数组中

定义一个空数组，使用循环结构为数组添加元素，每个数组元素是一个 li 的左上角顶点横坐标，循环次数根据超链接热点的个数进行控制。2 个字超链接热点所在的 li 占据的总宽度是 60 像素，3 个字超链接热点占据的总宽度是 70 像素，据此计算每个 li 的左上角顶点横坐标。

代码如下。

```
1:              var liPos = [];
2:              for(var i = 0; i < 13; i++){
3:                  liPos[i] = i * 60;
4:                  if( i >= 8 ){liPos[i] = liPos[i] + 10; }
5:              }
```

脚本代码解释如下。

第 1 行，定义全局的空数组 liPos，用于存放 li 的左上角顶点横坐标。

第 2 行～第 5 行，使用 13 次循环计算各个 li 的左上角顶点横坐标。

第 3 行，前 7 个 li 的左上角顶点横坐标都使用自身的索引乘占据的宽度（60 像素）计算得出，结果保存在相应的数组元素中。例如，i 为 0 时，计算得出第一个 li 的左上角顶点横坐标是 0，将其保存在 liPos[0]中；i 为 5 时，计算得出第 6 个 li 的左上角顶点横坐标是 300，将其保存在 liPos[5]中。

第 4 行，如果 i 大于等于 8，则说明是位于"互联网"之后的 li 元素，因为"互联网"超链接热点占据的总宽度是 70 像素，所以其后每个 li 的左上角顶点横坐标都需要在 liPos[i]的基础上增加 10 像素。

（2）对每个 li 设置鼠标指针指向和离开时的滑块动画

遍历所有 li，设置每个 li 在鼠标指针指向和离开时滑块的宽度、横坐标和滑动的动画。

代码如下。

```
 1:              $("li").each(function(index){
 2:                  $(this).mouseover(function(){
 3:                      var blockW = "60px";
 4:                      if(index == 7){ blockW = "70px"; }
 5:                      var blockLeft = liPos[index] + "px";
 6:                      $(".red_block").css("width", blockW);
 7:                      $(".red_block").css("left", blockLeft);
 8:                      $(".red_block").css("transition", "left 0.3s");
 9:                  })
10:                  $(this).mouseout(function(){
11:                      $(".red_block").css("width", "60px");
12:                      $(".red_block").css("left", "0px");
13:                      $(".red_block").css("transition", "left 0.8s");
14:                  })
15:              })
```

脚本代码解释如下。

第 1 行~第 15 行，遍历所有的 li 元素，在遍历函数中添加表示索引的形参 index。

第 2 行~第 9 行，定义鼠标指针指向 li 时的事件函数。

第 3 行，定义变量 blockW，表示滑块的宽度，初始取值为 60 像素。

第 4 行，如果 li 的索引是 7（表示"互联网"热点），则设置滑块宽度变量 blockW 取值为 70 像素。

第 5 行，获取全局数组 liPos 中索引是 index 的元素取值，将其增加单位"px"之后作为滑块的横坐标保存在变量 blockLeft 中。

第 6 行和第 7 行，设置滑块元素 red_block 的宽度是 blockW，横坐标 left 取值是 blockLeft。

第 8 行，设置滑块元素的 transition 动画，在 0.3s 内完成横坐标取值的修改。例如，用户首次将鼠标指针指向"娱乐"热点时，滑块元素的 left 取值需要由最初的 0 改为 300 像素，这个变化在 0.3s 内以滑块动画的形式完成，若此时再将鼠标指针指向"体育"热点，则滑块的横坐标需要由 300 像素改为 360 像素，同样是在 0.3s 内以滑块动画的形式完成。

第 10 行~第 14 行，定义鼠标指针离开 li 时的事件函数，这里的离开指的是离开整个热点区域，滑块需要回到"首页"位置。

第 11 行，设置滑块元素 red_block 的宽度是 60 像素，这是滑块的最初宽度。

第 12 行，设置滑块元素的横坐标是 0。

第 13 行，设置滑块元素的 transition 动画，滑块元素无论当前在什么位置，都需要回到"首页"位置，也就是横坐标要变回 0，这一变化过程在 0.8s 内以滑块动画的形式完成。

任务 9.4　单击时的文字动画

【任务描述】

使用数组提供一组文本，如"富强""民主""文明""和谐"等。在页面任意位置单击时，按照顺序从数组中取出一个元素。该元素从单击的位置出现，向上移动逐渐变淡直至消失。第一次单击时取出的是第一个元素中的文本，第二次单击时取出的是第二个元素的文本，以此类推，最后一个文本出现之后，再一次单击时又将取出第一个元素中的文本，如此周而复始。

【素养提示】

以社会主义核心价值观 12 词，弘扬中华美德，约束自身行为，崇尚文明、和谐。

效果如图 9-6 所示。

图 9-6　单击页面后向上移动文本的效果

图 9-6 方框中的"和谐"二字是在单击页面后出现的并向上移动的文字。

【任务实现】

在任务实现时，没有添加过多的页面元素，只用了一个较宽、较高的 div 作为 body 元素的内容，确保单击 body 元素时能够有响应。

【示例 9-4】创建页面文件"单击页面后的文字动画.html"，实现任务功能。

代码如下。

```
<!DOCTYPE html>
<html>
    <head>
        <meta charset="utf-8">
        <title>单击页面后的文字动画</title>
        <style type="text/css">
            body{margin: 0;}
```

```
                  div{width: 100%; height: 600px; background: #ccc;}
            </style>
      </head>
      <body>
            <div></div>
            <script src="../jquery-1.11.3.min.js"></script>
            <script type="text/javascript">
1:              var word_ind = 0;
2:              $(function() {
3:                  $("body").click(function(e) {
4:                      var words = ["富强", "民主", "文明", "和谐", "自由", "平等", "公正",
"法治", "爱国", "敬业", "诚信", "友善"];
5:                      var word = $("<span>" + words[word_ind] + "</span>");
6:                      word_ind = (word_ind + 1) % words.length;
7:                      var x = e.pageX,
8:                      y = e.pageY;
9:                      word.css({
10:                         "position": "absolute",
11:                         "left": x,
12:                         "top": y - 20,
13:                         "z-index": 999999,
14:                         "font-weight": "bold",
15:                         "color": "#f65"
16:                     });
17:                     $("body").append(word);
18:                     word.animate({"top": y - 180,"opacity": 0}, 1500, function()
{ word.remove(); });
19:                 });
20:             });
            </script>
      </body>
</html>
```

此处提供的脚本代码可以放在任意一个页面中，本页面添加的 div 宽度为 100%，高度为 600 像素，这只是为了让 body 元素中能够有内容，在页面中单击时能够触发 body 元素的 click 事件，从而完成操作。

脚本代码解释如下。

第 1 行，定义全局变量 word_ind，用于存放要提取的数组元素的索引，初始值为 0。

第 3 行～第 19 行，定义 body 元素的 click 事件函数，这样在单击页面中的任意位置（包括超链接）时，都能执行该函数，函数中给定参数 e 是为了在函数体中获取鼠标指针的位置。

第 4 行，定义数组 words，数组中的文本可以是任意的，这里使用的是"社会主义核心价值观"。

第 5 行，创建一个 span 元素，内容是根据全局变量 word_ind 从数组 words 中取出的元素，将其保存在变量 word 中。

第 6 行，使用代码(word_ind + 1) % words.length 计算下一次需要使用的数组元素的索引，将其重新放到全局变量 word_ind 中，这样即可实现周而复始的过程。根据给定的数组，words.length 取值为 12，word_ind + 1 得到 12 时，该索引不存在，除以 12 并取余之后得到 0，重新回到第一个元素。

第 7 行和第 8 行，根据参数 e，分别使用 pageX 和 pageY 获取鼠标指针在 body 中的位置。

第 9 行~第 16 行，设置 word 变量所代表的 span 元素的样式：绝对定位，横坐标取单击页面时鼠标指针所在位置的横坐标，纵坐标取单击页面时鼠标指针所在位置的纵坐标减去 20 像素，z 轴坐标为 999999，这是为了将动画文字放置在所有元素的前面，文字加粗，颜色为#f65。

第 17 行，将 word 变量所代表的 span 元素添加到 body 元素中作为 body 元素的直接子元素。

第 18 行，使用 animate()方法对 word 所代表的 span 元素设置动画，动画效果为将 top 值从单击时鼠标指针所在位置的纵坐标减少 180 像素，使用"opacity": 0 设置动画结束时 span 元素的透明度为 0，从而将 span 元素隐藏，动画持续时间为 1500ms，动画执行完成之后，在回调函数中使用 word.remove()将 word 所代表的 span 元素移除，也就是说每次生成的 span 元素在完成动画效果之后都要移除。

小结

使用数组存储数据能够方便很多页面功能的实现，本项目主要围绕随机点名、随机选图并放大、百度新闻页面的滑块制作、单击时的文字动画等特效的实现思路和方法展开讲解，注重的仍旧是读者项目开发能力的培养。

习题

一、选择题

1. 下面能够产生[1,10]内的随机数的选项有哪几个？（　　　）
   A. Math.round(Math.random()*9)+1　　　　B. Math.ceil(Math.random()*10)
   C. Math.ceil(Math.random()*11)　　　　　D. Math.floor(Math.random()*10)+1

2. Math.ceil(Math.random()*11)产生的随机数范围是多少？（　　　）
   A. 1~11　　　　B. 0~10　　　　C. 1~10　　　　D. 0~11

3. 下面能够产生[0,20]内随机整数的选项有哪几个？（　　　）
   A. Math.round(Math.random()*20)　　　　B. Math.floor(Math.random()*21)
   C. Math.floor(Math.random()*20)　　　　D. Math.round(Math.random()*21)
   E. Math.ceil(Math.random()*20)

4. Math.round(Math.random()*10)+30 产生的随机数范围是多少？（　　　）
   A. 30~40　　　　B. 31~41　　　　C. 29~39　　　　D. 31~40

二、简答题

1. 在随机点名操作中，在"开始"按钮的 click 事件函数内部使用$(this).prop("disabled", true)的作用是什么？

2. 对于单击时页面中出现的文字动画，如何确定文字的左上角顶点和动画终止的坐标？

项目10

综合应用——购物车中的商品管理功能

【情景导入】

小明正在参与一个网上书城网站的制作，在将商品加入购物车之后，站在用户的角度考虑，需要对购物车中的商品进行管理，方便用户进行二次选购以及修改购买数量等，增强界面操作的友好性和提升用户体验。

【知识点及项目目标】

- 理解需要实现的购物车中的商品管理功能。
- 掌握实现购物车中商品管理功能的方法。

购物车是各种购物网站常用的功能，用户将商品加入购物车之后，根据购买需求在购物车中可以进行二次选购，可以删除选定的商品，可以增加某种商品的数量，可以选择购物车中的所有商品以准备结算等。本项目要实现的就是购物车中的商品管理功能。

【素养要点】

匠心精神　客户至上

【任务描述】

本项目模拟了网上书城购物车的商品管理功能，图 10-1 所示为已经加入购物车中的商品的信息。

图 10-1　初始的购物车页面

用户单击"全选"复选框时可以选择购物车中的所有商品；单击数量左侧的"–"按钮可以减少购买数量，单击数量右侧的"+"按钮可以增加购买数量，无论是减少还是增加，"小计"列的数据都会跟随变化；单击"删除"可将选定的商品从购物车中直接删除；用户通过左侧复选框选定购买的商品之后，右下角的商品总量和总价都会跟随变化。

用户在购物车中选定购买的商品之后页面的运行效果如图 10-2 所示。

图 10-2　用户选定购买的商品之后购物车页面的运行效果

【任务实现】

任务实现从元素设计及样式定义、购物车商品管理脚本功能实现两个方面完成。

需要说明的是，本项目的功能只是对假设已经选购到购物车中的商品进行管理操作，并不是从商品的选购界面开始进行的，因此设计界面时是有区别的。如果是从选购界面开始进行的，则购物车的表格行数不是固定的，初始只需要有表格的标题行即可，所有数据行都需要根据用户选购的商品来自动生成。

【示例 10-1】创建页面文件"购物车中的商品管理功能.html"，实现购物车商品管理功能。

一、元素设计及样式定义

在图 10-1 所示的页面结构中，上面使用一个 3 行 6 列的表格显示商品信息，下面使用一个段落显示已选商品总量和总价等信息。

1. 元素设计

使用表格布局的页面元素代码如下。

```
    <body>
1:        <form action="jiesuan.php" method="post">
2:            <table border="0" cellspacing="0" cellpadding="0">
3:                <thead>
4:                    <tr>
5:                        <th width="100"><input type="checkbox" name="allSel" id="allSel" value="0" />全选</th>
6:                        <th width="150">商品</th>
```

```
 7:                         <th width="100">单价</th>
 8:                         <th width="100">数量</th>
 9:                         <th width="100">小计</th>
10:                         <th width="100">操作</th>
11:                     </tr>
12:                 </thead>
13:                 <tbody>
14:                     <tr>
15:                         <td><input type="checkbox" name="Sel[]" class='sel' value=
"5" /></td>
16:                         <td><img src="image/5.jpg" /></td>
17:                         <td>129.00</td>
18:                         <td><input type='button' class='sub' value='-'> <span
class='cnt'>1</span> <input type='button' class='add' value='+'></td>
19:                         <td class='price'></td>
20:                         <td><span class='dele'>删除</span></td>
21:                     </tr>
22:                     <tr>
23:                         <td><input type="checkbox" name="Sel[]" class='sel' value=
"11" /></td>
24:                         <td><img src="image/11.jpg" /></td>
25:                         <td>59.00</td>
26:                         <td><input type='button' class='sub' value='-'> <span
class='cnt'>2</span> <input type='button' class='add' value='+'></td>
27:                         <td class='price'></td>
28:                         <td><span class='dele'>删除</span></td>
29:                     </tr>
30:                 </tbody>
31:             </table>
32:             <p>已选择<span>0</span>件商品，总价<span>0</span>元 <input type="submit"
value="结算"/></p>
33:             <input type="hidden" name="whole_price" value="" />
34:         </form>
    </body>
```

元素结构说明如下。

第 5 行，在表格标题行第一列中添加一个 name 和 id 都是 allSel 的复选框元素，设置其 value 属性取值为 0，用于后期在服务器端使用，这里可以将 value 属性删除。

第 14 行～第 21 行，添加第一条商品信息。

第 15 行，在商品信息行的第一列中添加 name 是 sel[]，类名是 sel，value 取值是 5 的复选框，用于选择这条商品，选择后，向服务器端提交的数据在本项目中是来自数据表中这条商品的序号，这里直接给定数字 5。另外，name 属性取值后面的方括号[]也是为了在服务器端获取所有商品信息准备的，此处可以忽略。

第 16 行和第 17 行，将商品缩略图和单价信息添加到页面中，在实际项目中，这两条信息都需要从数据表中获取并添加到页面中。

第 18 行，在"数量"列中添加类名为 sub，value 属性取值为"−"的 button 元素和类名为 add，value 属性取值为"+"的 button 元素，两个按钮之间使用类名为 cnt 的 span 元素添加选购的商品数量，这里使用 span 元素的目的是方便修改数量。实际项目中的商品数量完全根据用户在加入购物车时选购的某种商品的数量来决定，这里直接给定数字 1。

第 19 行，"小计"列中的数据单元格引用了类名 price，单元格内容在初始时为空，在页面加载之后根据单价和数量计算后自动填入。

第 20 行，使用类名为 dele 的 span 元素在"操作"列下添加"删除"文本。

第 32 行，在表格后面添加段落，在段落中使用两个 span 元素分别添加选购的商品总量和总价，另外还有一个 submit 类型的"结算"按钮，用于最后完成购物车的结算功能，该功能需要使用服务器技术，这里没有实现。

第 33 行，定义一个 name 是 whole_price 的隐藏元素，当用户单击"结算"按钮时，需要将总价作为该元素 value 属性的取值，最后提交给服务器。

2. 样式定义

根据给定的元素结构，对元素的样式定义说明如下。

（1）表格宽度定义为 650 像素，边框定义为 1 像素实线，颜色为#ddd（灰色）。

（2）使用 th{}定义标题行的高度是 40 像素。

（3）使用 td{}定义所有单元格文本水平居中，字号为 1rem。

（4）使用 td>img{}定义商品缩略图的宽度是 100 像素。

（5）使用 td>input[type='button']{}定义鼠标指针指向增减商品数量的按钮时变为手状。

（6）使用 td>span.dele{}定义"删除"文本颜色为蓝色，文本带下画线，鼠标指针指向文本时变为手状。

（7）使用 p{}定义商品总量和总价段落宽度为 650 像素，靠右对齐，字号为 1rem，这是为了能够将其放在表格下方右侧位置。

（8）使用 p>span{}定义总量数字和总价数字的样式，字号为 1.2rem，效果为红色加粗。

（9）使用 input[type='submit']{}定义"结算"按钮宽度为 100 像素，高度为 40 像素，没有边框，背景色为红色，文本颜色为白色，字号为 1rem，文本加粗显示，鼠标指针指向文本时变为手状。

样式代码如下。

```
<style type="text/css">
    table{width: 650px; border: 1px solid #ddd;}
    th{height: 40px;}
    td { text-align: center; font-size: 1rem; }
    td>img { width: 100px; }
    td>input[type='button'] {cursor: pointer;}
    td>span.dele { color: #00f; text-decoration: underline; cursor: pointer; }
    p { width: 650px; text-align: right; font-size: 1rem; }
    p>span {font-size: 1.2rem;font-weight: bold;color: #f00;}
    input[type='submit'] { width: 100px; height: 40px; border: 0; background:
#f00; color: #fff; font-size: 1rem; font-weight: bold; cursor: pointer; }
</style>
```

【素养提示】

精准设计每个版块，有匠心精神，维护客户利益。

二、购物车商品管理脚本功能实现

脚本功能包含：计算每种商品的总价，填写到商品的"小计"列中；选中所有商品计算商品总量和总价，填写到段落中；逐个选择商品，计算商品总量和总价填写到段落中；增加或减少购买商品的数量，并根据情况修改商品总量和总价；删除某种商品并根据情况修改商品总量和总价；完成"结算"按钮的提交动作等。

1. 计算每种商品的总价（小计）

遍历表格主体 tbody 中的每一行，在其索引为 2 的子元素 td 中获取单价，在其索引为 3 的子元素 td 内部的 span 中获取数量，两者相乘之后，作为索引为 4 的子元素 td（"小计"列）的内容。代码如下。

```
$("tbody>tr").each(function(){
    var price = $(this).children("td:eq(2)").text();
    var cnt = $(this).children("td:eq(3)") .children('span.cnt').text()
    $(this).children("td:eq(4)").text(price * cnt);
})
```

2. 一次性选中购物车中的全部商品并计算商品总量和总价

单击表格标题行中 id 为 allSel 的复选框，若是进行选中操作，则要逐个判断类名为 sel 的复选框是否已经处于选中状态，若是选中状态，则不需要做任何操作；若是非选中状态，则改为选中状态，同时要重新计算选购的商品总量和总价。若是对 allSel 取消选中，则无论类名为 sel 的复选框是什么状态，都直接设置为取消选中，同时将选购商品总量和总价设置为 0。

代码如下。

```
1:          cnt = 0
2:          var whole_price = 0;
3:          $("input#allSel").click(function(){
4:              var ckd = $(this).prop("checked");
5:              if(ckd){
6:                  $("input.sel").each(function(){
7:                      if(this.checked){
8:                          return
9:                      }
10:                     $(this).prop("checked", ckd);
11:                     var count = $(this).parents("tr").children("td:eq(3)").
Children("span").text();
12:                     cnt = cnt + count * 1;
13:                     $("p>span:eq(0)").text(cnt);
14:                     var price = $(this).parents("tr").children ("td:eq(4)").text();
15:                     whole_price = whole_price + price * 1;
16:                     $("p>span:eq(1)").text((whole_price).toFixed(1));
17:                 })
18:             }else{
19:                 $("input.sel").prop("checked",ckd);
20:                 cnt = 0;
21:                 whole_price = 0;
22:                 $("p>span:eq(0)").text(0);
```

```
23:                    $("p>span:eq(1)").text(0);
24:              }
25:          })
```

脚本代码解释如下。

第 1 行，定义全局变量 cnt，用于表示从购物车中选购的商品总量，初始值为 0。这里要定义为全局变量，因为该变量的取值在单击复选框、单击增加或减少商品数量按钮以及单击"删除"时都要使用。

第 2 行，定义全局变量 whole_price，用于表示从购物车中选购的商品的总价，初始值为 0。定义为全局变量的原因参照定义全局变量 cnt 的原因。

第 3 行~第 25 行，定义"全选"复选框 allSel 的 click 事件函数。

第 4 行，因为单击复选框可能是选中操作也可能是取消选中操作，所以需要获取其选择状态，将其保存在变量 ckd 中。

第 5 行~第 18 行，如果 ckd 为真值，则说明是选中复选框的状态，计算商品总量和总价。

第 6 行~第 17 行，遍历每个类名为 sel 的复选框，判断其原来是选中状态还是未被选中状态，以确定接下来需要进行的操作。

第 7 行~第 9 行，如果当前复选框已经是选中的状态，则对该复选框不需要进行任何操作，直接使用 return 返回即可；如果当前复选框没有被选中，则完成接下来的第 10 行~第 16 行的操作。

第 10 行，将没有被选中的复选框设置为选中状态。

第 11 行，代码 $(this).parents("tr").children("td:eq(3)").children("span").text()，先获取当前复选框祖先元素中的 tr，再获取 tr 中索引为 3 的子元素 td，之后获取该 td 的子元素 span，得到 span 中的文本（也就是当前商品的选购数量），将其保存在变量 count 中。

第 12 行，获取的 count 取值是数字字符串形式，乘 1 转换为数值，累加到表示选购商品总量的全局变量 cnt 中。

第 13 行，使用 $("p>span:eq(0)")获取到段落元素中的第一个 span 元素，将商品总量变量 cnt 的值作为该元素的内容。

第 14 行，代码 $(this).parents("tr").children("td:eq(4)").text()获取当前表格行中索引为 4 的子元素 td，再获取该单元格内容，将其保存在变量 price 中。

第 15 行，变量 price 中的是数字字符串形式的商品价格小计，乘 1 得到数值，累加到表示商品总价的全局变量 whole_price 中。

第 16 行，使用 $("p>span:eq(1)")获取到段落元素中的第二个 span 元素，将商品总价使用 toFixed(1)设置保留 1 位小数之后作为该 span 元素的内容。

第 18 行~第 24 行，如果单击复选框 allSel 做的是取消选中操作，则需要将所有选中的商品都设置为没有选中，将选购商品的总量和总价都设置为 0。

第 19 行，将所有类名为 sel 的复选框都设置为未被选中状态。

第 20 行和第 21 行，将全局变量 cnt 和 whole_price 取值都设置为 0。

第 22 行和第 23 行，分别设置段落中的商品总量和总价为 0。

3．单个单击商品复选框，计算商品总量和总价

单个单击商品复选框之后，首先要获取该商品的数量和小计，然后判断当前单击操作对该复选框而言是选中还是取消选中，以确定接下来是对商品总量和总价进行增量还是减量操作。

代码如下。

```
 1:          $("input.sel").click(function(){
 2:              var count=$(this).parent('td').siblings('td').children('span.
cnt').text();
 3:              var price=$(this).parent('td').siblings('td.price').text();
 4:          if(this.checked){
 5:              cnt = cnt + count * 1;
 6:              $("p>span:eq(0)").text(cnt);
 7:              whole_price = (whole_price + price * 1);
 8:              $("p>span:eq(1)").text(whole_price.toFixed(1))
 9:          }
10:          else{
11:              cnt = cnt - count * 1;
12:              $("p>span:eq(0)").text(cnt)
13:              whole_price=(whole_price - price);
14:              $("p>span:eq(1)").text(whole_price.toFixed(1))
15:          }
16:      })
```

脚本代码解释如下。

第 2 行，获取当前所单击的类名为 sel 的复选框所在行商品信息中的数量，将其保存在变量 count 中。

第 3 行，获取当前行商品的总价（小计），将其保存在变量 price 中。

第 4 行～第 9 行，如果单击操作是选中复选框，则完成所选购商品总量和总价的增量计算。

第 10 行～第 15 行，如果单击操作是取消复选框的选中状态，则完成所选购商品总量和总价的减量计算。

4．减少某种商品的数量

要单击商品数量左侧的"−"按钮，减少商品数量，在函数体中首先要判断当前商品的数量是否超过 1 件。如果是 1 件，则弹出消息框提示用户"当前商品数量只有 1 件，不能再减少数量，可以删除该商品"；如果超过 1 件，则将当前数量减 1，然后重新计算并更新商品价格小计。完成这些操作之后，还必须判断该商品在购物车中是否已经被用户二次选择，如果已经被选择，则还需要修改最后的商品总量和总价。

代码如下。

```
 1:          $("input.sub").click(function(){
 2:          var count = $(this).next().text();
 3:          if(count > 1){
 4:              count = count - 1;
 5:              $(this).next().text(count);
 6:              var danjia = $(this).parent().prev('td').text()
 7:              var newXiaoji = (danjia * count).toFixed(1);
 8:              $(this).parent().next('td').text(newXiaoji);
 9:                  var sel = $(this).parent().siblings('td').eq(0). Children
('input');
10:                  if( sel[0].checked ){
11:                      cnt--;
```

```
12:                        $("p>span:eq(0)").text(cnt);
13:                        whole_price = (whole_price - price*1);
14:                        $("p>span:eq(1)").text(whole_price.toFixed(1))
15:                    }
16:                }
17:            else{
18:                alert("当前商品数量只有 1 件，不能再减少数量，可以删除该商品");
19:                }
20:        })
```

脚本代码解释如下。

第 2 行，页面中"-"按钮的下一个元素是添加数量的 span 元素，使用$(this).next()获取到其后面的 span 元素，再使用 text()方法获取到初始选购的数量，将其保存到变量 count 中。

第 3 行～第 16 行，如果初始选购数量 count 取值超过 1，则进行减量操作。

第 4 行和第 5 行，将 count 取值减去 1，再重新设置为 span 元素的内容。

第 6 行，使用代码$(this).parent()获取到"-"按钮的父元素 td，再使用 prev('td')获取到该 td 元素前面的兄弟元素 td（也就是获取到存放单价内容的 td 元素），再使用 text()方法获取到当前商品的单价，将其保存在变量 danjia 中。

第 7 行，使用 danjia 乘 count，将计算结果使用 toFixed(1)保留一位小数之后保存在变量 newXiaoji 中。

第 8 行，使用代码$(this).parent().next('td')获取到"-"按钮所在 td 元素的下一个兄弟元素 td（也就是存放商品价格小计的 td 元素），将变量 newXiaoji 的值设置为该 td 元素的内容。

第 9 行，使用代码$(this).parent().siblings('td')获取到"-"按钮所在 td 元素的所有兄弟元素，使用 eq(0)得到索引为 0 的 td 元素，也就是该行第一列的元素，再使用 children('input')获取其中的复选框元素，将其保存在变量 sel 中。该行代码可换作 var sel = $(this).parents("tr").find('.sel')，即在"-"按钮祖先元素 tr 中直接使用 find('.sel')查找类名是 sel 的后代元素。

第 10 行～第 15 行,在条件 if(sel[0].checked)中，先使用 sel[0]将 jQuery 对象转换为 DOM对象，再使用属性 checked 判断复选框的选择状态，如果是选中状态，则更新购买商品的总量和总价。

第 11 行和第 12 行，将表示总量的全局变量 cnt 减去 1，重新写入段落中表示总量的 span 元素中。

第 13 行，将表示总价的变量 whole_price 的值减去当前商品的单价。因为变量 price 中的内容是数字字符串，所以需乘 1 之后将其转换为数值。

第 14 行，将 whole_price 保留一位小数之后，显示在段落内显示总价的 span 元素中。

第 17 行～第 19 行，如果条件 if(count > 1)不成立，也就是初始时选购的商品数量为 1，则弹出消息框提示用户不能再进行减量操作。

5. 增加某种商品的购买量

要单击商品购买数量右侧的"+"按钮，增加商品购买数量，可在函数体中将当前数量加 1，然后重新计算并更新商品价格小计。完成这些操作之后，还必须判断该商品在购物车中是否已经被用户二次选择，如果已经被选择，则需要修改最后的商品总量和总价。

代码如下。

```
$("input.add").click(function(){
    var count = $(this).prev().text();
    count = parseInt(count) + 1;
    $(this).prev().text(count);
    //重新计算商品价格小计并显示
    var danjia = $(this).parent().prev('td').text()
    var newXiaoji = (danjia * count).toFixed(1);
    $(this).parent().next('td').text(newXiaoji);
    //获取当前行中的复选框,若其是选中状态,则需要修改选购的商品总量和总价
    var sel = $(this).parents('tr').find('input.sel');
    if( sel[0].checked ){
        cnt++;
        $("p>span:eq(0)").text(cnt);
        whole_price = whole_price + danjia * 1;
        $("p>span:eq(1)").text(whole_price.toFixed(1))
    }
})
```

6. 删除购物车中的某种商品

单击商品信息行中的"删除"可以删除选购到购物车中的商品，页面中首先弹出对话框询问用户是否确定要删除该商品，运行效果如图 10-3 所示。

图 10-3　单击"删除"时弹出的对话框

若用户单击"取消"按钮，则直接结束函数的运行；若用户单击"确定"按钮，则要完成删除操作。完成删除操作要先判断该商品是否已经被用户选择为要结算的商品，如果被选择为要结算的商品，则需要从总量和总价中去掉该商品的购买数量和小计，最后将该商品信息行从表格中移除；如果没有被选择为要结算的商品，则直接移除即可。

代码如下。

```
1:        $("span.dele").click(function(){
2:            var res = confirm("确定要删除该商品吗？");
3:            if( ! res){
4:                return;
5:            }
6:            var sel = $(this).parents('tr').find('input.sel');
```

```
7:                    if( sel[0].checked ){
8:                        var count = $(this).parents("tr").children("td:eq(3)").children
('span').text();
9:                        var xiaoji_price = $(this).parent("td").prev("td").text();
10:                       cnt = cnt - count;
11:                       $("p>span:eq(0)").text(cnt);
12:                       whole_price = whole_price - xiaoji_price * 1;
13:                       $("p>span:eq(1)").text(whole_price.toFixed(1));
14:                    }
15:                    $(this).parents('tr').remove();
16:                })
```

脚本代码解释如下。

第 2 行～第 5 行，询问用户是否确定要删除该商品，使用 confirm()对话框方式，对话框中出现"确定"和"取消"两个按钮，若用户单击"取消"按钮，则条件 if(!res)成立，直接使用 return 结束函数的执行，否则执行第 6 行～第 15 行，完成删除操作。

第 6 行，获取该商品行的类名为 sel 的复选框元素。

第 7 行～第 14 行，如果复选框元素是选中状态，则要修改准备结算商品的总量和总价。

第 8 行，使用代码$(this).parents("tr").children("td:eq(3)").children('span')获取"删除"所在表格行中索引为 3 的 td 元素中的 span 元素，再使用 text()方法获取商品的选购数量，将其保存在变量 count 中。

第 9 行，使用代码$(this).parent("td").prev("td")获取到"删除"列前面的"小计"列，再使用 text()获取到商品价格小计，将其保存到变量 xiaoji_price 中。

第 10 行和第 11 行，从商品总量变量 cnt 中减去要删除商品的选购数量，重新设置为段落中第一个 span 元素的内容。

第 12 行和第 13 行，从商品总价变量 whole_price 中减去要删除商品的价格小计，将其重新设置为段落中第二个 span 元素的内容。

第 15 行，使用代码$(this).parents('tr')获取到"删除"所在的表格行，再使用 remove()方法移除该行，完成删除操作。

7. 注册"结算"按钮的 click 事件函数

函数体中需要实现的功能：验证表单数据，检测用户是否选择了要购买结算的商品，如果没有选择，则弹出消息框提示用户"请先选择商品"，之后结束函数的执行，并阻止数据向服务器提交；否则将商品总价变量 whole_price 的值作为表单隐藏元素的值，以准备向服务器提交该数据。

关于使用表单隐藏元素的说明：因为准备结算的总价显示在 span 元素而不是表单文本框中，无法使用表单的 post 或者 get 方法提交给服务器，将其设置给表单隐藏元素的 value 属性之后即可提交。

```
1:            $("form").submit(function(){
2:                if(whole_price == 0){
3:                    alert("请先选择商品");
4:                    return false;
5:                }
6:                $("input[type=hidden]").val(whole_price);
8:            })
```

脚本代码解释如下。

第 1 行，定义表单元素 form 的 submit 事件函数，当用户单击 submit 按钮时执行该函数，可以换成$("input[type='submit']").click(function(){})，作用相同。

第 2 行~第 5 行，如果商品总价的全局变量 whole_price 取值是 0，则说明用户没有选择准备结算的商品，弹出消息框提示用户，使用 return 结束函数执行并返回 false 阻止无效数据向服务器提交。

第 6 行，使用属性选择器$("input[type=hidden]")获取到隐藏的表单元素，使用 val(whole_price)将总价设置为该元素的 value 属性取值。

小结

本项目内容的设计完全按照页面设计的流程进行，包括从页面元素设计到样式定义再到脚本功能的实现几个方面。其中重点是脚本功能的实现，第一步是计算每种商品的总价（小计）；第二步是一次性选中全部商品并计算商品总量和总价；第三步是单个单击商品复选框后的总量和总价计算；第四步是减少某种商品数量之后的商品价格小计和总量、总价的计算；第五步是增加某种商品数量之后的商品价格小计和总量、总价的计算；第六步是删除某种商品之后的总量和总价的计算；第七步是结算时的数据验证。